钢结构工程系列丛书

钢结构施工支撑架设计与施工

康文梅 李俊标 主编

中国建筑工业出版社

图书在版编目（CIP）数据

钢结构施工支撑架设计与施工／康文梅，李俊标主编．—北京：中国建筑工业出版社，2012.5

（钢结构工程系列丛书）

ISBN 978-7-112-14182-1

Ⅰ.①钢…　Ⅱ.①康…②李…　Ⅲ.①钢结构－工程施工－脚手架－设计②钢结构－建筑工程－工程施工　Ⅳ.①TU758.11

中国版本图书馆CIP数据核字（2012）第056195号

本书主要依据《钢结构设计规范》、《建筑施工扣件式钢管脚手架安全技术规范》和《钢结构工程施工质量验收规范》等现行国家规范、规程和标准，以钢结构工程施工中常用的脚手架、塔吊标准节及型钢支撑架为载体，介绍脚手架、塔吊标准节及型钢支撑架设计和施工安装方法，主要包括：脚手架基本知识和构造要求、脚手架荷载的确定、落地脚手架的施工设计、扣件式钢管满堂脚手架设计、钢结构支撑架设计和支撑架施工安装五章。每章的知识内容都能够做到贴近项目、贴近生产、贴近技术、贴近工艺，对于现场技术人员钢结构施工支撑架设计与施工技能的培养和职业素养的养成有重要作用。

本书内容覆盖面广且有一定深度，涵盖了钢结构施工中常用支撑架的设计和施工安装内容，且案例丰富，可以作为有关工程技术人员的参考用书，也可以作为大、中专教育土木类专业的教材。

*　*　*

责任编辑：赵晓菲　张　磊
责任设计：董建平
责任校对：姜小莲　王雪竹

钢结构工程系列丛书
钢结构施工支撑架设计与施工
康文梅　李俊标　主编
*
中国建筑工业出版社出版、发行（北京西郊百万庄）
各地新华书店、建筑书店经销
华鲁印联（北京）科贸有限公司制版
北京市书林印刷有限公司印刷
*
开本：787×1092毫米　1/16　印张：11¾　字数：290千字
2012年8月第一版　2012年8月第一次印刷
定价：**30.00**元
ISBN 978－7－112－14182－1
（22200）

前　言

本书主要依据《钢结构设计规范》(GB 500017)、《建筑施工扣件式钢管脚手架安全技术规范》(JGJ 130) 和《钢结构工程施工质量验收规范》(GB 50205) 等现行国家规范、规程和标准，以钢结构工程施工中常用的脚手架、塔吊标准节及型钢支撑架为载体，介绍脚手架、塔吊标准节及型钢支撑架设计和施工安装方法，按照钢结构施工支撑架设计与施工的工作过程进行编写。

本书较全面系统地介绍了钢结构施工支撑架的基本形式、结构构造及其施工安装、拆除方法，主要培养学习者的钢结构施工支撑架设计与施工技能。主要包括：脚手架基本知识和构造要求、脚手架荷载的确定、落地脚手架的施工设计、扣件式钢管满堂脚手架设计、钢结构支撑架设计和支撑架施工安装五章。每章的知识内容都能够做到贴近项目、贴近生产、贴近技术、贴近工艺，对于现场技术人员钢结构施工支撑架设计与施工技能的培养和职业素养的养成有重要作用。

本书内容覆盖面广且有一定深度，涵盖了钢结构施工中常用支撑架的设计和施工安装内容，可以作为有关工程技术人员的参考用书，也可以作为大、中专教育土木类专业的教材。

本书由江苏建筑职业技术学院康文梅担任主编，南京水利科学研究院勘测设计院有限公司李俊标担任副主编。参加编写的有江苏建筑职业技术学院康文梅（第1、2、3、5章），南京水利科学研究院勘测设计院有限公司李俊标（第3、4章），全书由江苏建筑职业技术学院康文梅统稿。

本教材的编写过程中，广泛参阅了有关脚手架方面的专著、教材、学术论文和施工方案，从中得到许多启迪和帮助，并在本书中吸取了有关的成果，在此致谢！

由于编者水平所限，书中难免有错误或不当之处，敬请同行和读者批评指正。

目 录

1 支撑架基本知识和构造要求

2 脚手架荷载计算

3 扣件式单双排钢管落地脚手架的设计

4 扣件式钢管满堂脚手架设计

5 钢结构支撑架设计

1　支撑架基本知识和构造要求

◆ 引言

钢结构近年来在我国飞速发展，轻钢结构、大跨度结构和高层钢结构，特别是大跨度结构在候机厅、会展中心、会堂、剧院等大型公共建筑以及不同类型的工业建筑中应用越来越广泛，在这些钢结构施工过程中，广泛使用大量的脚手架、塔吊标准节、型钢等作为支撑架。本章将介绍支撑架的形式、种类及其适用范围和脚手架的构造等知识，使初学者对支撑架的基础知识有一定的了解。

◆ 本章要点

熟悉支撑架的作用；

熟悉脚手架的分类的特点；

了解脚手架的基本构造组成；

明确脚手架的基本构造要求；

掌握脚手架的施工安装与验收。

钢结构工程施工过程中，需要在施工现场吊装钢结构构件，由于构件自重比较大或钢结构尚未形成完整的结构体系，这时就需要使用支撑架临时承受钢结构构件的自重（图1.0.1)。待结构吊装、构件连接完毕后尚可拆除临时支撑架，这就需要我们对施工过程中的支撑架进行设计和计算，确保其满足工程施工需要和安全要求。

(a) 武汉火车站效果图

图1.0.1　支撑架在武汉火车站钢结构施工中的应用（一）

（b）施工中的支撑架整体图

（c）施工中的支撑架局部图

（d）拆除支撑架后的工程

图 1.0.1　支撑架在武汉火车站钢结构施工中的应用（二）

钢结构工程施工过程中常用的支撑架主要有脚手架、型钢、塔吊标准节等形式，具体如图 1.0.2 所示。

由于塔吊标准节和型钢支撑架构造要求钢结构设计规范中有明确的要求，故本章主要介绍脚手架支撑架的分类和构造。

(a) 脚手架作为支撑架

(b) 型钢格构式支撑架

图 1.0.2 钢结构施工常用支撑架（一）

（c）塔吊标准节支撑架

图 1.0.2　钢结构施工常用支撑架（二）

脚手架是建筑施工中不可缺少的临时设施。它是为解决在建筑物高部位施工而专门搭设的，用作操作平台、施工作业和运输通道、并能临时堆放施工用材料和机具。因此，脚手架在砌筑工程、混凝土工程、装修工程中有着广泛的应用。

我国脚手架工程的发展大致经历了三个阶段。第一阶段是新中国成立初期到 20 世纪 60 年代，脚手架主要利用竹、木材料。20 世纪 60 年代末到 20 世纪 70 年代，出现了钢管扣件式脚手架、各种钢制工具式里脚手架与竹木脚手架并存的第二阶段。20 世纪 80 年代以后迄今，随着土木工程的发展，国内一些研究、设计、施工单位在从国外引入的新型脚手架基础上，经多年研究、应用，开发出一系列新型脚手架，进入了多种脚手架并存的第三阶段。

目前，脚手架的发展趋势是采用金属制作的、具有多种功用的组合式脚手架，可以适用不同情况作业的要求。

1.1　脚手架的分类

脚手架可根据与施工对象的位置关系、支承特点、结构形式以及使用的材料等，划分为多种类型。

1.1.1　按照与建筑物的位置关系划分

1. 外脚手架：外脚手架沿建筑物外围从地面搭起，既用于外墙砌筑，又可用于外装饰施工，如图 1.1.1 所示。其主要形式有多立杆式、框式、桥式等。多立杆式应用最广，框式次之，桥式应用最少。

2. 内脚手架：内脚手架搭设于建筑物内部，每砌完一层墙后，即将其转移到上一层楼面，进行新的一层砌体砌筑，它可用于内外墙的砌筑和室内装饰施工。内脚手架用料少，但装拆频繁，故要求轻便灵活、装拆方便，如图 1.1.2 所示。其结构形式有折叠式、支柱式和门架式等多种。

图 1.1.1　外脚手架

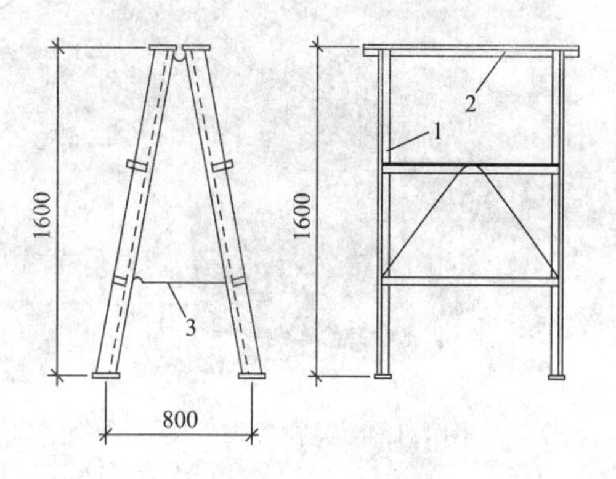

图 1.1.2　内脚手架

1—立柱；2—横梁；3—拉杆

1.1.2　按照支承部位和支承方式划分

1. 落地式：搭设（支座）在地面、楼面、屋面或其他平台结构之上的脚手架，如图 1.1.3 所示。

2. 悬挑式：采用悬挑方式支固的脚手架，如图 1.1.4 所示。其挑支方式又有以下三种：架设于专用悬挑梁上；架设于专用悬挑三角桁架上；架设于由撑拉杆件组合的支挑结构上。其支撑悬挑结构有斜撑式、斜拉式、拉撑式和顶固式等多种。

3. 附墙悬挂脚手架：在上部或中部挂设于墙体挑挂件上的定型脚手架。

4. 悬吊脚手架：悬吊于悬挑梁或工程结构之下的脚手架。

（a）

（b）

图 1.1.3　落地式脚手架

（a）搭设在地面上；（b）搭设在楼面上

图 1.1.4　悬挑式脚手架

图 1.1.5　水平移动脚手架

5. 附着式升降脚手架（简称“爬架”）：附着于工程结构依靠自身提升设备实现升降的悬空脚手架。

6. 水平移动脚手架：带行走装置的脚手架或操作平台架，如图 1.1.5 所示。

1.1.3　按其所用材料划分

木脚手架、竹脚手架和金属脚手架，竹脚手架如图 1.1.6 所示，木脚手架、竹脚手架已经禁止使用。

图 1.1.6　竹脚手架

1.1.4　按其结构形式划分

多立杆式、碗扣式、门式、方塔式、附着式升降脚手架及悬吊式脚手架等，碗扣式脚手架如图 1.1.7 所示，门式脚手架如图 1.1.8 所示，方塔式脚手架如图 1.1.9 所示，附着式升降脚手架如图 1.1.10 所示。

图 1.1.7 碗扣式脚手架

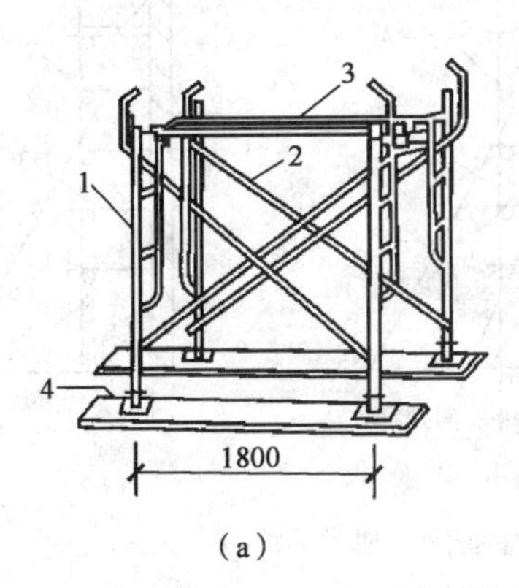

(a)

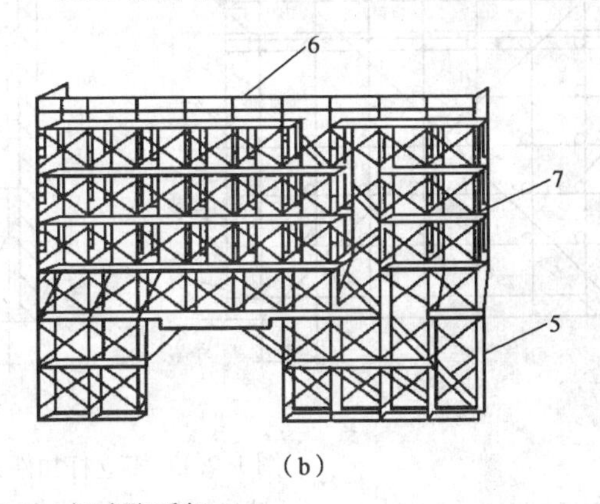

(b)

图 1.1.8 门式脚手架

(a) 基本单元；(b) 门式外脚手架

1—门式框架；2—剪刀撑；3—水平梁架；4—螺旋基脚；5—梯子；6—栏杆；7—脚手板

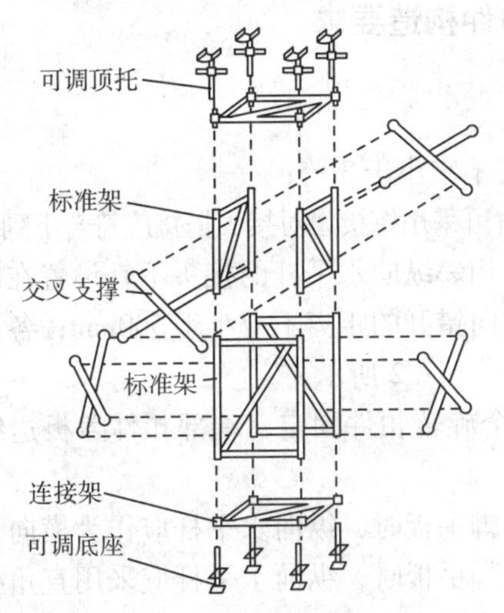

图 1.1.9 方塔式脚手架

图 1.1.10 附着式升降脚手架

1.2 扣件式钢管脚手架

扣件式钢管脚手架是属于多立杆式外脚手架中的一种。其特点是：杆配件数量少；装卸方便，利于施工操作；搭设灵活，能搭设高度大；坚固耐用，使用方便。多立杆式外脚手架由立杆、大横杆、小横杆、斜撑、脚手板等组成。其特点是每步架高可根据施工需要灵活布置，取材方便，钢、木、竹脚手板等均可应用。

多立杆式脚手架分为双排式和单排式两种形式。双排式沿外墙侧设两排立杆，小横杆两端支承在内外两排立杆上，多、高层房屋均可采用。当房屋高度超过50m时，需专门设计。单排式沿墙外侧仅设一排立杆，其小横杆与大横杆连接，另一端支承在墙上，仅适用于荷载较小，高度较低（≤25m，墙体有一定强度的多层房屋）。如图1.2.1所示。

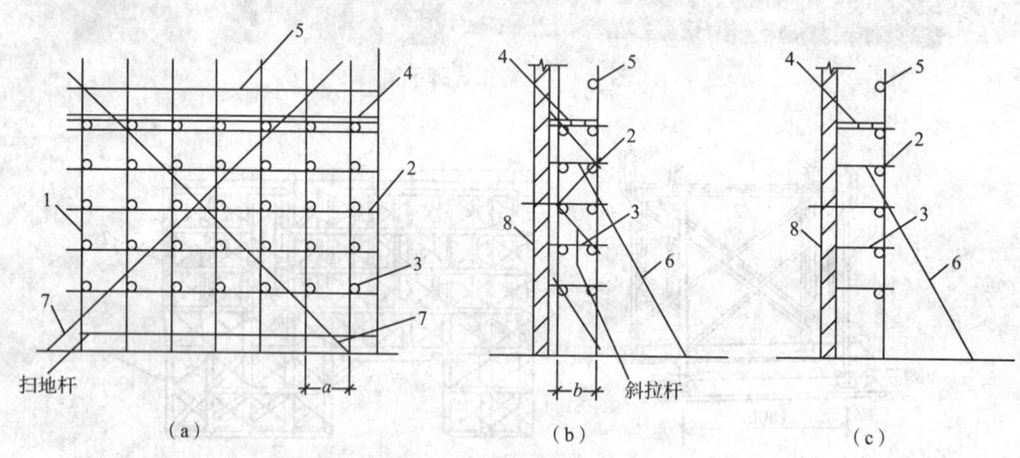

图1.2.1 多立杆扣件式钢管脚手架

(a) 立面；(b) 侧面（双排）；(c) 侧面（单排）

1—立杆；2—大横杆；3—小横杆；4—脚手板；5—栏杆；6—抛撑；7—斜撑（剪刀撑）；8—墙体

1.2.1 多立杆式扣件式钢管脚手架水平构件构造要求

1. 纵向水平杆的构造

（1）纵向水平杆宜设置在立杆内侧，其长度不宜小于3跨；

（2）纵向水平杆接长宜采用对接扣件连接，也可采用搭接，对接、搭接应符合下列规定：

①纵向水平杆的对接扣件应交错布置：两根相邻纵向水平杆的接头不宜设置在同步或同跨内；不同步或不同跨两个相邻接头在水平方向错开的距离不应小于500mm；各接头中心至最近主节点的距离不宜大于纵距的1/3，如图1.2.2所示。

②搭接长度不应小于1m，应等间距设置3个旋转扣件固定，端部扣件盖板边缘至搭接纵向水平杆杆端的距离不应小于100mm。

③当使用冲压钢脚手板、木脚手板、竹串片脚手板时，纵向水平杆应作为横向水平杆的支座，用直角扣件固定在立杆上；当使用竹笆脚手板时，纵向水平杆应采用直角扣件固定在横向水平杆上，并应等间距设置，间距不应大于400mm，如图1.2.3所示。

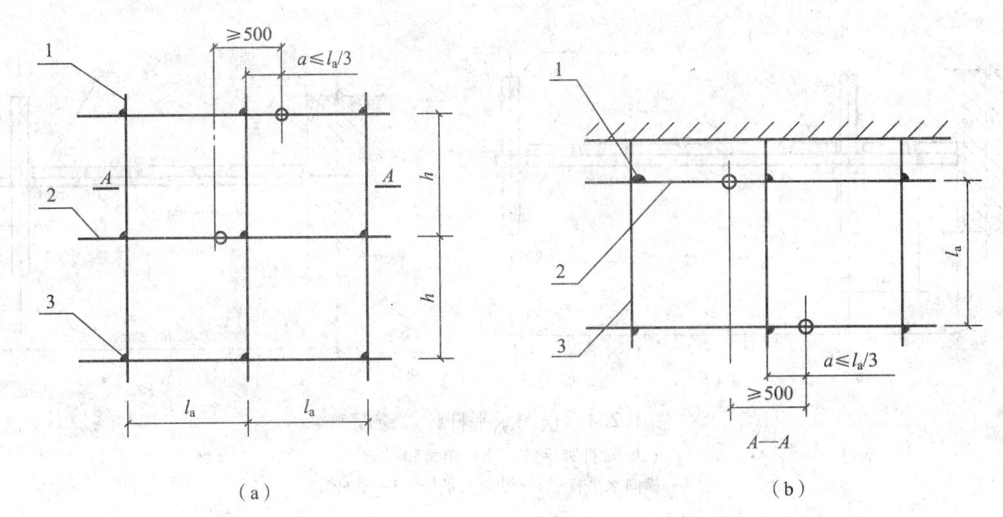

图 1.2.2 纵向水平杆对接接头布置

(a) 接头不在同步内（立面）；(b) 接头不在同跨内（平面）

1—立杆；2—纵向水平杆；3—横向水平杆

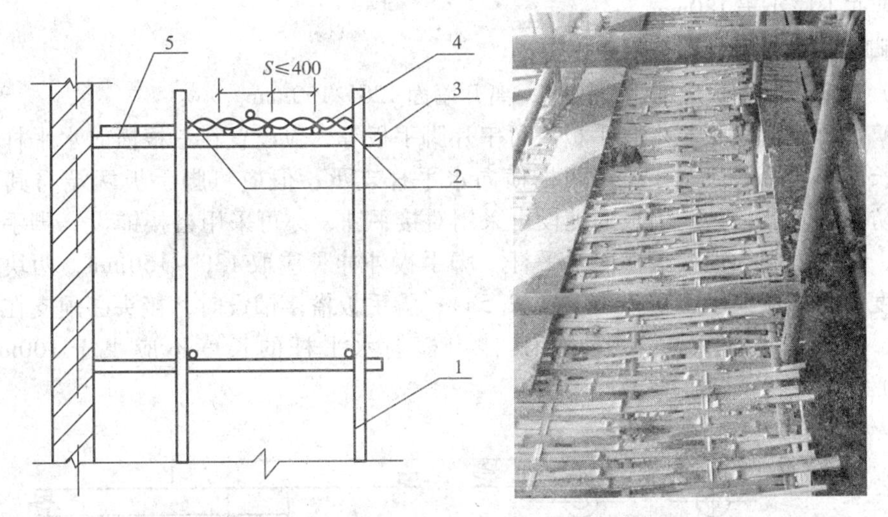

图 1.2.3 铺竹笆脚手板时纵向水平杆的构造

1—立杆；2—纵向水平杆；3—横向水平杆；4—竹笆脚手板；5—其他脚手板

2. 横向水平杆的构造应符合下列规定：

(1) 主节点处必须设置一根横向水平杆，用直角扣件扣接且严禁拆除。主节点处两个直角扣件的中心距不应大于150mm。在双排脚手架中，靠墙一端的外伸长度 a（图 1.2.4）不应大于 $0.4l$，且不应大于500mm。

(2) 作业层上非主节点处的横向水平杆，宜根据支承脚手板的需要等间距设置，最大间距不应大于纵距的1/2。

(3) 当使用冲压钢脚手板、木脚手板、竹串片脚手板时，双排脚手架的横向水平杆两端均应采用直角扣件固定在纵向水平杆上；单排脚手架的横向水平杆的一端，应用直角扣件固定在纵向水平杆上，另一端应插入墙内，插入长度不应小于180mm。

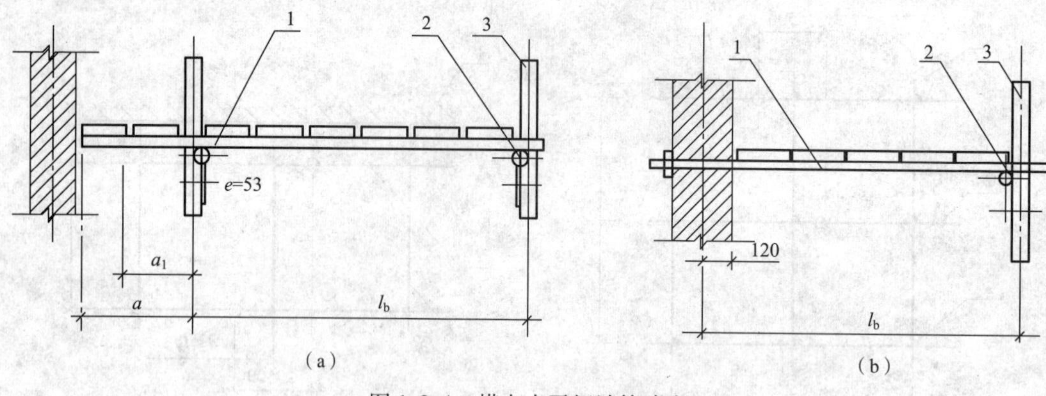

图 1.2.4　横向水平杆计算跨度

(a) 双排脚手架；(b) 单排脚手架

1—横向水平杆；2—纵向水平杆；3—立杆

(4) 使用竹笆脚手板时，双排脚手架的横向水平杆两端。应用直角扣件固定在立杆上；单排脚手架的横向水平杆的一端，应用直角扣件固定在立杆上，另一端应插入墙内，插入长度亦不应小于 180mm。

3. 脚手板的设置应符合下列规定：

(1) 作业层脚手板应铺满、铺稳，离开墙面 120 ~ 150mm。

(2) 冲压钢脚手板、木脚手板、竹串片脚手板等，应设置在三根横向水平杆上。当脚手板长度小于 2m 时，可采用两根横向水平杆支承，但应将脚手板两端与其可靠固定，严防倾翻。此三种脚手板的铺设可采用对接平铺，亦可采用搭接铺设。脚手板对接平铺时，接头处必须设两根横向水平杆，脚手板外伸长应取 130 ~ 150mm，两块脚手板外伸长度的和不应大于 300mm（图 1.2.5a）；脚手板搭接铺设时，接头必须支在横向水平杆上，搭接长度应大于 200mm，其伸出横向水平杆的长度不应小于 100mm（图 1.2.5b）。

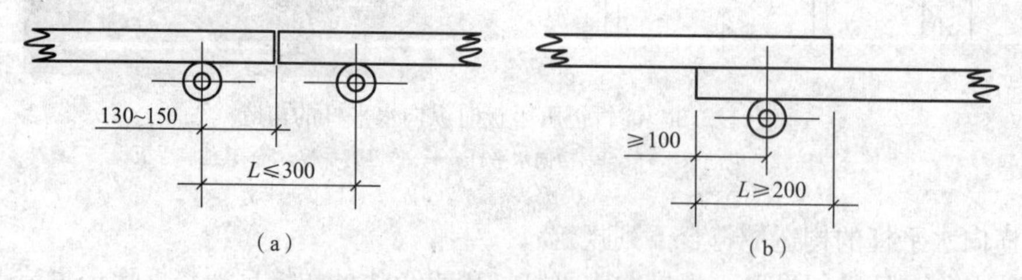

图 1.2.5　脚手板对接、搭接构造

(a) 脚手板对接；(b) 脚手板搭接

(3) 竹笆脚手板应按其主竹筋垂直于纵向水平杆方向铺设，且采用对接平铺，四个角应用直径 1.2mm 的镀锌钢丝固定在纵向水平杆上。

(4) 作业层端部脚手板探头长度应取 150mm，其板长两端均应与支承杆可靠地固定。

1.2.2 多立杆式扣件式钢管脚手架立杆构造要求

1. 每根立杆底部应设置底座或垫板。

2. 脚手架必须设置纵、横向扫地杆。纵向扫地杆应采用直角扣件固定在距底座上皮不大于200mm处的立杆上。横向扫地杆亦应采用直角扣件固定在紧靠纵向扫地杆下方的立杆上。当立杆基础不在同一高度上时，必须将高处的纵向扫地杆向低处延长两跨与立杆固定，高低差不应大于1m。靠边坡上方的立杆轴线到边坡的距离不应小于500mm，如图1.2.6所示。

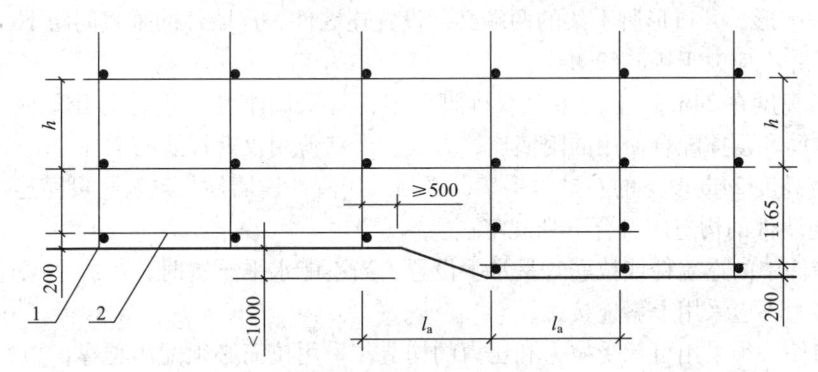

图1.2.6 纵、横向扫地杆构造

1—横向扫地杆；2—纵向扫地杆

3. 脚手架底层步距不应大于2m，如图1.2.6所示。

4. 立杆必须用连墙件与建筑物可靠连接，连墙件布置间距宜按表1.2.1采用。

连墙件布置最大间距 表1.2.1

脚手架高度		竖向间距（h）	水平间距（l_a）	每根连墙件覆盖面积（m^2）
双排	≤50m	$3h$	$3l_a$	≤40
	>50m	$2h$	$3l_a$	≤27
单排	≤24m	$3h$	$3l_a$	≤40

注：h—步距；l_a—纵距。

5. 立杆接长除顶层顶步可采用搭接外，其余各层各步接头必须采用对接扣件连接。对接、搭接应符合下列规定：

（1）立杆上的对接扣件应交错布置：两根相邻立杆的接头不应设置在同步内，同步内隔一根立杆的两个相隔接头在高度方向错开的距离不宜小于500mm；各接头中心至主节点的距离不宜大于步距的1/3。

（2）搭接长度不应小于1m，应采用不少于2个旋转扣件固定，端部扣件盖板的边缘至杆端距离不应小于100mm。

6. 立杆顶端宜高出女儿墙上皮1m，高出檐口上皮1.5m。

7. 双管立杆中副立杆的高度不应低于3步，钢管长度不应小于6m。

1.2.3　连墙件与抛撑构造要求

1. 连墙件的布置和构造应符合下列规定：

（1）宜靠近主节点设置，偏离主节点的距离不应大于300mm。

（2）应从底层第一步纵向水平杆处开始设置；当该处设置有困难时，应采用其他可靠措施固定。

（3）宜优先采用菱形布置，也可采用方形、矩形布置。

（4）一字形、开口形脚手架的两端必须设置连墙件，连墙件的垂直间距不应大于建筑物的层高，并不应大于4m（2步）。

（5）对高度在24m以下的单、双排脚手架，宜采用刚性连墙件与建筑物可靠连接，亦可采用拉筋和顶撑配合使用的附墙连接方式。严禁使用仅有拉筋的柔性连墙件。

（6）对高度24m以上的双排脚手架，必须采用刚性连墙件与建筑物可靠连接。

（7）连墙件的构造应符合下列规定：

①连墙件中的连墙杆或拉筋宜呈水平设置；当不能水平设置时，与脚手架连接的一端应下斜连接，不应采用上斜连接；

②连墙件必须采用可承受拉力和压力的构造。采用拉筋必须配用顶撑，顶撑应可靠地顶在混凝土圈梁、柱等结构部位。拉筋应采用两根以上直径4mm的钢丝拧成一股，使用的不应少于2股；亦可采用直径不小于6mm的钢筋。

2. 当脚手架下部暂不能设连墙件时可搭设抛撑。抛撑应采用通长杆件与脚手架可靠连接，与地面的倾角应在45°~60°之间；连接点中心至主节点的距离不应大于300mm。抛撑应在连墙件搭设后方可拆除。

3. 架高超过40m且有风涡流作用时，应采取抗上升翻流作用的连墙措施。

1.2.4　门洞构造要求

1. 单、双排脚手架门洞宜采用上升斜杆、平行弦杆桁架结构形式（图1.2.7），斜杆与地面的倾角α应在45°~60°之间。门洞桁架的形式宜按下列要求确定：

（1）当步距（h）小于纵距（l_a）时，应采用A型；

（2）当步距（h）大于纵距（l_a）时，应采用B型，并应符合下列规定：

①$h=1.8$m时，纵距不应大于1.5mm；

②$h=2.0$m时，纵距不应大于1.2mm。

2. 单、双排脚手架门洞桁架的构造应符合下列规定：

（1）单排脚手架门洞处，应在平面桁架（图1.2.7中*ABCD*）的每一节间设置一根斜腹杆；双排脚手架门洞处的空间桁架，除下弦平面外，应在其余5个平面内的图示节间设置一根斜腹杆（图1.2.7中1-1、2-2、3-3剖面）。

（2）斜腹杆宜采用旋转扣件固定在与之相交的横向水平杆的伸出墙上，旋转扣件中心线至主节点的距离不宜大于150mm。当斜腹杆在1跨内跨越2个步距（图1.2.7A型）

时，宜在相交的纵向水平杆处，增设一根横向水平杆，将斜腹杆固定在其伸出端上。

（3）斜腹杆宜采用通长杆件；当必须接长使用时，宜采用对接扣件连接，也可采用搭接，搭接构造应符合1.2.2第5条的规定。

3. 单排脚手架过窗洞时应增设立杆或增设一根纵向水平杆，如图1.2.8所示。

4. 门洞桁架下的两侧立杆应为双管立杆，副立杆高度应高于门洞口1~2步。

5. 门洞桁架中伸出上下弦杆的杆件端头，均应增设一个防滑扣件（图1.2.7），该扣件宜紧靠主节点处的扣件。

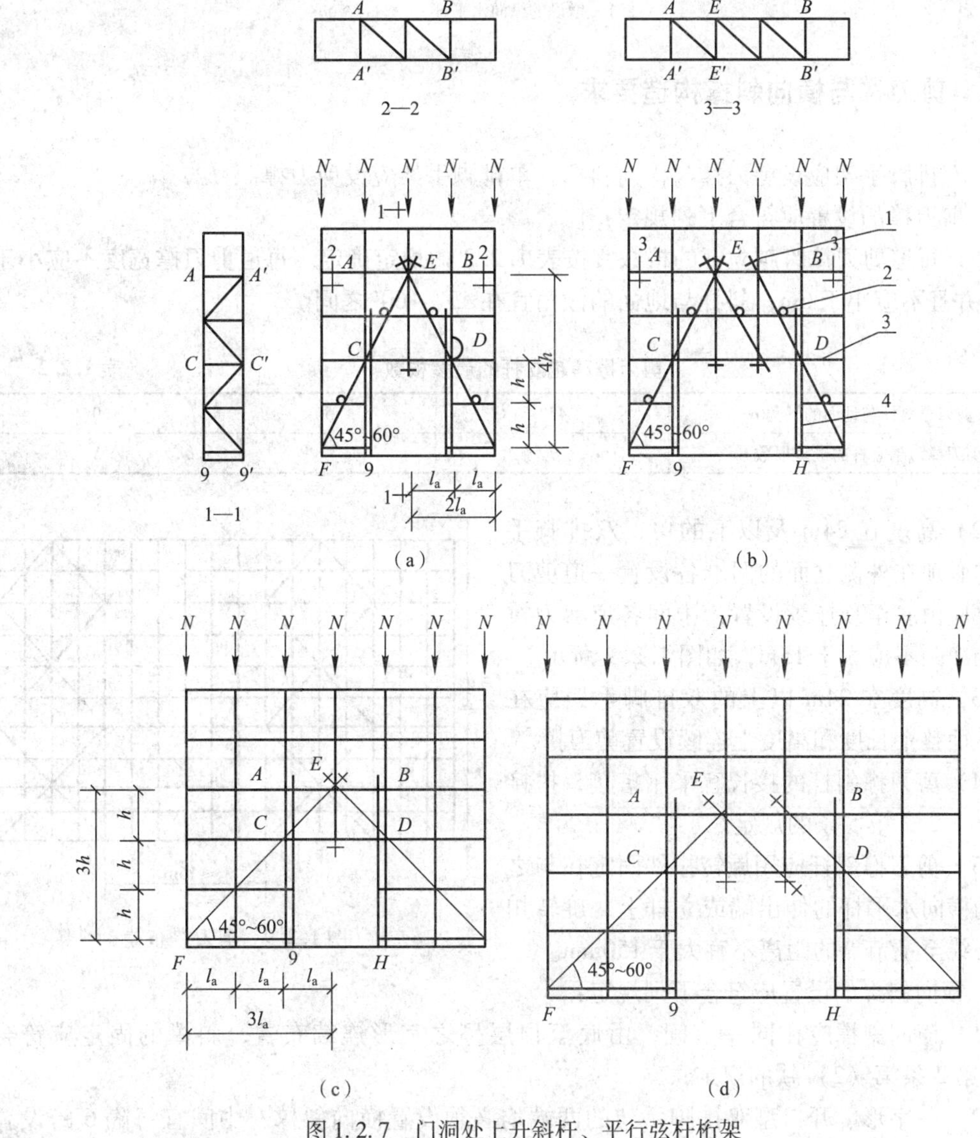

图1.2.7 门洞处上升斜杆、平行弦杆桁架

（a）挑空一根立杆（A型）；（b）挑空二根立杆（A型）；

（c）挑空一根立杆（B型）；（d）挑空二根立杆（B型）

1—防滑扣件；2—增设的横向水平杆；3—副立杆；4—主立杆

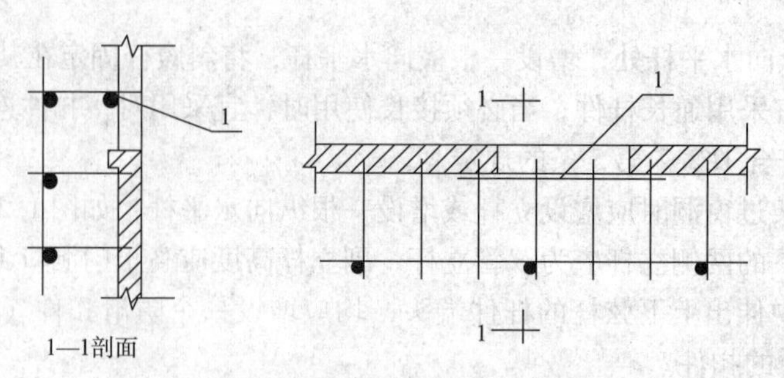

图 1.2.8 单排脚手架过窗洞构造

1—增设的纵向水平杆

1.2.5 剪刀撑与横向斜撑构造要求

1. 双排脚手架应设剪刀撑与横向斜撑，单排脚手架应设剪刀撑。

2. 剪刀撑的设置应符合下列规定：

(1) 每道剪刀撑跨越立杆的根数宜按表 1.2.2 的规定确定。每道剪刀撑宽度不应小于4跨，并且不应小于6m，斜杆与地面的倾角宜在45°~60°之间。

剪刀撑跨越立杆的最多根数 表 1.2.2

剪刀撑斜杆与地面的倾角 α	45°	50°	60°
剪刀撑跨越立杆的最多根数 n	7	6	5

(2) 高度在24m及以下的单、双排脚手架，均必须在外侧立面的两端各设置一道剪刀撑，并应由底至顶连续设置；中间各道剪刀撑之间的净距不应大于15m，如图 1.2.9 所示。

(3) 高度在24m以上的双排脚手架应在外侧立面整个长度和高度上连续设置剪刀撑。

(4) 剪刀撑斜杆的接长宜采用搭接，搭接应符合 1.2.2 第5条的规定。

(5) 剪刀撑斜杆应用旋转扣件固定在与之相交的横向水平杆的伸出端或立杆上，旋转扣件中心线至主节点的距离不宜大于150mm。

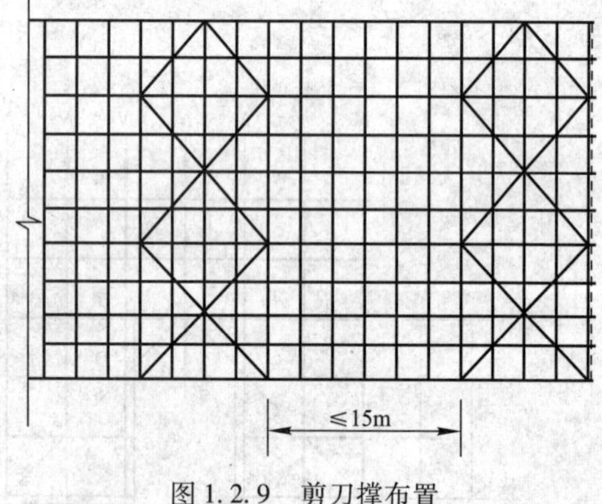

图 1.2.9 剪刀撑布置

3. 横向斜撑的设置应符合下列规定：

(1) 横向斜撑应在同一节间，由底至顶层呈之字形连续布置，斜撑的固定应符合 1.2.4 第2条第 (2) 款的规定；

(2) 一字形、开口型双排脚手架的两端均必须设置横向斜撑，中间宜每隔6跨设置一道；

(3) 高度在24m以下的封闭型双排脚手架可不设横向斜撑，高度在24m以上的封闭型脚手架，除拐角应设置横向斜撑外，中间应每隔6跨设置一道。

1.2.6 斜道构造要求

1. 人行并兼作材料运输的斜道的形式宜按下列要求确定：

（1）高度不大于6m的脚手架，宜采用一字形斜道；

（2）高度大于6m的脚手架，宜采用之字形斜道。

2. 斜道的构造应符合下列规定：

（1）斜道宜附着外脚手架或建筑物设置；

（2）运料斜道宽度不宜小于1.5m，坡度宜采用1:6，人行斜道宽度不宜小于1m，坡度宜采用1:3；

（3）拐弯处应设置平台，其宽度不应小于斜道宽度；

（4）斜道两侧及平台外围均应设置栏杆及挡脚板。栏杆高度应为1.2m，挡脚板高度不应小于180mm；

（5）运料斜道两侧、平台外围和端部均应按1.2.3条的规定设置连墙件；每两步应加设水平斜杆；应按1.2.5条的规定设置剪刀撑和横向斜撑。

3. 斜道脚手板构造应符合下列规定：

（1）脚手板横铺时，应在横向水平杆下增设纵向支托杆，纵向支托杆间距不应大于500mm；

（2）脚手板顺铺时，接头宜采用搭接；下面的板头应压住上面的板头，板头的凸棱外宜采用三角木填顺；

（3）人行斜道和运料斜道的脚手板上应每隔250～300mm设置一根防滑木条，木条厚度宜为20～30mm。

1.2.7 模板支架构造要求

1. 模板支架立杆的构造应符合下列规定：

（1）模板支架立杆的构造应符合1.2.2条的规定；

（2）支架立杆应竖直设置，2m高度的垂直允许偏差为15mm；

（3）设支架立杆根部的可调底座，当其伸出长度超过300mm时，应采取可靠措施固定；

（4）当梁模板支架立杆采用单根立杆时，立杆应设在梁模板中心线外，其偏心距不应大于25mm。

2. 满堂模板支架的支撑设置应符合下列规定：

（1）满堂模板支架四边与中间每隔四排支架立杆应设置一道纵向剪刀撑，由底至顶连续设置；

（2）高于4m的模板支架，其两端与中间每隔4排立杆从顶层开始向下每隔2步设置一道水平剪刀撑；

（3）剪刀撑的构造应符合1.2.5条的规定。

1.3　扣件式钢管脚手架施工

1.3.1　施工准备

1. 单位工程负责人应按施工组织设计中有关脚手架的要求，向架设和使用人员进行技术交底。

2. 应按1.4.1第1~5条的规定和施工组织设计的要求对钢管、扣件、脚手板等进行检查验收，不合格产品不得使用。

3. 经检验合格的构配件应按品种、规格分类，堆放整齐、平稳，堆放场地不得有积水。

4. 应清除搭设场地杂物，平整搭设场地，并使排水畅通。

5. 当脚手架基础下有设备基础、管沟时，在脚手架使用过程中不应开挖；否则，必须采取加固措施。

1.3.2　地基与基础

1. 脚手架地基与基础的施工，必须根据脚手架搭设高度、搭设场地土质情况与现行国家标准《建筑地基基础工程施工质量验收规范》（GB 50202）的有关规定进行。

2. 脚手架底座底面标高宜高于自然地坪50mm。

3. 脚手架基础经验收合格后，应按施工组织设计的要求放线定位。

1.3.3　脚手架搭设

1. 脚手架必须配合施工进度搭设，一次搭设高度不应超过相邻连墙件以上两步。

2. 每搭完一步脚手架后，应按表1.4.2的规定校正步距、纵距、横距及立杆的垂直度。

3. 底座安放应符合下列规定：

（1）底座、垫板均应准确地放在定位线上；

（2）垫板宜采用长度不少于2跨、厚度不小于50mm的木垫板，也可采用槽钢。

4. 立杆搭设应符合下列规定：

（1）严禁将外径48.3mm与其余尺寸（如外径51mm）的钢管混合使用；

（2）相邻立杆的对接扣件不得在同一高度内，错开距离应符合1.2.2第5条的规定；

（3）开始搭设立杆时应每隔6跨设置一根抛撑，直至连墙件安装稳定后，方可根据情况拆除；

（4）当搭至有连墙件的构造点时，在搭设完该处的立杆、纵向水平杆、横向水平杆后，应立即设置连墙件；

（5）顶层立杆搭接长度与立杆顶端伸出建筑物的高度应符合1.2.2第5、6条的规定。

5. 纵向水平杆搭设应符合下列规定：

（1）纵向水平杆的搭设应符合1.2.1第1条的构造规定；

（2）在封闭型脚手架的同一步中，纵向水平杆应四周交圈，用直角扣件与内外角部立杆固定。

6. 横向水平杆搭设应符合下列规定：

（1）搭设横向水平杆应符合 1.2.1 第 2 条的构造规定；

（2）双排脚手架横向水平杆的靠墙一端至墙装饰面的距离不宜大于 100mm；

（3）单排脚手架的横向水平杆不应设置在下列部位：

①设计上不允许留脚手眼的部位；

②过梁上与过梁两端成 60°角的三角形范围内及过梁净跨度 1/2 的高度范围内；

③宽度小于 1m 的窗间墙；

④梁或梁垫下及其两侧各 500mm 的范围内；

⑤砖砌体的门窗洞口两侧 200mm 和转角处 450mm 的范围内；其他砌体的门窗洞口两侧 300mm 和转角处 600mm 的范围内；

⑥独立或附墙砖柱。

7. 纵向、横向扫地杆搭设应符合 1.2.2 第 2 条的构造规定。

8. 连墙件、剪刀撑、横向斜撑等的搭设应符合下列规定：

（1）连墙件搭设应符合 1.2.3 第 1 条的构造规定。当脚手架施工操作层高出连墙件二步时，应采取临时稳定措施，直到上一层连墙件搭设完后方可根据情况拆除。

（2）剪刀撑、横向斜撑搭设应符合 1.2.5 的规定，并应随立杆、纵向和横向水平杆等同步搭设，各底层斜杆下端均必须支承在垫块或垫板上。

9. 门洞搭设应符合 1.2.4 的构造规定。

10. 扣件安装应符合下列规定：

（1）扣件规格必须与钢管外径（ϕ48.3 或 ϕ51）相同；

（2）螺栓拧紧扭力矩不应小于 40N·m，且不应大于 65N·m；

（3）在主节点处固定横向水平杆、纵向水平杆、剪刀撑、横向斜撑等用的直角扣件、旋转扣件的中心点的相互距离不应大于 150mm；

（4）对接扣件开口应朝上或朝内；

（5）各杆件端头伸出扣件盖板边缘长度不应小于 100mm。

11. 作业层、斜道的栏杆和挡脚板的搭设应符合下列规定，如图 1.3.1 所示：

（1）栏杆和挡脚板均应搭设在外立杆的内侧；

（2）上栏杆上皮高度应为 1.2m；

（3）挡脚板高度不应小于 180mm；

（4）中栏杆应居中设。

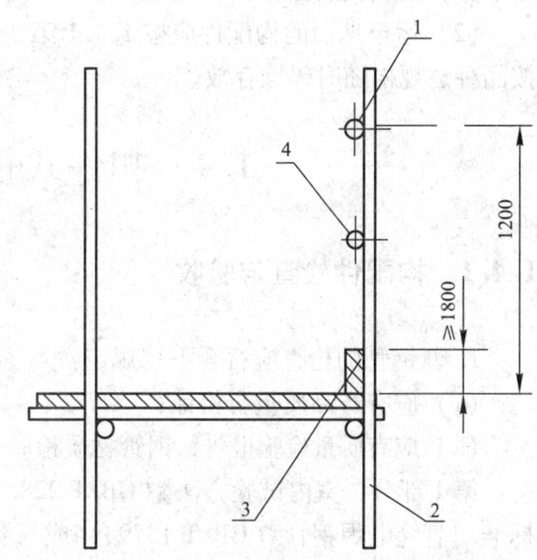

图 1.3.1 栏杆与挡脚板构造

1—大横杆；2—立杆；3—挡脚板；4—栏杆

12. 脚手板的铺设应符合下列规定：

（1）脚手架应铺满、铺稳，离开墙面 120～150mm；

（2）采用对接或搭接时均应符合 1.2.1 第

3 条的规定；脚手板探头应用直径 3.2mm 镀锌钢丝固定在支承杆件上；

（3）在拐角、斜道平台口处的脚手板，应与横向水平杆可靠连接，防止滑动；

（4）自顶层作业层的脚手板下计，宜每隔 12m 满铺一层脚手板。

13. 模板支架搭设除应符合 1.2.7 条构造规定外，尚应符合现行国家标准《混凝土结构工程施工质量验收规范》（GB 50204）的有关规定。

1.3.4 脚手架拆除

1. 拆除脚手架的准备工作应符合下列规定：

（1）应全面检查脚手架的扣件连接、连墙件、支撑体系等是否符合构造要求；

（2）应根据检查结果补充完善施工组织设计中的拆除顺序和措施，经主管部门批准后方可实施；

（3）应由单位工程负责人进行拆除安全技术交底；

（4）应清除脚手架上杂物及地面障碍物。

2. 拆除脚手架时，应符合下列规定：

（1）拆除作业必须由上而下逐层进行，严禁上下同时作业；

（2）连墙件必须随脚手架逐层拆除，严禁先将连墙件整层或数层拆除后再拆脚手架；分段拆除高差不应大于 2 步，如高差大于 2 步，应增设连墙件加固；

（3）当脚手架拆至下部最后一根长立杆的高度（约 6.5m）时，应先在适当位置搭设临时抛撑加固后，再拆除连墙件；

（4）当脚手架采取分段、分立面拆除时，对不拆除的脚手架两端，应先按 1.2.3 第 1 条第 5 款、1.2.5 第 3 条第 1、2 款的规定设置连墙件和横向斜撑加固。

3. 卸料时应符合下列规定：

（1）各构配件严禁抛掷至地面；

（2）运至地面的构配件应按 1.4.1 第 2 条 ~ 第 5 条的规定及时检查、整修与保养，并按品种、规格随时码堆存放。

1.4 扣件式钢管脚手架验收

1.4.1 构配件检查与验收

1. 新钢管的检查应符合下列规定：

（1）应有产品质量合格证；

（2）应有质量检验报告，钢管材质检验方法应符合现行国家标准《金属材料 拉伸试验 第 1 部分：室内试验方法》（GB/T 228.1）的有关规定，脚手架钢管应采用现行国家标准《直缝电焊钢管》（GB/T 13793）或《低压流体输送用焊接钢管》（GB/T 3091）中规定的 3 号普通钢管，其质量应符合现行国家标准《碳素结构钢》（GB/T 700）中 Q235 - A 级钢的规定；

（3）钢管表面应平直光滑，不应有裂缝、结疤、分层、错位、硬弯、毛刺、压痕和深的划道；

（4）钢管外径、壁厚、端面等的偏差，应分别符合表1.4.1的规定；

（5）钢管必须涂有防锈漆。

2. 旧钢管的检查应符合下列规定：

（1）表面锈蚀深度应符合表1.4.1序号3的规定。锈蚀检查应每年一次。检查时，应在锈蚀严重的钢管中抽取三根，在每根锈蚀严重的部位横向截断取样检查，当锈蚀深度超过规定值时不得使用；

（2）钢管弯曲变形应符合表1.4.1序号4的规定。

3. 扣件的验收应符合下列规定：

（1）新扣件应有生产许可证、法定检测单位的测试报告和产品质量合格证。当对扣件质量有怀疑时，应按现行国家标准《钢管脚手架扣件》(GB 15831）的规定抽样检测。

（2）旧扣件使用前应进行质量检查，有裂缝、变形的严禁使用，出现滑丝的螺栓必须更换。

（3）新、旧扣件均应进行防锈处理。

4. 脚手板的检查应符合下列规定：

（1）冲压钢脚手板的检查应符合下列规定：

①新脚手板应有产品质量合格证。

②尺寸偏差应符合表1.4.1序号5的规定，且不得有裂纹、开焊与硬弯。

③新、旧脚手板均应涂防锈漆。

（2）木脚手板的检查应符合下列规定：

①木脚手板的宽度不宜小于200mm，厚度不应小于50mm；木脚手板应采用杉木或松木制作，其材质应符合现行国家标准《木结构设计规范》（GB 50005）中Ⅱ级材质的规定。脚手板厚度不应小于50mm，两端应各设直径为4mm的镀锌钢丝箍两道；腐朽的脚手板不得使用。

②竹脚手板宜采用由毛竹或楠竹制作的竹串片板、竹笆板。

5. 构配件的偏差应符合表1.4.1的规定。

构配件的允许偏差　　表1.4.1

序号	项目	允许偏差Δ（mm）	示意图	检查工具
1	焊接钢管尺寸（mm） 外径48.3 壁厚3.6	 ±0.5 ±0.36		游标卡尺
2	钢管两端面切斜偏差	1.70	2° Δ	塞尺、拐角尺

续表

序号	项目	允许偏差Δ（mm）	示意图	检查工具
3	钢管外表面锈蚀深度	≤0.18		游标卡尺
4	钢管弯曲 a. 各种杆件钢管的端部弯曲 $l \le 1.5m$	≤5		钢板尺
	b. 立杆钢管弯曲 $3m < l \le 4m$ $4m < l \le 6.5m$	≤12 ≤20		
	c. 水平杆、斜杆的钢管弯曲 $l \le 6.5m$	≤30		
5	冲压钢脚手板 a. 板面挠曲 $l \le 4m$ $l > 4m$	≤12 ≤16		钢板尺
	b. 板面扭曲（任一角翘起）	≤5		
6	可调托撑支托板变形	1.0		钢板尺塞尺

1.4.2 脚手架检查与验收

1. 脚手架及其地基基础应在下列阶段进行检查与验收：

（1）基础完工后及脚手架搭设前；

（2）作业层上施加荷载前；

（3）每搭设完 10～13m 高度后；

（4）达到设计高度后；

（5）遇有六级大风与大雨后；寒冷地区开冻后；

（6）停用超过一个月。

2. 进行脚手架检查、验收时应根据下列技术文件：

（1）1.4.2 第 3～5 条的规定；

（2）施工组织设计及变更文件；

（3）技术交底文件。

3. 脚手架使用中，应定期检查下列项目：

（1）杆件的设置和连接，连墙件、支撑、门洞桁架等的构造是否符合要求；

（2）地基是否积水，底座是否松动，立杆是否悬空；

（3）扣件螺栓是否松动；

（4）高度在24m以上的脚手架，其立杆的沉降与垂直度的偏差是否符合表1.4.2项次1、2的规定；

（5）安全防护措施是否符合要求；

（6）是否超载。

4. 脚手架搭设的技术要求、允许偏差与检验方法，应符合表1.4.2的规定。

脚手架搭设的技术要求、允许偏差与检验方法　　表1.4.2

<table>
<tr><th>项次</th><th colspan="2">项目</th><th>技术要求</th><th>允许偏差
Δ（mm）</th><th colspan="2">示意图</th><th>检查方法
与工具</th></tr>
<tr><td rowspan="5">1</td><td rowspan="5">地基
基础</td><td>表面</td><td>坚实平整</td><td rowspan="4">—</td><td colspan="2" rowspan="5">—</td><td rowspan="5">观察</td></tr>
<tr><td>排水</td><td>不积水</td></tr>
<tr><td>垫板</td><td>不晃动</td></tr>
<tr><td rowspan="2">底座</td><td>不滑动</td></tr>
<tr><td>不沉降</td><td>-10</td></tr>
<tr><td rowspan="11">2</td><td rowspan="11">立杆垂
直度</td><td>最后验收
垂直度
20~80m</td><td>—</td><td>±100</td><td colspan="2">Δ　Δ
H</td><td rowspan="11">用经纬仪
或吊线和
卷尺</td></tr>
<tr><td colspan="5">下列脚手架允许水平偏差（mm）</td></tr>
<tr><td colspan="2" rowspan="2">搭设中检查
偏差的高度（m）</td><td colspan="3">总高度</td></tr>
<tr><td>50m</td><td>40m</td><td>20m</td></tr>
<tr><td colspan="2">$H=2$</td><td>±7</td><td>±7</td><td>±7</td></tr>
<tr><td colspan="2">$H=10$</td><td>±20</td><td>±25</td><td>±50</td></tr>
<tr><td colspan="2">$H=20$</td><td>±40</td><td>±50</td><td>±100</td></tr>
<tr><td colspan="2">$H=30$</td><td>±60</td><td>±75</td><td></td></tr>
<tr><td colspan="2">$H=40$</td><td>±80</td><td>±100</td><td></td></tr>
<tr><td colspan="2">$H=50$</td><td>±100</td><td></td><td></td></tr>
<tr><td colspan="5">中间档次用插入法</td></tr>
<tr><td>3</td><td>间距</td><td>步距
纵距
横距</td><td>—</td><td>±20
±50
±20</td><td colspan="2">—</td><td>钢板尺</td></tr>
</table>

续表

项次	项目		技术要求	允许偏差 Δ（mm）	示意图	检查方法与工具
4	纵向水平杆高差	一根杆的两端	—	±20		水平仪或水平尺
		同跨内两根纵向水平杆高差	—	±10		
5	双排脚手架横向水平杆外伸长度偏差		外伸500mm	-50	—	钢板尺
6	扣件安装	主节点处各扣件中心点相互距离	$a≤150$mm	—		钢板尺
		同步立杆上两个相隔对接扣件的高差	$a≥500$mm	—		钢卷尺
		立杆上的对接扣件至主节点的距离	$a≤h/3$			
		纵向水平杆上的对接扣件至主节点的距离	$a≤l_a/3$	—		钢卷尺
		扣件螺栓拧紧扭力矩	40～65N·m	—	—	扭力扳手
7	剪刀撑斜杆与地面的倾角		45°～60°	—	—	角尺

续表

项次	项目		技术要求	允许偏差 Δ（mm）	示意图	检查方法与工具
8	脚手板外伸长度	对接	$a=130\sim150$mm $l\leqslant300$mm	—		卷尺
		搭接	$a\geqslant100$mm $l\geqslant200$mm	—		卷尺

注：图中1—立杆；2—纵向水平杆；3—横向水平杆；4—剪刀撑。

5. 安装后的扣件螺栓拧紧扭力矩应采用扭力扳手检查，抽样方法应按随机分布原则进行。抽样检查数目与质量判定标准，应按表1.4.3的规定确定。不合格的必须重新拧紧，直至合格为止。

扣件拧紧抽样检查数目及质量判定标准　　表1.4.3

项次	检查项目	安装扣件数量（个）	抽检数量（个）	允许的不合格数
1	连接立杆与纵（横）向水平杆或剪刀撑的扣件；接长立杆、纵向水平杆或剪刀撑的扣件	51～90 91～150 151～280 281～500 501～1200 1201～3200	5 8 13 20 32 50	0 1 1 2 3 5
2	连接横向水平杆与纵向水平杆的扣件（非主节点处）	51～90 91～150 151～280 281～500 501～1200 1201～3200	5 8 13 20 32 50	1 2 3 5 7 10

1.4.3 安全管理

1. 脚手架搭设人员必须是经过按现行国家标准《特种作业人员安全技术培训考核管理规定》（国家安全生产监督管理总局令　第30号）考核合格的专业架子工。上岗人员应定期体检，合格者方可持证上岗。

2. 搭设脚手架人员必须戴安全帽、系安全带、穿防滑鞋。

3. 脚手架的构配件质量与搭设质量，应按1.4.2的规定进行检查验收，合格后方准使用。

4. 作业层上的施工荷载应符合设计要求，不得超载。不得将模板支架、缆风绳、泵送混凝土和砂浆的输送管等固定在脚手架上；严禁悬挂起重设备。

5. 当有六级及六级以上大风和雾、雨、雪天气时应停止脚手架搭设与拆除作业。雨、雪后上架作业应有防滑措施，并应扫除积雪。

6. 脚手架的安全检查与维护，应按 1.4.2 第 2 ~ 5 条的规定进行。安全网应按有关规定搭设或拆除。

7. 在脚手架使用期间，严禁拆除下列杆件：

（1）主节点处的纵、横向水平杆，纵、横向扫地杆；

（2）连墙件。

8. 不得在脚手架基础及其邻近处进行挖掘作业，否则应采取安全措施，并报主管部门批准。

9. 临街搭设脚手架时，外侧应有防止坠物伤人的防护措施。

10. 在脚手架上进行电、气焊作业时，必须有防火措施和专人看守。

11. 工地临时用电线路的架设及脚手架接地、避雷措施等，应按现行行业标准《施工现场临时用电安全技术规范》（JGJ 46）的有关规定执行。

12. 搭拆脚手架时，地面应设围栏和警戒标志，并派专人看守，严禁非操作人员入内。

1.4.4 脚手架施工安全的控制要点

从前述安全事故的分析所得到的架体破坏原因，我们可以对施工安全有一个更加理性和准确的理解。通过对现场施工情况的观察，做到对症下药处理脚手架和模板支撑架的施工问题。目前现场中普遍存在的问题是对斜杆的设置认识不足；如何构成几何不变体系认识不足。此外对结构计算中计算长度问题概念模糊。为了保证施工安全要做到以下几点：

（1）支撑架的几何不变性问题：现场上很多脚手架支撑架无斜杆设置，因而要想杜绝事故就要建立模板支撑架必须设计斜杆的概念，即斜杆与横杆组成三角形结构体系。

（2）双排脚手架的计算长度取决于连墙件的竖向距离：通常双排脚手架的使用功能为在双排立杆间运输、行走等，因而双排立杆间无斜杆。这就使得不能将横杆步距视为计算长度，其结构设计条件是将连墙件视为一个约束，因而产生此结果。

在此还应当注意到由于计算长度为连墙件距离，在很多情况下，其长细比已超过中心受压杆的最大 λ 值 250，因而也应视立杆超过承载力值而破坏。为了解决这一问题，可在双立杆间增加斜杆，构成格构柱形式。

（3）双排脚手架的小横杆与立杆（或大横杆）的连接不得马虎从事（扣件钢管架），因为它是连接内、外排架子重要结构连接件。

（4）斜杆连接与主体结构：斜杆与横、立杆的节点相连接才能构成几何不变体系，同时连接方法的不同，对立杆的计算长度有很大影响。

如图 1.4.1（a）为斜杆设置图，但有些横杆与之不能构成几何不变体系，需略去。最后其主体结构应是如图 1.4.1（b），因而立杆的计算长度为二倍步距。如图 1.4.2 所示，当斜杆扣接采用间隔扣接时，其立杆计算长度为 $2h$，而每步扣接时，立杆的计算长度为 h。

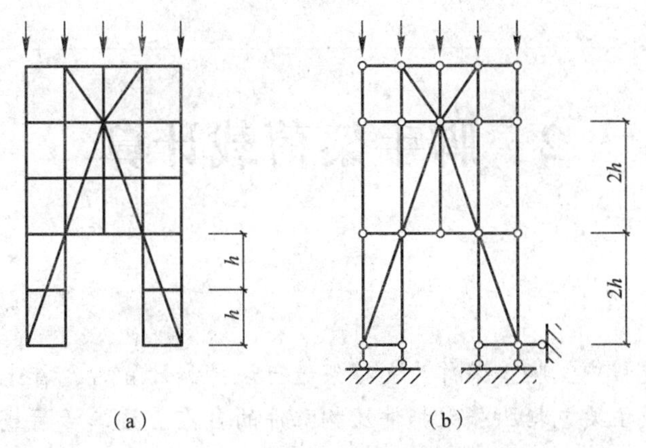

图1.4.1 斜杆连接与主体结构示意

(a) 斜杆设置图；(b) 主体结构图

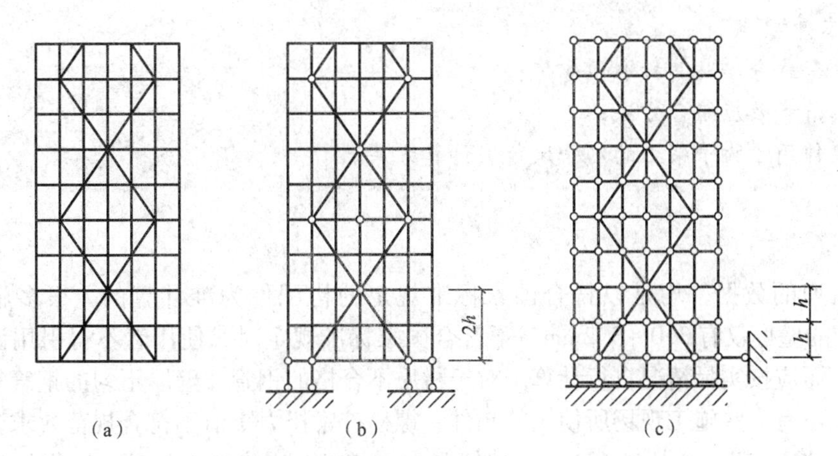

图1.4.2 斜杆扣接点对计算长度的影响

(a) 杆件图；(b) 间隔扣接主体结构；(c) 每步扣接主体结构

(5) 风荷载与立杆拉力：双排脚手架由于有连墙件与建筑物结构拉接而承受风荷载，不必考虑架子的倒塌或倾覆。但是模板支撑架在风荷载作用下，却要独立支撑风荷载的侧倾作用。显然横向风荷载吹向架体将会产生倾覆的力矩，要想承受倾覆的力矩，架子的立杆必须有足够的反力矩才能达到此目的。此反力矩必须由立杆的反力构成，因而一端的反力应为压力，另一端的反力为拉力。但是由于支撑架立杆并无承受拉力的措施，也就是说无法构成完整的抗倾覆力矩。从整体概念上分析，架子整体如悬臂梁，立杆的抗倾覆力矩也如梁的应力，端部大、中间小。但经过杆件体系的内力分析并非完全如此，节点风荷载只在有斜杆的节间内形成平衡，斜杆如为压力，立杆则产生拉力。由于立杆不能出现拉力，通常依靠架体自重与之平衡，如风荷载较大则应采取其他措施解决这一问题。不可掉以轻心。

2 脚手架荷载计算

◆ 引言

钢结构施工过程中，脚手架作为支撑架进行设计和计算时，首先需要进行脚手架荷载统计，其荷载主要包括脚手架杆件及构配件的自重、施工活荷载及风荷载。本章将介绍脚手架荷载统计与计算等知识，脚手架杆件及构配件的自重采用查表的方法进行，方便初学者学习与应用。

◆ 本章要点

熟悉荷载分类及其标准值取值；

熟悉荷载效应组合方法；

掌握作用于脚手架上的水平风荷载计算方法。

本章所列的数据，均是以符合国家标准规定的构配件为准计算的。很多施工现场 ϕ48.3 钢管的壁厚仅有 3.0~3.2mm，不符合国家标准规定时，使用者不得引用课程中的这些数据，而应按实际情况自行计算。对于材质不合格的钢管、壁厚不匀的钢管等，均应视为废品，还有一些施工现场所使用的扣件，螺栓拧紧扭力矩值不符合规范要求，无法达到“不小于40N·m，不超过65N·m”的要求。此时，应作如下处理：对螺栓拧紧扭力矩 $M_F \leqslant 30$N·m 者，应坚决报废，不得使用。对 $M_F > 30$N·m 者，应实际测定扣件的抗滑承载力 R_c，并按下式计算结果采用 R_c：

$$R_c = \left[R_{cx} + 2\sqrt{\frac{1}{n+1}\sum_{i=1}^{n}(R_{cxi} - R_{cx})^2} \right] \div 1.4$$

并且，应对相关计算式加一个调整系数。

在立杆稳定验算中，应以 f' 代替 f 进行计算：

$$f' = (0.6 \sim 0.7)f$$

式中 0.6~0.7 为调整系数。

扣件式钢管脚手架的节点属半刚性节点，规范就是以这种情况为依据确定各项计算系数的，而规范对“半刚性节点”是按螺栓拧紧扭力矩大致为 40~50N·m 定位的，扣件的拧紧力矩为 40N·m，50N·m 时，直角扣件节点与刚性节点刚度比值为 21.86%、33.21%。当螺栓拧紧扭力矩明显小于 50N·m，节点刚性就会明显降低，所以必须对其计算附加一个调整系数。

2.1 荷载分类及其标准值

2.1.1 荷载分类

作用于脚手架的荷载可分为永久荷载（恒荷载）与可变荷载（活荷载）。

永久荷载包括钢管、扣件、脚手板、栏杆、挡脚板、安全网等防护设施的自重。可变荷载分为施工荷载和风荷载两种。施工荷载包括作业层上的人员、器具和材料的自重。进行脚手架设计计算时，应根据施工要求，明确确定架体构配件设置，施工过程中不能随意增减。

2.1.2 永久荷载标准值

1. 材料自重标准值

材料自重应按实际测定统计值采用。其测定方法如下：抽样，随机抽样，取样一般不应少于20个。

测定统计值的计算式如下（即统计标准值等于测定件的平均测定值加2倍的标准差）：

$$G_k = \overline{G}_x + 2\sqrt{\frac{1}{n+1}\sum_{i=1}^{n}(G_{xi} - \overline{G}_x)^2}$$

式中 G_k——统计标准值；

$\overline{G}_x$——所有测定件测定值的平均值；

G_{xi}——第 i 个测定件的测定值。

此测定方法适用于任何材料自重的测定。

（1）扣件式钢管脚手架结构件自重标准值如下：

①钢管（ϕ48.3×3.6mm）：39.7N/m；

②直角扣件：13.2N/个；

③旋转扣件：14.6N/个；

④对接扣件：18.4N/个。

（2）脚手板自重标准值如下：

①冲压钢脚手板：0.3kN/m^2；

②竹芭脚手板：0.1kN/m^2；

③竹串片脚手板：0.35kN/m^2；

④木脚手板：0.35kN/m^2。

脚手板自重标准值抽样测定时，已经包含了搭接、沾浆及吸水的重量。

（3）其他常用材料和构件的自重标准值，按《建筑施工扣件式钢管脚手架安全技术规范》（JGJ 130—2011）附录取值。

2. 扣件式钢管脚手架自重标准值

(1) 对脚手架进行整体稳定计算时，脚手架结构的自重标准值应按表2.1.1采用。

ϕ48.3×3.6mm 钢管脚手架每米架体产生的结构自重标准值 g_k（kN/m）　表2.1.1

步距（m）	脚手架类型	纵距（m）				
		1.2	1.5	1.8	2.0	2.1
1.20	单排	0.1642	0.1793	0.1945	0.2046	0.2097
	双排	0.1538	0.1667	0.1796	0.1882	0.1925
1.35	单排	0.1530	0.1670	0.1809	0.1903	0.1949
	双排	0.1426	0.1543	0.1660	0.1739	0.1778
1.50	单排	0.1440	0.1570	0.1701	0.1788	0.1831
	双排	0.1336	0.1444	0.1552	0.1624	0.1660
1.80	单排	0.1305	0.1422	0.1538	0.1615	0.1654
	双排	0.1202	0.1295	0.1389	0.1451	0.1482
2.00	单排	0.1238	0.1347	0.1456	0.1529	0.1565
	双排	0.1134	0.1221	0.1307	0.1365	0.1394

注：双排脚手架每米架体产生的结构自重标准值是指内、外立杆的平均值；单排脚手架每米架体产生的结构自重标准值系按双排脚手架外立杆等值采用。

(2) 对脚手架的立杆进行单杆局部稳定计算时，每步扣件式双排钢管（ϕ48.3×3.6mm）脚手架结构自重标准值，可按表2.1.2采用。

每步双排扣件式钢管（ϕ48.3×3.6mm）脚手架结构自重标准值（kN/步）（横距 l_b=1.2m）　表2.1.2

步距（m）	纵距（m）				
	1.20	1.50	1.65	1.80	2.00
1.20	0.2415	0.2572	0.2651	0.2732	0.2839
1.35	0.2515	0.2670	0.2749	0.2829	0.2935
1.50	0.2616	0.2771	0.2854	0.2928	0.3033
1.65	0.2719	0.2872	0.2950	0.3028	0.3134
1.80	0.2824	0.2976	0.3053	0.3131	0.3235
2.00	0.2965	0.3115	0.3192	0.3268	0.3371

注：1. 当横距不等于1.2m时，每增减0.1m，表值应增减0.002kN/步；

2. 当纵距与表中不一致时，可用插入法取值；当步距与表中不一致时，亦可用插入法取值；当纵距、步距均与表中不一致时，可用双向插入法取值；

3. 计算是按6跨6步为计算单元计算剪刀撑的，如与实际不符时，应另行计算，对表中值予以修正；

4. 表中的数值，是按外排立杆中承受横向斜撑自重的立杆计算所得的。

由于多排脚手架极少使用，届时应按实际情况计算。

3. 栏杆、挡脚板自重标准值

(1) 栏杆、冲压钢脚手板挡板：0.16kN/m；

(2) 栏杆、竹串片脚手板挡板：0.17kN/m；

（3）栏杆、木脚手板挡板：0.17kN/m。

4. 脚手架上吊挂的安全防护设施的自重参考值

（1）安全网及塑料编织布的自重参考值：0.01kN/m²；

（2）苇席的自重参考值：50N/m²。

这些参考值只可用于初步估算。

2.1.3 施工荷载

1. 装修与结构脚手架作业层

装修与结构脚手架作业层上的施工活荷载，可按均布活荷载取其标准值。其值如下：

（1）装修脚手架：2kN/m²；

（2）普通钢结构脚手架、混凝土、砌筑结构脚手架：3kN/m²；

（3）轻型钢结构及空间网格结构脚手架：2kN/m²；

（4）斜道：≥2kN/m²。

2. 其他用途的脚手架

（1）其他用途脚手架的施工均布活荷载标准值，应根据实际情况确定。确定时可采用《建筑施工扣件式钢管脚手架安全技术规范》(JGJ 130—2011）规范附录 A 表 A-1、表 A-2 的标准值。

（2）脚手架上同时有两个作业层时，应分别计入两个作业层的施工均布活荷载。作业层不得多于两个。

（3）每个作业层，都应注意到水平横杆的加密，都应满铺脚手板；脚手架应每隔 12.0m 满铺一层脚手板，计算时，皆应计入，不可疏漏。

3. 在双排脚手架上同时有 2 个及以上操作层作业时，在同一个跨距内各操作层的施工均布荷载标准值总和不得超过 5.0kN/m²。

4. 满堂支撑架上荷载标准值取值应符合下列规定：

（1）永久荷载与可变荷载（不含风荷载）标准值总和不大于 4.2kN/m²时，施工均布荷载标准值应按 2.1.3 中第 1 条装修与结构脚手架作业层规定取值（对应《建筑施工扣件式钢管脚手架安全技术规范》（JGJ 130—2011）表 4.2.2 采用；

（2）永久荷载与可变荷载（不含风荷载）标准值总和大于 4.2kN/m²时，应符合下列要求：

①作业层上的人员及设备荷载标准值取 1.0kN/m²；大型设备、结构构件等可变荷载按实际计算；

②用于混凝土结构施工时，作业层上荷载标准值的取值应符合现行行业标准《建筑施工模板安全技术规范》（JGJ 162）的规定。

2.1.4 作用于脚手架上的水平风荷载标准值

作用于脚手架上的水平风荷载标准值，应按下式计算：

$$w_k = \mu_z \cdot \mu_s \cdot w_0 \tag{2.1.1}$$

式中 w_k——风荷载标准值（kN/m^2）；

μ_z——风压高度变化系数，按第2.2.2条有关规定采用；

μ_s——脚手架风荷载体型系数，按表2.2.3采用；

w_0——基本风压（kN/m^2），按表2.2.1采用。

2.1.5 荷载效应组合

计算脚手架的承重构件时，应根据使用过程中可能出现的最不利荷载组合进行计算。荷载效应组合宜按表2.1.3采用。

在基本风压 $w_0 \leqslant 0.35kN/m^2$ 的地区，对于仅有栏杆和挡脚板的敞开式脚手架，当每个连墙件覆盖面积不大于 $30m^2$，构造符合《建筑施工扣件式钢管脚手架安全技术规范》6.4规定时，因风荷载产生的附加应力小于设计强度的5%，所以在计算立杆稳定时可不予考虑风荷载。

荷载效应组合 表2.1.3

计算项目	荷载效应组合
纵向、横向水平杆强度与变形	永久荷载 + 施工均布活荷载
脚手架立杆地基承载力 型钢悬挑梁强度、稳定与变形	①永久荷载 + 施工均布活荷载
脚手架立杆稳定	②永久荷载 + 0.9（施工均布活荷载 + 风荷载）
连墙件承载力	单排架，风荷载 + 2.0kN 双排架，风荷载 + 3.0kN

2.2 作用于脚手架上的水平风荷载

2.2.1 基本风压 w_0

脚手架使用期较短，一般为2~5年，遇到强劲风的概率相对要小得多，按照《建筑施工扣件式钢管脚手架安全技术规范》（JGJ 130—2011）规定，w_0 值按《建筑结构荷载规范》（GB 50009—2001）附录D.4取重现期 $n=10$ 对应的风压采用，当建设地点的基本风压值在全国各城市基本风压表上没有给出时，可根据当地年最大风速资料，按基本风压定义，通过统计分析确定，分析时，应考虑样本数量的影响。当地没有风速资料时，可根据附近地区规定的基本风压或长期资料，通过气象和地形条件的对比分析确定；也可按《建筑结构荷载规范》（GB 50009）附录D中全国基本风压分布图（附图D.5.3）近似确定。

2.2.2 风压高度变化系数 μ_z

对于风压高度变化系数 μ_z，《建筑施工扣件式钢管脚手架安全技术规范》（JGJ 130—

2011）规定应按现行国家标准《建筑结构荷载规范》（GB 50009）规定采用。

1. 对于平坦或稍有起伏的地形

风压高度变化系数应根据地面粗糙度类别按表 2.2.1 取值。地面粗糙度可分为 A、B、C、D 四类：

（1）A 类指近海面和海岛、海岸、湖岸及沙漠地区；

（2）B 类指田野、乡村、丛林、丘陵以及房屋比较稀疏的乡镇和城市郊区；

（3）C 类指有密集建筑群的城市市区；

（4）D 类指有密集建筑群且房屋较高的城市市区。

风压高度变化系数 μ_z **表 2.2.1**

离地面或海平面高度（m）	地面粗糙度类别			
	A	B	C	D
5	1.17	1.00	0.74	0.62
10	1.38	1.00	0.74	0.62
15	1.52	1.14	0.74	0.62
20	1.63	1.25	0.84	0.62
30	1.80	1.42	1.00	0.62
40	1.92	1.56	1.13	0.73
50	2.03	1.67	1.25	0.84
60	2.12	1.77	1.35	0.93
70	2.20	1.86	1.45	1.02
80	2.27	1.95	1.54	1.11
90	2.34	2.02	1.62	1.19
100	2.40	2.09	1.70	1.27
150	2.64	2.38	2.03	1.61
200	2.83	2.61	2.30	1.92
250	2.99	2.80	2.54	2.19
300	3.12	2.97	2.75	2.45
350	3.12	3.12	2.94	2.68
400	3.12	3.12	3.12	2.91
≥450	3.12	3.12	3.12	3.12

2. 对于山区建筑物

风压高度变化系数可按平坦地面的粗糙度类别，先从表 2.2.1 中查取相应数值，再乘以修正系数 η_B 予以确定。修正系数 η_B 分别按下述规定采用：

（1）对于山峰和山坡，其顶部 B 处的修正系数可按下述公式采用：

$$\eta_B = \left[1 + k\text{tg}\alpha\left(1 - \frac{z}{2.5H}\right)\right]^2$$

式中 $\text{tg}\alpha$——山峰或山坡在迎风面一侧的坡度，当 $\text{tg}\alpha > 0.3$ 时，取 $\text{tg}\alpha = 0.3$；

k——系数，对山峰取 3.2，对山坡取 1.4；

H——山顶或山坡全高（m）；

z——建筑物计算位置离建筑物地面的高度（m），当 $z > 2.5H$ 时，取 $z = 2.5H$。

对于山峰和山坡的其他部位，可按图 2.2.1 所示，取 A、C 处的修正系数 η_A、η_C 为

1，AB 间和 BC 间的修正系数按 η 的线性插值确定。

（2）山间盆地、谷地等闭塞地形，$\eta=0.75\sim0.85$；

（3）对于与风向一致的谷口、山口，$\eta=1.20\sim1.50$。

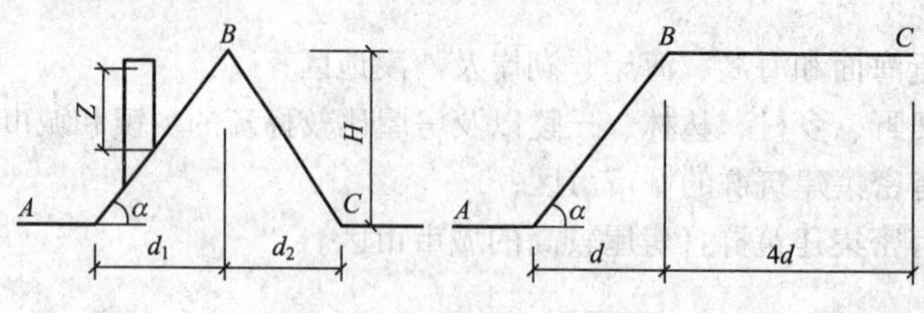

图 2.2.1 山峰和山坡的示意

3. 对于远海海面和海岛的建筑物或构筑物

风压高度变化系数可按 A 类粗糙度类别，先从表 2.2.1 中查取相应 μ_z 值，再乘以表 2.2.2 中给出的修正系数。

远海海面和海岛的修正系数 η **表 2.2.2**

距海岸距离（km）	η
<40	1.0
40~60	1.0~1.1
60~100	1.1~1.2

2.2.3 风荷载体型系数 μ_s

脚手架的风荷载体型系数 μ_s，应按表 2.2.3 采用。

脚手架的风荷载体型系数 μ_s **表 2.2.3**

背靠建筑物的状况		全封闭墙	敞开式、框架和开洞墙
脚手架状况	全封闭、半封闭	1.0φ	1.3φ
	敞开	μ_{stw}	

1. 挡风系数 φ

$$\varphi=\frac{1.2A_n}{A_w} \tag{2.2.1}$$

式中 φ——挡风系数，密目式安全立网全封闭脚手架挡风系数不宜<0.8。

A_n——为挡风面积，A_w 为迎风面积。

1.2——节点增大系数。

（1）敞开式单、双排钢管脚手架的挡风面积 A_n 值，可按下式计算：

$$A_n=(l_a+h+0.325l_ah)d \tag{2.2.2}$$

式中 A_n——一步一纵距（跨）内钢管的总挡风面积；

l_a、h——分别为立杆纵距（m）和步距（m）；

d——钢管外径（m）；

0.325——脚手架立面每平方米内剪刀撑的平均长度（m）。

敞开式脚手架在常用步距、纵距情况下的 φ 值，可按表 2.2.4 采用。

敞开式单排、双排、满堂脚手架与满堂支撑架（ϕ48.3×3.6mm）的挡风系数 φ 值　表 2.2.4

步距（m）	纵距（m）										
	0.4	0.6	0.75	0.9	1	1.2	1.3	1.35	1.5	1.8	2
0.6	0.260	0.212	0.193	0.180	0.173	0.164	0.160	0.158	0.154	0.148	0.144
0.75	0.241	0.192	0.173	0.161	0.154	0.144	0.141	0.139	0.135	0.128	0.125
0.90	0.228	0.180	0.161	0.148	0.141	0.132	0.128	0.126	0.122	0.115	0.112
1.05	0.219	0.171	0.151	0.138	0.132	0.122	0.119	0.117	0.113	0.106	0.103
1.20	0.212	0.164	0.144	0.132	0.125	0.115	0.112	0.110	0.106	0.099	0.096
1.35	0.207	0.158	0.139	0.126	0.120	0.110	0.106	0.105	0.100	0.094	0.091
1.50	0.202	0.154	0.135	0.122	0.115	0.106	0.102	0.100	0.096	0.090	0.086
1.6	0.200	0.152	0.132	0.119	0.113	0.103	0.100	0.098	0.094	0.087	0.084
1.80	0.1959	0.148	0.128	0.115	0.109	0.099	0.096	0.094	0.090	0.083	0.080
2.0	0.1927	0.144	0.125	0.112	0.106	0.096	0.092	0.091	0.086	0.080	0.077

（2）对于满挂密目安全网的单、双排扣件式钢管脚手架的挡风面积 A_n，可按下式计算：

$$A_n = (l_a + h + 0.325 l_a h)d + K[l_a \cdot h - (l_a + h + 0.325 l_a h)d] \qquad (2.2.3)$$

式中　K——密目安全网的挡风率，应通过实测确定。

作者在某施工现场实测的结果是 $K=0.27\sim0.35$，取定填为 0.33，杜荣军研究员提供的资料表明，200 目密网，$K=0.5$；800 目密网，$K=0.6$。

满挂密目安全网的脚手架，在常用步距、纵距下的 φ 值，可按表 2.2.5 采用。当实测的 K 值与表中所列 K 值有明显差别时，则应按式（2.2.3）计算 φ 值，尤其是当 $w_0 > 0.6\text{kN/m}^2$ 时，更不得马虎从事。

满挂密目安全网的单、双排扣件式钢管（ϕ48.3×3.6mm）脚手架挡风系数 φ 值　表 2.2.5

密目网挡风率 K	步距（m）	纵距（m）				
		1.20	1.50	1.65	1.80	2.00
0.33	1.20	0.473	0.466	0.464	0.462	0.460
	1.35	0.469	0.463	0.461	0.459	0.456
	1.50	0.466	0.460	0.458	0.456	0.454
	1.60	0.465	0.458	0.456	0.454	0.452
	1.65	0.464	0.458	0.455	0.453	0.451
	1.70	0.463	0.457	0.455	0.453	0.451
	1.75	0.463	0.456	0.454	0.452	0.450
	1.80	0.462	0.456	0.453	0.451	0.449
	2.00	0.460	0.454	0.451	0.449	0.447

续表

密目网挡风率 K	步距（m）	纵距（m）				
		1.20	1.50	1.65	1.80	2.00
0.50	1.20	0.657	0.653	0.651	0.649	0.640
	1.35	0.655	0.650	0.648	0.647	0.645
	1.50	0.653	0.648	0.646	0.645	0.643
	1.60	0.651	0.647	0.645	0.643	0.642
	1.65	0.651	0.646	0.644	0.643	0.641
	1.70	0.650	0.646	0.644	0.642	0.641
	1.75	0.650	0.645	0.643	0.642	0.640
	1.80	0.649	0.645	0.643	0.641	0.640
	2.00	0.648	0.643	0.641	0.640	0.638
0.60	120	0.766	0.762	0.761	0.759	0.758
	1.35	0.764	0.760	0.759	0.757	0.756
	1.50	0.762	0.758	0.757	0.756	0.754
	1.60	0.761	0.757	0.756	0.754	0.753
	1.65	0.761	0.757	0.755	0.754	0.753
	1.70	0.760	0.756	0.755	0.754	0.753
	1.75	0.760	0.756	0.755	0.753	0.752
	1.80	0.759	0.756	0.754	0.753	0.752
	2.00	0.758	0.754	0.753	0.752	0.751

注：密目式安全立网全封闭脚手架挡风系数不宜 <0.8。

2. 敞开式扣件钢管脚手架的风荷载体型系数 μ_s

扣件式敞开钢管脚手架的风荷载体型系数胁值，可借用钢管桁架的 μ_s 值计算方法，按下式计算：

$$\mu_s = \mu_{stw} = \varphi\mu_{s0}\frac{1-\eta^n}{1-\eta} \tag{2.2.4}$$

式中 φ——单排脚手架挡风系数，按表 2.2.5 值乘 1.2 采用；

μ_{s0}——钢管的体形系数，按表 2.2.6 采用；

η——系数，按表 2.2.7 采用，中间值按插入法求取；

n——脚手架排数。

整体计算时钢管的体形系数 μ_{s0} **表 2.2.6**

$\mu_z w_0 d^2$	表面情况	$h/d\geqslant 25$	$h/d=7$	$h/d=1$
>0.015	$\Delta\approx 0$	0.6	0.5	0.5
	$\Delta=0.02d$	0.9	0.8	0.7
	$\Delta=0.08d$	1.2	1.0	0.8
≤0.002		1.2	0.8	0.7

注：1. w_0——基本风压（kN/m^2）；d——钢管直径（m）；Δ——表面突出高度，取 $\Delta\approx 0$；
2. 中间值按插入法求取。

系数 η 值 表 2.2.7

φ \ l_b/h	≤1	2	4	6
≤0.1	1.00	1.00	1.00	1.00
0.2	0.85	0.90	0.93	0.97
0.3	0.66	0.75	0.80	0.85
0.4	0.50	0.60	0.67	0.73
0.5	0.33	0.45	0.53	0.62
≥0.6	0.15	0.30	0.40	0.50

2.2.4 风振系数

β_z 根据《建筑结构荷载规范》(GB 50009) 的规定，计算 w_k 时，还应乘以风振系数 β_z，以考虑风压脉动对高层结构的影响。因脚手架附着于主体结构上且为临时结构，故取 $\beta_z=1.0$，所以在计算式中未予反映。

2.3 扣件式钢管脚手架立杆在风荷载作用下的弯矩系数

在水平风荷载作用下，双排脚手架的力的传递过程是：外排杆构件受风压作用后，通过水平横杆，将力传至内排的立杆和纵向水平杆，再通过连墙件传到建筑物上。外排杆件系统，近似于一个竖起来的支承于矩阵布置的弹性柱头上的双向连续梁系统，所受的力为沿高度变化的分布荷载（风荷载）；内排杆件系统，近似于一个竖起来的支承于矩阵布置的柱头上的井字梁系统，所受力有水平横杆传来的集中荷载，也有沿高度变化的分布荷载（风荷载）。荷载效应为弯矩。最终支点为连墙件。

扣件连接的节点是半刚性的，节点刚性大小与扣件质量、安装质量等有关，差异较大。按照上述分析，要想准确地计算出脚手架的风荷载效应，几乎是不可能的，即使要很近似地计算出脚手架的风荷载效应，也必须通过大量的风洞试验研究，并经过繁复的弹性理论分析，方能成为可能。目前，国内外均缺乏这种研究与分析，在国内，仅广东省建筑施工设计研究所对广东国际大厦脚手架作过风洞试验。就连现场的实测资料，也是很不够的。

《建筑施工扣件式钢管脚手架安全技术规范》(JGJ 130—2011) 根据现有实测资料，规定所计算立杆段由风荷载设计值产生的弯矩 M_w，可按下式计算：

$$M_w=0.9\times1.4M_{wk}=\frac{0.9\times1.4w_k l_a h^2}{10} \tag{2.3.1}$$

本公式实质上就是三跨连续梁的弯矩计算公式，实际上，脚手架的立杆在风荷载作用下应为无限跨连续梁，根据计算比较，采用三跨连续梁计算公式是偏于保守的。实践证明，按三跨连续梁计算是完全可靠的，但不一定是较为经济的，因此还有待于进一步完善。

式中 M_{wk}——风荷载标准值产生的弯矩；

w_k——风荷载标准值；

l_a——立杆纵距；

h——步距。

$$w_k = \mu_z \cdot \mu_s w_0$$

则：

$$M_w = \frac{0.9 \times 1.4 \times \mu_z \mu_s w_0 l_a h^2}{10}$$

设：

$$K_n = \frac{0.9 \times 1.4 \times \mu_z h^2}{10}$$

即可将 M_ω 的计算简化为：

$$M_w = K_n \cdot w_0 \cdot \mu_s \cdot l_a \qquad (2.3.2)$$

K_n 即为脚手架立杆在风荷载设计值作用下所产生弯矩的弯矩系数。

现将扣件式钢管（ϕ48.3×3.6mm）双排脚手架的 K_n 值列于表 2.3.1 中，以资使用。表中，K_n 值表示脚手架立杆在风荷载设计值作用下于不同高度产生弯矩的弯矩系数，可用插入法采用。

对于山区建（构）筑物、远海海面和海岛建（构）筑物，K_n 尚应乘以修正系数 η，η 其实就是第 2.2.2 条第 2 款第（3）项中的 μ_z 的修正系数。

由风荷载设计值产生的扣件式双排钢管脚手架立杆段的弯矩系数 K_n（m^2）　表 2.3.1

离地面或海平面高度（m）	步距 h=1.2m			
	地面粗糙度类别			
	A	B	C	D
5	0.2122	0.1815	0.1343	0.1125
10	0.2503	0.1815	0.1343	0.1125
15	0.2757	0.2068	0.1343	0.1125
20	0.2957	0.2267	0.1525	0.1125
30	0.3266	0.2576	0.1815	0.1125
40	0.3332	0.2830	0.2050	0.1325
50	0.3683	0.3030	0.2267	0.1525
60	0.3847	0.3211	0.2449	0.1688
70	0.4022	0.3375	0.2630	0.1851
80	0.4119	0.3538	0.2794	0.2013
90	0.4246	0.3665	0.2939	0.2158
100	0.4355	0.3792	0.3084	0.2304
150	0.4790	0.4318	0.3683	0.2921
200	0.5135	0.4736	0.4173	0.3484
250	0.5426	0.5081	0.4609	0.3974
300	0.5662	0.5389	0.4990	0.4446
350	0.5662	0.5662	0.5335	0.3350
400	0.5662	0.5662	0.5662	0.5280
≥450	0.5662	0.5662	0.5662	0.5662

续表

离地面或海平面高度（m）	步距 h=1.35m			
	地面粗糙度类别			
	A	B	C	D
5	0.2686	0.2296	0.1699	0.1423
10	0.3169	0.2296	0.1699	0.1423
15	0.3491	0.2618	0.1699	0.1423
20	0.3744	0.2871	0.1929	0.1423
30	0.4134	0.3261	0.2296	0.1423
40	0.4409	0.3582	0.2596	0.1676
50	0.4662	0.3834	0.2871	0.1929
60	0.4868	0.4064	0.3099	0.2136
70	0.5052	0.4272	0.3329	0.2343
80	0.5212	0.4477	0.3536	0.2549
90	0.5373	0.4639	0.3719	0.2733
100	0.5512	0.4799	0.3904	0.2916
150	0.6063	0.5465	0.4662	0.3697
200	0.6498	0.5993	0.5282	0.4409
250	0.6866	0.6430	0.5833	0.5029
300	0.7165	0.6820	0.6315	0.5625
350	0.7165	0.7165	0.6751	0.6155
400	0.7165	0.7165	0.7165	0.6683
≥450	0.7165	0.7165	0.7165	0.7165

离地面或海平面高度（m）	步距 h=1.5m			
	地面粗糙度类别			
	A	B	C	D
5	0.3317	0.2835	0.2098	0.1758
10	0.3912	0.2835	0.2098	0.1758
15	0.4309	0.3232	0.2098	0.1758
20	0.4621	0.3544	0.2381	0.1758
30	0.5104	0.4025	0.2835	0.1758
40	0.5444	0.4423	0.3204	0.2069
50	0.5755	0.4734	0.3544	0.2381
60	0.6010	0.5017	0.3827	0.2636
70	0.6236	0.5273	0.4111	0.2892
80	0.6436	0.5529	0.4365	0.3146
90	0.6634	0.5727	0.4592	0.3373
100	0.6804	0.5925	0.4819	0.3600
150	0.7484	0.6748	0.5755	0.4565
200	0.8023	0.7400	0.6521	0.5444

续表

离地面或海平面高度（m）	步距 $h=1.5\mathrm{m}$			
	地面粗糙度类别			
	A	B	C	D
250	0.8477	0.7938	0.7201	0.6209
300	0.8846	0.8421	0.7796	0.6946
350	0.8846	0.8846	0.8334	0.7598
400	0.8846	0.8846	0.8846	0.8250
≥450	0.8846	0.8846	0.8846	0.8846
离地面或海平面高度（m）	步距 $h=1.6\mathrm{m}$			
	地面粗糙度类别			
	A	B	C	D
5	0.3774	0.3225	0.2387	0.2000
10	0.4452	0.3225	0.2387	0.2000
15	0.4902	0.3677	0.2387	0.2000
20	0.5258	0.4033	0.2709	0.2000
30	0.5805	0.4580	0.3225	0.2000
40	0.6193	0.5032	0.3645	0.2355
50	0.6548	0.5386	0.4033	0.2709
60	0.6838	0.5709	0.4355	0.2999
70	0.7096	0.5999	0.4677	0.3290
80	0.7322	0.6289	0.4967	0.3580
90	0.7548	0.6516	0.5226	0.3839
100	0.7741	0.6742	0.5483	0.4096
150	0.8516	0.7676	0.6548	0.5193
200	0.9144	0.8419	0.7419	0.6193
250	0.9644	0.9032	0.8192	0.7064
300	1.0063	0.9579	0.8870	0.7903
350	1.0063	1.0063	0.9482	0.8645
400	1.0063	1.0063	1.0063	0.9387
≥450	1.0063	1.0063	1.0063	1.0063
离地面或海平面高度（m）	步距 $h=1.65\mathrm{m}$			
	地面粗糙度类别			
	A	B	C	D
5	0.4013	0.3431	0.2538	0.2127
10	0.4734	0.3431	0.2538	0.2127
15	0.5214	0.3910	0.2538	0.2127
20	0.5592	0.4288	0.2882	0.2127
30	0.6174	0.4871	0.3431	0.2127
40	0.6586	0.5352	0.3877	0.2505

续表

离地面或海平面高度（m）	步距 $h=1.65$m			
	地面粗糙度类别			
	A	B	C	D
50	0.6964	0.5728	0.4288	0.2882
60	0.7273	0.6072	0.4632	0.3190
70	0.7546	0.6380	0.4973	0.3499
80	0.7787	0.6689	0.5282	0.3807
90	0.8027	0.6929	0.5557	0.4083
100	0.8233	0.7170	0.5831	0.4356
150	0.9056	0.8164	0.6964	0.5523
200	0.9708	0.8953	0.7890	0.6586
250	1.0257	0.9605	0.8713	0.7513
300	1.0703	1.0187	0.9434	0.8404
350	1.0703	1.0703	1.0085	0.9194
400	1.0703	1.0703	1.0703	0.9982
≥450	1.0703	1.0703	1.0703	1.0703

离地面或海平面高度（m）	步距 $h=1.70$m			
	地面粗糙度类别			
	A	B	C	D
5	0.4261	0.3641	0.2694	0.2258
10	0.5025	0.3641	0.2694	0.2258
15	0.5535	0.4151	0.2694	0.2258
20	0.5935	0.4551	0.3058	0.2258
30	0.6554	0.5170	0.3641	0.2258
40	0.6991	0.5680	0.4114	0.2658
50	0.7392	0.6081	0.4551	0.3058
60	0.7720	0.6445	0.4916	0.3387
70	0.8011	0.6773	0.5280	0.3715
80	0.8266	0.7100	0.5607	0.4042
90	0.8520	0.7356	0.5899	0.4334
100	0.8740	0.7610	0.6191	0.4624
150	0.9613	0.8667	0.7392	0.5863
200	1.0305	0.9504	0.8375	0.6991
250	1.0888	1.0196	0.9250	0.7974
300	1.1361	1.0815	1.0013	0.8921
350	1.1361	1.1361	1.0706	0.9759
400	1.1361	1.1361	1.1361	1.0596
≥450	1.1361	1.1361	1.1361	1.1361

续表

离地面或海平面高度（m）	步距 $h=1.75m$			
	地面粗糙度类别			
	A	B	C	D
5	0.4515	0.3859	0.2856	0.2393
10	0.5324	0.3859	0.2856	0.2393
15	0.5866	0.4399	0.2856	0.2393
20	0.6289	0.4824	0.3242	0.2393
30	0.6946	0.5480	0.3859	0.2393
40	0.7409	0.6020	0.4361	0.2816
50	0.7834	0.6081	0.4824	0.3242
60	0.8180	0.6829	0.5209	0.3588
70	0.8489	0.7177	0.5595	0.3936
80	0.8759	0.7525	0.5943	0.4284
90	0.9029	0.7794	0.6252	0.4592
100	0.9262	0.8065	0.6560	0.4901
150	1.0187	0.9185	0.7834	0.6212
200	1.0921	1.0071	0.8874	0.7409
250	1.1538	1.0805	0.9802	0.8451
300	1.2039	1.1461	1.0611	0.9454
350	1.2039	1.2039	1.1345	1.0342
400	1.2039	1.2039	1.2039	1.1230
≥450	1.2039	1.2039	1.2039	1.2039

离地面或海平面高度（m）	步距 $h=1.80m$			
	地面粗糙度类别			
	A	B	C	D
5	0.4777	0.4083	0.3021	0.2531
10	0.5633	0.4083	0.3021	0.2531
15	0.6205	0.4654	0.3021	0.2531
20	0.6654	0.5104	0.3429	0.2531
30	0.7348	0.5796	0.4083	0.2531
40	0.7838	0.6368	0.4613	0.2980
50	0.8288	0.6081	0.5104	0.3429
60	0.8655	0.7226	0.5512	0.3797
70	0.8982	0.7593	0.5919	0.4164
80	0.9268	0.7961	0.6286	0.4532
90	0.9552	0.8247	0.6613	0.4858
100	0.9797	0.8533	0.6940	0.5185
150	1.0777	0.9715	0.8288	0.6572
200	1.1553	1.0655	0.9390	0.7838

续表

离地面或海平面高度（m）	步距 $h=1.80$m			
	地面粗糙度类别			
	A	B	C	D
250	1.2207	1.1431	1.0369	0.8941
300	1.2738	1.2125	1.1227	1.0001
350	1.2738	1.2738	1.2002	1.0941
400	1.2738	1.2738	1.2738	1.1880
≥450	1.2738	1.2738	1.2738	1.2738

离地面或海平面高度（m）	步距 $h=2.00$m			
	地面粗糙度类别			
	A	B	C	D
5	0.5896	0.5040	0.3730	0.3125
10	0.6955	0.5040	0.3730	0.3125
15	0.7661	0.5745	0.3730	0.3125
20	0.8215	0.6300	0.4234	0.3125
30	0.9073	0.7156	0.5040	0.3125
40	0.9676	0.7862	0.5695	0.3679
50	1.0231	0.6081	0.6300	0.4234
60	1.0685	0.8921	0.6804	0.4688
70	1.1087	0.9375	0.7307	0.5141
80	1.1441	0.9827	0.6286	0.5595
90	1.1794	1.0181	0.8165	0.5997
100	1.2096	1.0534	0.8567	0.6401
150	1.3305	1.1995	1.0231	0.8115
200	1.4264	1.3155	1.1593	0.9676
250	1.5070	1.4113	1.2801	1.1037
300	1.5725	1.4969	1.3860	1.2347
350	1.5725	1.5725	1.4817	1.3508
400	1.5725	1.5725	1.5589	1.4666
≥450	1.5725	1.5725	1.5725	1.5725

3 扣件式单双排钢管落地脚手架的设计

◆ 引言

扣件式单双排钢管落地脚手架是建筑工程中最常用的脚手架形式，单排脚手架是只有一排的立杆，双排有两排的立杆，一般用于室外的砌筑或装修等。扣件式单双排钢管落地脚手架设计包括水平杆件的受弯计算、立杆的整体稳定计算、连墙件计算、地基承载力计算等内容。

◆ 本章要点

熟悉扣件式单双排钢管落地脚手架的设计内容及步骤；

掌握脚手架纵横水平杆计算方法；

掌握脚手架立杆的整体稳定计算方法；

掌握脚手架连墙件计算方法；

掌握脚手架地基承载力计算方法。

3.1 基本设计规定

3.1.1 单双排脚手架的设计步骤

单双排脚手架的设计计算工作往往是一个反复调整、反复计算、渐近合理的试算过程。先依据使用要求，按照构造要求，初步设计出脚手架的构架结构，然后再对初步设计出的脚手架构架进行验算（即设计计算），验算合格且经济合理后，即可付诸使用；否则，应对构架结构进行调整，再次验算。

扣件式钢管脚手架，均应在施工前进行设计计算。

3.1.2 单双排扣件式钢管脚手架的计算内容

（1）脚手架的承载能力应按概率极限状态设计法的要求，采用分项系数设计表达式进行设计。可只进行下列设计计算：

①纵向、横向水平杆等受弯构件的强度和连接扣件的抗滑承载力计算；

②立杆的稳定计算；

③连墙件的强度、稳定性和连接强度的计算；

④立杆地基承载力计算。

（2）计算构件的强度、稳定性与连接强度时，应采用荷载效应基本组合的设计值。永久荷载分项系数取1.2，可变荷载分项系数取1.4。

（3）脚手架中的受弯构件，尚应根据正常使用极限状态的要求验算变形。验算构件变形时，应采用荷载短期效应组合的设计值。

（4）当纵向或横向水平杆的轴线对立杆轴线的偏心距不大于55mm时，立杆稳定计算可不考虑此偏心距的影响。

（5）当敞开式脚手架的设计尺寸符合《建筑施工扣件式钢管脚手架安全技术规范》（JGJ 130—2011）规范中表6.1.1－1、表6.1.1－2规定，构造符合附录B的规定；扣件螺栓扭力矩不小于40N·m，不大于65N·m时，可只进行连墙件、立杆地基承载力的设计计算。只有当上述前提条件全部满足时，方可按此规定简化设计计算。

（6）仅在下列情况下，建筑施工脚手架才可采用单排脚手架：建筑物高度不超过24m，墙体厚度大于180mm，且不是空心墙、加气块墙等轻质墙，砌筑砂浆强度等级大于M1.0的砖墙。在其他情况下，均应采用双排脚手架。

（7）在基本风压不大于0.35kN/m^{2}地区，对于仅有栏杆和挡脚板的敞开式脚手架，当连墙件覆盖面积不大于30m^2，并符合《建筑施工扣件式钢管脚手架安全技术规范》（JGJ 130—2011）规范中4.3的规定时，在立杆稳定计算中，因风荷载产生的附加应力小于设计强度的5%，故可忽略不计。

3.1.3 脚手架构配件的力学特性

（1）钢材的强度设计值与弹性模量应按表3.1.1采用。

钢材的强度设计值与弹性模量（N/mm^2） **表3.1.1**

Q235钢抗拉、抗压和抗弯强度设计值f	205
弹性模量E	2.06×10^5

（2）扣件、底座的承载力设计值应按表3.1.2采用。

扣件、底座的承载力设计值（kN） **表3.1.2**

项　目	承载力设计值
对接扣件（抗滑）	3.20
直角扣件、旋转扣件（抗滑）	8.00
底座（抗压）、可调托撑（抗压）	40.00

注：扣件螺栓拧紧扭力矩值不应小于40N·m，且不应大于65N·m。

（3）受弯构件的挠度不应超过表3.1.3中规定的容许值。

受弯构件的容许挠度 **表3.1.3**

构件类别	容许挠度［v］
脚手板，纵向、横向水平杆	l/150与10mm
悬挑受弯杆件	l/400
型钢悬挑脚手架悬挑钢梁	l/250

（4）受压、受拉构件的长细比不应超过表 2.1.4 中规定的容许值。

受压、受拉构件的容许长细比 **表 3.1.4**

构件类别		容许长细比［λ］
立杆	双排架、满堂支撑架	210
	单排架	230
	满堂脚手架	250
横向斜掌、剪刀撑中的压杆		250
拉杆		350

注：1. 计算 λ 时，立杆的计算长度按 $l_0 = k\mu h$ 计算，但 k 值取 1.00。本表中其他杆件的计算长度 l_0 按 $l_0 = \mu h = 1.27l$ 计算。

3.1.4 脚手架构配件设计计算的几何参数

钢管截面的几何参数按表 3.1.5 采用。

钢管截面的几何参数 **表 3.1.5**

外径 φ（d）（mm）	壁厚 t（mm）	截面积 A（mm^2）	惯性矩 I（mm^4）	截面模量 W（mm^3）	回转半径 i（mm）	每米长质量（kg/m）
48.3	3.6	5.06×10^2	12.71×10^4	5.26×10^3	15.9	3.96

3.2 纵横水平杆计算

3.2.1 计算方法的相关规定

（1）纵向、横向水平杆的抗弯强度按下式计算：

$$\sigma = \frac{M}{W} \leqslant f \tag{3.2.1}$$

式中 M——弯矩设计值；

W——截面模量，按表 3.1.5 采用；

f——对于纵向、横向水平杆，为钢材的抗弯强度设计值，按表 3.1.1 采用。

M 值应按下式计算：

$$M = 1.2M_{GK} + 1.4\sum M_{QK}$$

式中 M_{GK}——脚手板自重标准值和钢管、扣件自重标准值产生的弯矩。脚手板自重标准值、钢管和扣件的自重标准值分别按第 2.1.2 条第 1 款的第 1、2 项采用；

M_{QK}——施工荷载标准值产生的弯矩。施工荷载标准值应按第 2.1.3 条采用。

（2）纵向、横向水平杆及脚手板的挠度应符合下式规定：

$$v \leqslant [v] \tag{3.2.2}$$

式中 v——挠度；

$[v]$——容许挠度，按表 3.1.3 采用。

①计算纵向、横向水平杆的内力与挠度时，纵向水平杆宜按三跨连续梁计算，计算跨

度取纵距 l_a。横向水平杆宜按简支梁计算，计算跨度 l_0 如按下列规定采用：单排脚手架 $l_0 = l_b + 120\text{mm}$；双排脚手架 $l_0 = l_b$。双排脚手架横向水平杆的构造外伸长度 a（伸出内排立杆的长度）的计算外伸长度 $a_1 = a - (150 \sim 200)\text{mm}$。$l_0$ 为脚手架的横距。

②计算脚手板的内力和挠度时，应根据实际跨数，单跨时宜按简支梁计算，双跨时宜按双跨连续梁计算，三跨及多跨时宜按三跨连续梁计算，计算跨度取横向水平杆的间距。

（3）纵向或横向水平杆与立杆连接时，其扣件的抗滑承载力应符合下式规定：

$$R \leqslant R_c \tag{3.2.3}$$

式中 R——纵、横向水平杆传给立杆的竖向作用力设计值；

R_c——扣件抗滑承载力设计值，按表 3.1.2 采用。

3.2.2 脚手板计算

脚手板的内力和挠度计算按以下计算简图（图 3.2.1）和公式进行计算：

$M_{max} = \dfrac{ql_0^2}{8}$（位于跨中）

$v_{max} = \dfrac{5ql_0^4}{384EI}$（位于跨中）

$M_{max} = \dfrac{ql_0^2}{8}$（位于支座 B 处）

$v_{max} = 0.521 \times \dfrac{ql_0^4}{100EI}$（位于两端跨中）

$M_{max} = \dfrac{ql_0^2}{10}$（位于 B、C 支座处）

$v_{max} = 0.677 \times \dfrac{ql_0^4}{100EI}$（位于两端跨中）

计算时，如 l_0 的计量单位取 mm，q 的计量单位取 N/mm。

（1）木脚手板可承受的施工均布活荷载最大限值，可按表 3.2.1 和表 3.2.2 查取。

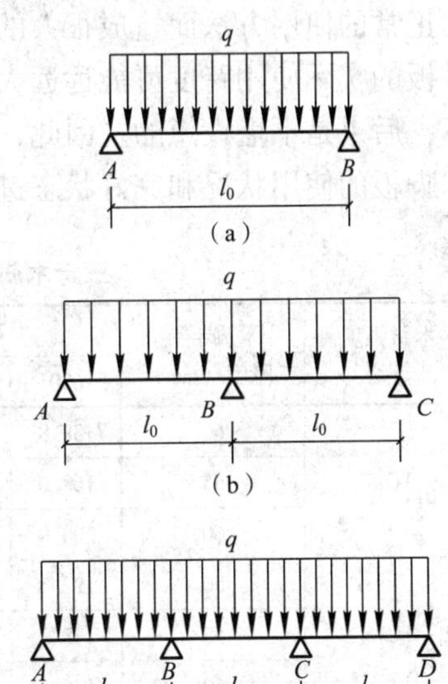

图 3.2.1 内力和挠度计算简图

单、双跨木脚手板可承受的施工均布活荷载最大限值 表 3.2.1

木材强度等级	木脚手板厚度（mm）	l_0 为下列数值（mm）时，施工均布活荷载的最大限值（kN/m²）								
		600	675	750	800	825	850	875	900	1000
TC17	50	111.0	87.6	71.0	62.3	58.6	55.1	52.1	49.2	39.8
	55	134.3	106.1	85.8	75.4	70.9	66.8	63.0	59.5	48.1
	60	160.0	126.3	102.3	89.8	84.4	79.5	75.0	70.9	57.3
TC15	50	97.9	77.3	62.6	54.9	51.7	48.6	45.8	43.4	35.0
	55	118.5	93.6	75.7	66.5	62.6	58.9	55.5	52.5	42.5
	60	141.1	111.4	90.2	79.2	74.4	70.1	66.1	62.5	50.6

续表

木材强度等级	木脚手板厚度（mm）	l_0 为下列数值（mm）时，施工均布活荷载的最大限值（kN/m^2）								
		600	675	750	800	825	850	875	900	1000
TC13	50	84.8	66.9	54.2	47.6	44.7	42.1	39.7	37.5	30.4
	55	102.7	81.1	65.6	57.6	54.2	51.0	48.1	45.4	36.7
	60	122.3	96.5	78.1	68.6	64.4	60.8	57.3	54.2	43.8
TC11	50	71.7	56.6	45.7	40.2	37.8	35.5	33.6	31.7	25.6
	55	86.8	68.5	55.4	48.7	45.7	43.1	40.7	38.4	31.1
	60	103.4	81.6	66.0	58.0	54.5	51.4	48.4	45.7	37.0

规范规定，木脚手板厚度不应小于50mm，并规定结构脚手架和装饰脚手架的施工均布活荷载标准值分别为$3kN/m^2$和$2kN/m^2$，可能有人会认为过于保守。其实不然，这是因为：木材属非均质材料，选料时稍有疏忽，便会留下极大隐患；脚手板属易损周转用料，大多情况下又用之于露天环境周转过程中，强度难免出现较大幅度的降低，有时甚至会因非正常的使用方法而造成很大的损害而又不一定能被肉眼及时发现；在特殊情况下，木脚手板的实际使用跨度可能远远大出表中所列跨度；木脚手板常常用于高空作业，如产生破坏，后果是不堪设想的。因此，我们不但不应对规范的相关规定产生怀疑，而且还应该对木脚板的使用状况和完好状态进行严格的监控。

三跨木脚手板可承受的施工均布活荷载最大限值　　表3.2.2

木材强度等级	木脚手板厚度（mm）	l_0 为下列数值（mm）时，可承受的施工均布活荷载最大限值（kN/m^2）								
		600	675	750	800	825	850	875	900	1000
TC17	50	138.8	109.6	88.7	78.0	73.3	69.0	65.1	61.6	49.8
	55	168.0	132.7	107.4	94.3	88.7	83.6	78.8	74.5	60.3
	60	200.0	158.0	127.9	112.4	105.6	99.5	93.9	88.7	71.8
TC15	50	122.5	96.7	78.3	68.8	64.6	60.9	57.4	54.3	43.9
	55	148.2	117.0	94.7	83.3	78.2	73.7	69.5	65.7	53.2
	60	176.4	139.3	112.8	99.1	93.2	87.7	82.7	78.2	63.3
TC13	50	106.1	83.8	67.8	59.6	55.9	52.8	49.7	47.0	38.0
	55	128.4	101.4	82.1	72.1	67.8	63.9	60.2	56.9	46.0
	60	152.9	120.7	97.7	85.8	80.7	76.0	71.7	85.5	54.8
TC11	50	89.7	70.8	57.3	50.3	47.3	44.6	42.1	39.7	32.1
	55	108.6	85.7	69.4	61.0	57.3	54.0	50.9	48.1	38.9
	50	129.3	102.1	82.7	72.6	68.2	64.3	60.6	57.3	46.3

注：1. 表3.2.1、表3.2.2中所列数值均是按木材的抗弯强度设计值计算所得（计入了木脚手板的自重）。按容许挠度计算所得数值，为表列数值的3.3～3.9倍。

2. 表3.2.1、表3.2.2中所列数值，是按静力计算所得的，而脚手架在使用中所承受的荷载多为动荷载，所以，在实用时尚应除以动力系数1.1。

（2）冲压钢脚手板的截面尺寸、截面特性及可承受的施工均布活荷载最大限值。

①冲压钢脚手板的截面尺寸及截面特性：

a. 冲压钢脚手板的截面尺寸（图3.2.2，表3.2.3）。

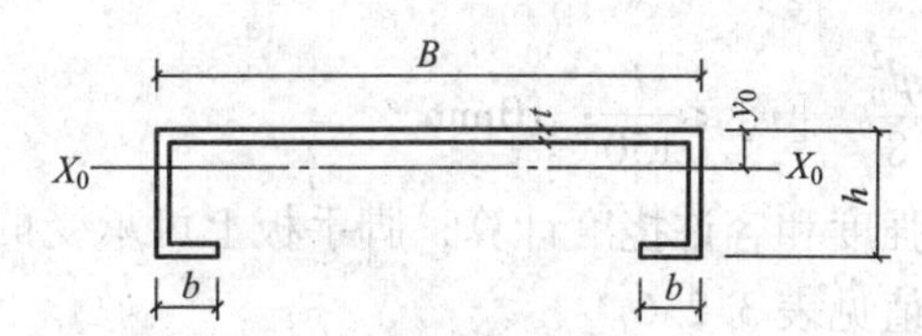

图 3.2.2 冲压钢脚手板截面示意图

冲压钢脚手板规格（mm） **表 3.2.3**

脚手板规格	B	h	b	t
250×50	250	50	25	3
220×50	220	50	25	3
250×25	250	25	20	3
220×25	220	25	20	3

注：板的上部设有防滑孔，最大宽度削减为30mm。

b. 冲压钢脚手板的截面特性（表 3.2.4）。

冲压钢脚手板截面特性 **表 3.2.4**

冲压钢脚手板规格（mm）	截面积 A（mm^2）	惯性矩 I（mm^4）	截面模量 W（mm^3）	回转半径 i（mm）	每米长质量（kg/m）
250×50	1074	356779	9867	18.23	9.14
220×50	984	341751	9756	18.64	8.43
250×25	894	58927	3079	8.12	7.72
220×25	804	56961	3052	8.42	7.02

注：截面特性 A、I、W、i 已考虑了防滑孔的削减影响。

②冲压钢脚手板可承受的施工均布荷载最大限值。按表 3.2.5 采用。

冲压钢脚手板可承受的施工均布活荷载最大限值 **表 3.2.5**

冲压钢脚手板规格（mm）	l_0 为下列数值（mm）时，可承受的施工均布活荷载最大限值（kN/m^2）								
	600	675	750	800	825	850	875	900	1000
250×50	160.3	126.6	102.5	90.0	84.7	79.7	75.2	71.1	57.5
220×50	180.1	142.2	115.1	101.2	95.1	89.6	84.5	79.9	64.6
250×25	49.8	39.3	31.8	27.9	26.2	24.7	23.3	22.0	17.8
220×25	56.1	44.3	35.8	31.4	29.6	27.8	26.2	24.8	20.0

（3）竹串片及竹笆脚手板可承受的施工均布活荷载最大限值，是无法由计算确定的，只能通过载荷试验予以确定。实践证明，只要按规范要求使用，对于普通脚手架，脚手板一般是不必计算的。

3.2.3 横向水平杆计算

（1）一般横向水平杆计算按以下计算简图和公式计算（图 3.2.3）：

$$M_{\max}=\frac{ql_0^2}{8},\ [v]<\frac{l}{150};\ 10\text{mm}$$

按横向水平杆的抗弯强度和容许挠度计算，脚手板上可承受的施工均布活荷载的最大限值见表3.2.6。

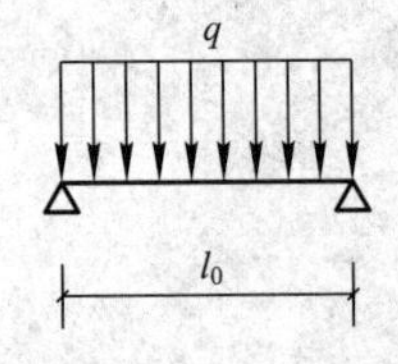

图3.2.3　计算简图

确保横平杆安全的施工均布活荷载最大限值
（适用于木、冲压钢板、竹串片脚手板）kN/m²　　　　**表3.2.6**

$l_a/2$ (mm)	当横平杆的跨度 l_b 为下列数值时（mm），确保横平杆使用安全的施工均布活荷载最大限值（kN/m²）						
	900	1000	1100	1200	1300	1400	1500
600	11.89	9.56	7.19	6.53	5.51	4.71	4.05
675	10.54	8.47	6.94	5.77	4.87	4.15	3.57
750	9.45	7.59	6.21	5.17	4.35	3.70	3.18
800	8.84	7.10	5.83	4.82	4.06	3.45	2.96
825	8.57	6.87	5.62	4.67	3.93	3.34	2.87
850	8.30	6.66	5.45	4.52	3.80	3.23	2.77
875	8.06	6.46	5.28	4.39	3.69	3.13	2.69
900	7.83	6.28	5.13	4.26	3.58	3.03	2.60
1000	7.01	5.62	4.59	3.80	3.19	2.70	2.31

注：1. 表中数值均为抗弯强度计算所得，容许挠度计算所得的数值为表值的148%～244%；
2. 表中数值小于或等于3kN/m²的结构，仅适用装饰用脚手架。

横向水平杆还有一种受力状态，如图3.2.4所示。

在这种受力状况下，当脚手板上的施工均布活荷载为表3.2.6中的数值时，横向水平杆的弯矩和挠度，均比单纯的简支梁小，所以安全度也更好。

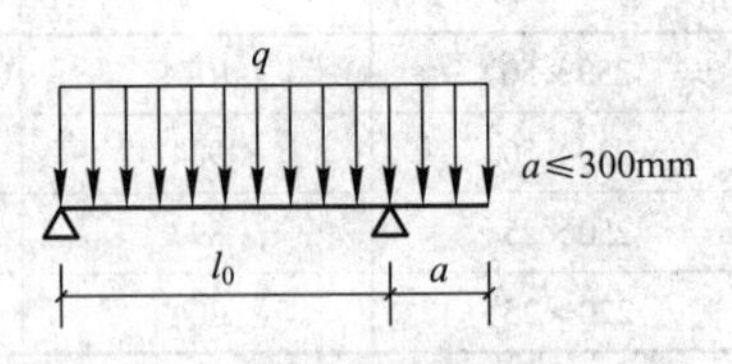

图3.2.4　横向水平杆受力简图

（2）采用竹笆脚手板的横向水平杆计算：

要求采用大横杆在上的构造，纵向水平杆应采用直角扣件固定在横向水平杆上，并应等间距设置，间距不应大于400mm。采用竹笆脚手板的横向水平杆按以下计算简图（图3.2.5）和公式计算。

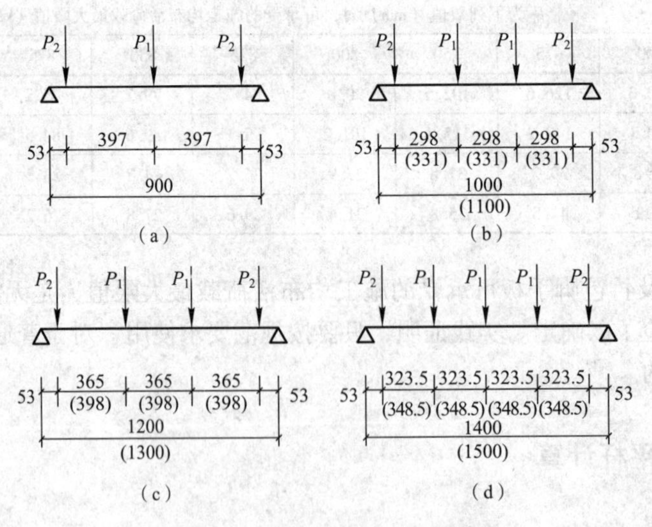

图3.2.5　横向水平杆计算简图

①计算简图（图3.2.5）：

以上计算简图中，P_1、P_2 是由纵向水平杆传至横向水平杆上的集中荷载。

采用竹笆脚手板时，确保横杆安全的施工均布活荷载的最大限值见表3.2.8（适用于竹笆脚手板）。

②计算公式（表3.2.7）：

计算公式 **表3.2.7**

计算简图	l	计算公式		
		R	M_{max}	v_{max}
(a)	900	$0.5P_1+P_2$	$225P_1+53P_2$	$[1/(48EI)]\times(729P_1+256.4P_2)\times10^6$
(b)	1000	P_1+P_2	$351P_1+53P_2$	$[1/(24EI)]\times(1009.76P_1+158.89P_2)\times10^6$
	1100	P_1+P_2	$384P_1+53P_2$	$[1/(24EI)]\times(1337.3P_1+192.24P_2)\times10^6$
(c)	1200	P_1+P_2	$418P_1+53P_2$	$[1/(24EI)]\times(1723.73P_1+228.81P_2)\times10^6$
	1300	P_1+P_2	$451P_1+53P_2$	$[1/(24EI)]\times(2194.84P_1+268.56P_2)\times10^6$
(d)	1400	$1.5P_1+P_2$	$726.5P_1+53P_2$	$[1/(48EI)]\times(7064.9P_1+622.98P_2)\times10^6$
	1500	$1.5P_1+P_2$	$776.5P_1+53P_2$	$[1/(48EI)]\times(8665.8P_1+715.2P_2)\times10^6$

3.2.4 纵向水平杆计算

（1）一般脚手架纵向水平杆计算

一般脚手架的纵向水平杆，应按三跨梁计算，实际计算简图如图3.2.6所示。

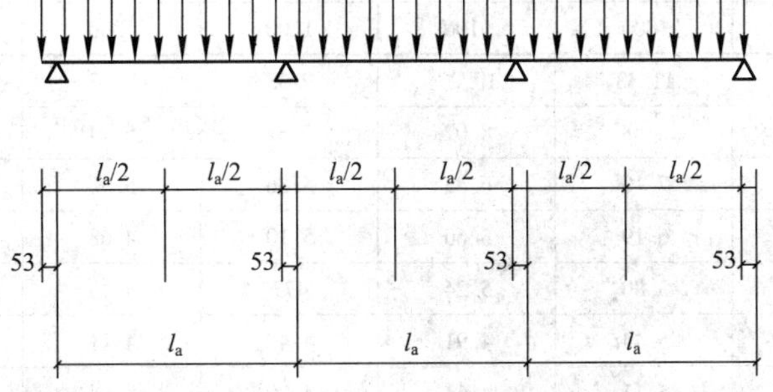

图3.2.6 纵向水平杆的实际计算简图

注：图中53为横半杆与立杆之间的偏心距离图

如按实际计算简图，则计算变得很繁复。鉴于此偏心距离对计算结果影响甚微，可不必刻意考虑。由于直接作用于支座上的集中荷载并不产生弯矩和挠度，而仅对支座反力产生影响，所以在计算弯矩和挠度时，可视同于不存在。这样，就可对计算简图作进一步简化。简化后的实用计算简图如图3.2.7所示，最大限值见表3.2.9。

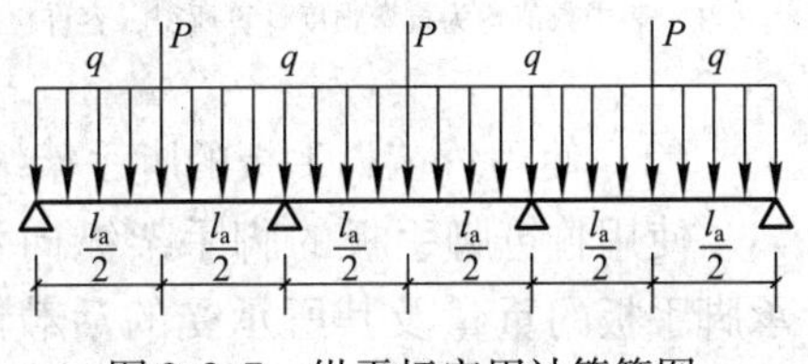

图3.2.7 纵平杆实用计算简图

确保横杆安全的施工均布活荷载的最大限值（适用于竹笆脚手板）　表 3.2.8

l_a（mm）	确保横平杆安全的施工均布活荷载的最大限值（kN/m²）						
	l_b（mm）						
	900	1000	1100	1200	1300	1400	1500
1200	5.93	5.20	4.27	3.54	2.99	2.25	1.93
1350	5.25	4.59	3.77	3.12	2.63	1.98	
1500	4.70	4.11	3.37	2.79	2.35		
1600	4.40	3.84	3.14	2.60	2.19		
1650	4.26	3.71	3.04	2.51	2.12		
1700	4.12	3.60	2.94	2.43	2.05		
1750	4.00	3.49	2.85	2.36	1.98		
1800	3.88	3.38	2.77	2.28			
2000	3.47	3.02	2.47	2.03			

注：1. 表中数值均为按抗弯强度计算所得；按容许挠度计算所得数值均大于表值；

2. 表中值大于或等于3的结构可作为结构脚手架使用；大于或等于2而小于3的结构，只可作装饰脚手架使用；小于或等于2者不可使用；表中无数值的结构是不可使用的。

$$M_{\max}=\frac{ql_a^2}{10}+\frac{3Pl_2}{20}\text{（中间支座处）或 }M_{\max}=\frac{2ql_a^2}{25}+\frac{7Pl_a}{40}\text{（端跨中）}$$

$$v_{\max}=\frac{(1.146P+0.677ql_a)\ l_a^3}{100EI}\text{（在端跨中）}$$

确保纵平杆安全的施工均布活荷载最大限值（适用于木、冲压钢板、竹串片脚手架）　表 3.2.9

l_a（mm）	l_b（mm）为下列值时，确保纵平杆安全的施工均布活荷载最大限值（kN/m²）						
	900	1000	1100	1200	1300	1400	1500
1200	12.63	11.33	10.27	9.38	8.63	7.99	7.43
1350	9.95	8.68	8.02	7.33	6.74	6.23	5.79
1500	7.93	7.10	6.42	5.86	5.38	4.97	4.62
1600	6.92	6.19	5.60	5.10	4.68	4.32	4.01
1650	6.48	5.80	5.24	477	4.38	4.04	3.75
1700	6.08	5.44	4.91	4.48	4.11	3.79	3.51
1750	5.71	5.11	4.61	4.20	3.85	3.55	3.29
1800	5.38	4.81	4.34	3.95	3.62	3.34	3.09
2000	4.28	3.82	3.44	3.13	2.86	2.63	2.43

注：表中数值均为抗弯强度计算所得，容许挠度所得数值，均大于表中数值。

（2）使用竹笆脚手板的脚手架纵向水平杆计算

使用竹笆脚手板的脚手架纵向水平杆是直接支承脚手板的重量及其所承受的活载的。计算应按三跨梁计算，计算简图如图 3.2.8 所示，计算公式如下，最大限值见表 3.2.10。

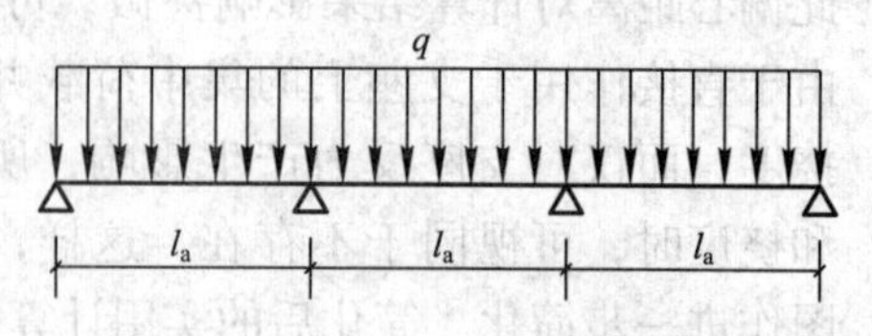

图 3.2.8　纵向水平杆计算简图

$$M_{max}=\frac{ql_a^2}{10}, v_{max}=0.677\times\frac{ql_a^2}{100EI}$$

确保纵平杆安全的施工均布活荷载最大限值（适用于竹笆脚手板）　　表3.2.10

l_a（mm）	l_b（mm）为下列值时，确保纵平杆安全的施工均布活荷载最大限值（kN/m^2）						
	900	1000	1100	1200	1300	1400	1500
1200	12.80	17.10	15.38	13.93	12.77	15.74	14.60
1350	10.07	13.40	12.10	10.96	10.04	12.39	11.48
1500	8.12	10.86	9.76	8.84	8.10	9.99	9.26
1600	7.11	9.51	8.55	7.74	7.09	8.75	8.11
1650	6.67	8.93	8.03	7.27	6.65	8.22	7.62
1700	6.27	8.40	7.55	6.83	6.26	7.73	7.16
1750	5.91	7.91	7.11	6.44	5.89	7.28	6.75
1800	5.57	7.47	6.71	6.07	5.56	6.87	6.36
2000	4.47	6.00	5.39	4.88	4.46	5.52	5.11

注：表中数值均为按抗弯强度计算所得，按容许挠度所得数值，所得数值为表值的125%～344%。

3.2.5 连接扣件的抗滑计算

（1）保证木、冲压钢板、竹串片脚手板扣件抗滑承载力安全的施工均布活荷载最大限值（表3.2.11）。

确保扣件抗滑承载力安全的施工均布活荷载最大限值
（适用于木、冲压钢板、竹串片脚手板）　　表3.2.11

l_a（mm）	l_b（mm）为下列值时的施工均布活荷载最大限值（kN/m^2）						
	900	1000	1100	1200	1300	1400	1500
1200	10.08	9.04	8.18	7.47	6.87	6.35	5.91
1350	8.92	7.99	7.24	6.60	6.07	5.61	5.21
1500	7.99	7.16	6.47	5.91	5.42	5.01	4.65
1600	7.47	6.69	6.05	5.51	5.06	4.68	4.34
1650	7.23	6.47	5.85	5.34	4.90	4.52	4.20
1700	7.01	6.27	5.67	5.17	4.74	4.38	4.07
1750	6.80	6.08	5.50	5.01	4.60	4.25	3.94
1800	6.60	5.82	5.14	4.86	4.46	4.12	3.82
2000	5.90	5.31	4.66	4.34	3.98	3.67	3.40

（2）保证竹笆脚手板扣件抗滑承载力安全的施工均布活荷载最大限值（表3.2.12）。

确保扣件抗滑承载力安全的施工均布活荷载最大限值（适用于竹笆脚手板）　表 3.2.12

l_a（mm）	l_b（mm）为下列值时，确保纵平杆安全的施工均布活荷载最大限值（kN/m^2）						
	900	1000	1100	1200	1300	1400	1500
1200	10.16	9.12	8.28	7.58	6.99	6.45	6.01
1350	9.00	8.08	7.33	6.71	6.19	5.71	5.29
1500	8.08	7.24	6.58	6.02	5.55	5.12	4.72
1600	7.56	6.77	6.15	5.85	5.19	4.78	4.46
1650	7.32	6.56	5.96	5.45	5.03	4.63	4.32
1700	7.10	6.36	5.77	5.29	4.87	4.49	4.18
1750	6.89	6.17	5.60	5.13	4.73	4.35	4.06
1800	6.69	5.99	5.44	4.98	4.59	4.23	3.94
2000	6.00	5.37	4.87	4.46	4.11	3.78	3.52

3.3　立杆整体稳定计算

扣件式单、双排钢管脚手架立杆计算的主要内容通常包括两个方面：立杆整体稳定计算和单管立杆脚手架的可搭设高度计算。

3.3.1　立杆整体稳定计算——对已有脚手架的立杆整体稳定验算

1. 验算部位

立杆整体稳定验算部位应符合下列规定：

（1）当脚手架搭设尺寸采用相同步距、立杆纵距、立杆横距和连墙件间距时，应验算底层立杆段。

（2）当脚手架搭设尺寸中的步距、立杆纵距、立杆横距和连墙件间距有变化时，除验算底部立杆段外，还必须对出现最大步距、最大立杆纵距、立杆横距和最大连墙件间距等部位的立杆段进行验算。

（3）双管立杆变截面处，主立杆上部单立杆的稳定性也应进行验算。

2. 计算公式及计算步骤

（1）立杆的稳定性应按公式（3.3.1）及式（3.3.2）计算：不组合风荷载时，

$$\frac{N}{\varphi A} \leqslant f \tag{3.3.1}$$

组合风荷载时，

$$\frac{N}{\varphi A} + \frac{M_w}{W} \leqslant f \tag{3.3.2}$$

（2）N 值计算：

N 为计算立杆段的轴向力设计值，应按公式（3.3.3）及式（3.3.4）计算：

不组合风荷载时，

$$N = 1.2(N_{G1K} + N_{G2K}) + 1.4\sum N_{QK} \tag{3.3.3}$$

组合风荷载时，

$$N = 1.2(N_{G1K} + N_{G2K}) + 0.9 \times 1.4 \sum N_{QK} \tag{3.3.4}$$

式中 N_{G1K}——脚手架结构自重标准值产生的轴向力；

N_{G2K}——构配件自重标准值产生的轴向力；

$\sum N_{QK}$——施工荷载标准值产生的轴向力总和。

$$N_{G1K} = g_K \cdot H_s$$

式中 g_K——每米高脚手架产生的结构自重标准值（kN/m），可按表2.1.1采用，必要时可按插值采用；

H_s——脚手架不含栏杆高度时的高度（m），可称为架体有效高度。

$$N_{G2K} = N_{G2K-1} + N_{G2K-2} + N_{G2K-3}$$

式中 $N_{G2K-1} = \frac{n}{2} l_a \times l_b \times$脚手板自重标准值

$N_{G2K-2} = l_a \times$栏杆、护脚板自重标准值

$N_{G2K-3} = l_a H \times$安全维护设施自重标准值

$N_{QK} = \frac{1}{2} l_a l_b \times$施工均布活荷载标准值

在计算N_{G2K-1}时，n表示脚手板的层数，应满足每隔12m满铺一层脚手板的要求。

在计算N_{G2K-3}时，H表示脚手架总高度。

在计算$\sum N_{QK}$时，有几个作业层，计算几个作业层（不得多于2个作业层）。结构作业层的施工均布活荷载标准值为3kN/m^2，装饰作业层的施工均布活荷载标准值为2kN/m^2。

按《建筑结构荷载规范》（GB 50009—2001）第3.2.3条、第3.2.5条的规定，N值的计算公式应改为：

不组合风荷载时，

$$N = 1.35(N_{G1K} + N_{G2K}) + 1.4 \sum N_{QK}$$

组合风荷载时，

$$N = 1.35(N_{G1K} + N_{G2K}) + 0.9 \times 1.4 \sum N_{QK}$$

出现这一问题的原因在于，《建筑结构荷载规范》（GB 50009—2001）编成于2001年，施行于2002年3月1日，而《建筑施工扣件式钢管脚手架安全技术规范》（JGJ 130—2001）编成于2001年，施行于2001年6月1日，所以JGJ 130—2011仍沿用了《建筑结构荷载规范》（GBJ 9—87）的规定。鉴于GB 50009—2001第3.2.5条有“注：对于某些特殊情况，可按建筑结构有关设计规范的规定确定”的说法，及第3.2.6条有“……各种情况下荷载效应下的设计值公式，可由有关规范另行规定”的说法，又未见JGJ 130—2011发出改变荷载效应设计值公式的通知，所以课程中仍采用了JGJ 130—2011规定的荷载效应设计值公式（即课程中的式3.3.3、式3.3.4）。

另，鉴于GB 50009—2001中并未有风荷载可由有关规范另外规定的说法，所以本课程对风荷载的基本风压w_0、高度变化系数。均采用了GB 50009—2001的规定。这样处理，也并不悖于JGJ 130—2011。在此一并说明。

（3）M_w值计算：

M_w为计算立杆段上由风荷载设计值产生的弯矩，可按式2.3.2计算，即：

$$M_w = K_n w_0 \mu_s l_a$$

K_n 可由表 2.3.1 直接查取或求插值取得，如遇第 2.2.2 条第 2 款第（3）项的有关情况时，K_n 值应按该款规定予以修正（即以 ηK_n 代替 K_n）。

（4）φ 值的求取：

φ 为轴心受压杆件的稳定系数，按下列步骤求取：

第一步，按下式计算立杆计算长度 l_0：

$$l_0 = k\mu h \tag{3.3.5}$$

式中 k——计算长度附加系数，取 $k = 1.155$；

μ——脚手架整体稳定计算时的立杆计算长度系数，按表 3.3.1 采用；

h——为立杆步距（mm）。

脚手架整体稳定计算时立杆的计算长度系数 μ **表 3.3.1**

类别	立杆横距 l_b（m）	连墙件布置	
		二步二跨	三步三跨
双排架	1.05	1.50	1.70
	1.30	1.55	1.75
	1.55	1.60	1.80
单排架	≤1.50	1.80	2.00

注：表中值是根据脚手架的整体稳定试验结果确定的，当 l_b 为其他值时，可取插入值。

第二步，按下式计算长细比 λ：

$$\lambda = \frac{l_0}{i} \tag{3.3.6}$$

式中 i——截面回转半径，按表 3.1.5 采用。

第三步，根据长细比 λ，由表 3.3.2 查取 φ 值。

当 $\lambda > 250$ 时，按 $\varphi = \frac{7320}{\lambda^2}$ 计算 φ 值。

这里尚应特别注意，受压构件的容许长细比［λ］：双排架为 210，单排架为 230，此时 $l_0 = k\mu h$ 中的 $k = 1.0$，计算所得的 λ 值超过容许长细比时，即应调整立杆步距 h 或连墙件布置方案，直至 λ 值不大于容许长细比时方可。

（5）A、W、f 取值：

A 为立杆截面面积（mm^2），W 为立杆的抗弯截面模量（mm^3），均按表 3.1.5 采用；f 为 Q235 钢抗压强度设计值（N/mm^2），为 $205N/mm^2$。

稳定系数 φ 值表 **表 3.3.2**

λ	0	1	2	3	4	5	6	7	8	9
0	1.000	0.997	0.995	0.992	0.989	0.987	0.984	0.981	0.979	0.976
10	0.974	0.971	0.968	0.966	0.963	0.960	0.958	0.955	0.952	0.949
20	0.947	0.944	0.941	0.938	0.936	0.933	0.930	0.927	0.924	0.921
30	0.918	0.915	0.912	0.909	0.906	0.903	0.899	0.896	0.893	0.889
40	0.886	0.882	0.879	0.875	0.872	0.868	0.864	0.861	0.858	0.855

续表

λ	0	1	2	3	4	5	6	7	8	9
50	0.852	0.849	0.846	0.843	0.839	0.836	0.832	0.829	0.825	0.822
60	0.818	0.814	0.810	0.806	0.802	0.797	0.793	0.789	0.784	0.779
70	0.775	0.770	0.765	0.760	0.755	0.750	0.744	0.739	0.733	0.728
80	0.722	0.716	0.710	0.704	0.698	0.692	0.686	0.680	0.673	0.667
90	0.661	0.654	0.648	0.641	0.634	0.626	0.618	0.611	0.603	0.595
100	0.588	0.580	0.573	0.566	0.558	0.551	0.544	0.537	0.530	0.523
110	0.516	0.509	0.502	0.496	0.489	0.483	0.476	0.470	0.464	0.458
120	0.452	0.446	0.440	0.434	0.428	0.423	0.417	0.412	0.406	0.401
130	0.396	0.391	0.386	0.381	0.376	0.371	0.367	0.362	0.357	0.353
140	0.349	0.344	0.340	0.336	0.332	0.328	0.324	0.320	0.316	0.312
150	0.308	0.305	0.301	0.298	0.294	0.291	0.287	0.284	0.281	0.277
160	0.274	0.271	0.268	0.265	0.262	0.259	0.256	0.253	0.251	0.248
170	0.245	0.243	0.240	0.237	0.235	0.232	0.230	0.227	0.225	0.223
180	0.220	0.218	0.216	0.214	0.211	0.209	0.207	0.205	0.203	0.201
190	0.199	0.197	0.195	0.193	0.191	0.189	0.188	0.186	0.184	0.182
200	0.180	0.179	0.177	0.175	0.174	0.172	0.171	0.169	0.167	0.166
210	0.164	0.163	0.161	0.160	0.159	0.157	0.156	0.154	0.153	0.152
220	0.150	0.149	0.148	0.146	0.145	0.144	0.143	0.141	0.140	0.139
230	0.138	0.137	0.136	0.135	0.133	0.132	0.131	0.130	0.129	0.128
240	0.127	0.126	0.125	0.124	0.123	0.122	0.121	0.120	0.119	0.118
250	0.117	—	—	—	—	—	—	—	—	—

注：当 $\lambda > 250$ 时，$\varphi = \frac{7320}{\lambda^2}$。

【例 3.1】 江苏省徐州市郊区某建筑物的建筑高度 44.8m，框架结构，柱距为 7.2m 和 8.0m，层高 3.2m。该建筑物建在某山麓处的山腰上，建筑物地面距山脚高 31m，山峰高 221.5m；山坡与水平面的夹角 $\alpha = 65°29'$。外脚手架拟采用扣件式落地双排钢管脚手架。请提出该脚手架的初步设计方案，并对其整体稳定性给予验算。

补充资料：山脚下为平坦的田野，$w_0 = 0.25\text{kN/m}^2$

解：(1) 脚手架的初步设计方案

架高 45.9m，其中栏杆高 1.1m，冲压钢脚手板挡板。$l_b = 1.2\text{m}$

脚手架内立杆距墙 0.3m；$l_a = 1.6\text{m}$

h：为布置连墙件方便，取 $h = 1.6\text{m}$；

剪刀撑：满外设置，斜杆与地面夹角为 60°；

横向斜撑：转角处端头均设置，中间每六跨设一处，"之" 字形自底至顶通设；脚手板；采用 50mm 厚木脚手板；

连墙件：二步三跨，将横向水平杆伸出，焊接在预埋钢板上；外围护设施：满外悬吊密目安全网。

(2) 整体稳定性验算

①计算立杆段的轴向力设计值 N。

因山下 $w_0 = 0.25\text{kN/m}^2 < 0.35\text{kN/m}^2$，但其为半封闭脚手架，故应按组合风荷载的情况计算，所以：

$$N = 1.2(N_{G1K} + N_{G2K}) + 0.9 \times 1.4 \sum N_{QK}$$

从表 2.1.1 按双向插入法求得：

$$g_k = 0.1710\text{kN/m}$$

则：

$$N_{G2K} = 0.1710 \times (45.9 - 1.1) = 7.6608\text{kN}$$

$$N_{G2K-1} = \frac{4}{2} \times 1.6 \times 1.2 \times 0.35 = 1.344\text{kN}$$

4 层脚手板包括 2 层作业层脚手板，

另 2 层脚手板是按 JGJ 130—2011 规范的规定设置的。

$$N_{G2K-2} = 1.6 \times 0.16 = 0.256\text{kN}$$

$$N_{G2K-3} = 1.6 \times 45.9 \times 0.01 = 0.73\text{kN}$$

则：

$$N_{G2K} = 1.344 + 0.256 + 0.73 = 1.7149\text{kN}$$

$$\sum N_{QK} = \frac{1}{2} \times 1.6 \times 1.2 \times (3 + 2) = 4.8\text{kN}$$

则：

$$N = 1.2 \times (7.6608 + 1.7149) + 0.9 \times 1.4 \times 4.8 = 17.3\text{kN}$$

②计算立杆段上由风荷载设计值产生的弯矩 M_w：

$$M_w = K_n \cdot w_0 \cdot \mu_s \cdot l_a$$

从表 2.3.1 查得，$K_n = 0.5202$（地面粗糙度类别为 B）。

因建筑物在半山腰上，所以对 K_n 值还应给予修正，按第 2.2.2 条第 2 款的规定对修正系数 η 计算如下：

$$\eta_B = \left[1 + k\text{tg}\alpha \ \left(1 - \frac{Z}{2.5H}\right)\right]^2$$

其中，$k = 3.2$，$\text{tg}\alpha = \text{tg}65°29' = 2.1926$，按规定取 $\text{tg}\alpha = 0.3$，Z 为验算部位距建筑物地面的高度，$Z = 0.2\text{m}$，$H = 221.5\text{m}$

则：$\eta_B = \left[1 + 3.2 \times 0.3 \times \left(1 - \frac{0.2}{2.5 \times 221.5}\right)^2\right] = 3.84024$

$$\eta = (3.84024 - 1) \div 221.5 \times 31.2 + 1 = 1.4001$$

修正后，$K_n = 1.4001 \times 0.3058 = 0.4282$

已知：$w_0 = 0.25\text{kN/m}^2$，μ_s 按第 3.2.3 条计算如下：

依表 2.2.4，$\mu_s = 1.3\varphi$

依表 2.2.6，$\varphi = 0.8$，则 $\mu_s = 1.3 \times 0.8 = 1.04$

从而得，

$$M_w = 0.4282 \times 0.25 \times 1.04 \times 1.6 = 0.1781\text{kN} \cdot \text{m} = 178100\text{N} \cdot \text{mm}$$

③求取受压杆件的稳定系数 φ

求计算长度 l_0：

$$l_0 = k\mu h,\ k = 1.155$$

从表3.3.1用插入法求得$\mu = 1.53$

$$l_0 = 1.155 \times 1.53 \times 1600 = 2827.44\text{mm}$$

求长细比λ：

$$\lambda = \frac{l_0}{i} = \frac{2827.44}{15.9} = 177.83 \approx 178$$

求φ值：

从表3.3.2查得，$\varphi = 0.225$

④整体稳定验算：

$$\frac{N}{\varphi A} + \frac{M_w}{W} = \frac{17.3 \times 1000}{0.225 \times 5.06 \times 100} + \frac{178100}{5.26 \times 1000}$$

$$185.8\text{N/mm}^2 < f = 205\text{N/mm}^2$$

结论：脚手架的整体稳定性安全。

【例3.2】有一框架剪力墙结构的建筑，建设地点位于江苏省徐州市有密集建筑群的郊区。该建筑物室内外地坪高差0.60m，首层层高5.0m，二至三层层高4.50m，四至九层层高均为3.0m，建筑高度32.6m，女儿墙高1.2m，拟采用扣件式双排钢管落地脚手架。初步拟定：$l_b = 1.05$m，$l_a = 1.8$m，为使脚手架作业层能与建筑物楼层相匹配，标高0.200m到标高5.000m段，$h = 1.8$m（非结构用途，但荷载取3kN/m^2），连墙件按三步三跨设置；标高5.000m至14.000m段，$h = 1.5$m，连墙件按三步三跨设置；标高14.000m以上，$h = 1.5$m，连墙件按二步三跨设置。采用50mm厚木脚手板。护栏高度为1.1m；挡脚板为冲压钢脚手板；满外设剪刀撑；横向斜撑按规定设置；围护设施为满外吊挂密目安全网。请验算该脚手架的整体稳定性。

解：该脚手架属步距、连墙件竖向间距有变化的脚手架，但只需验算其底部立杆段即可。查得$w_0 = 0.25$kN/m^2，且满外吊挂密目安全网，属全封闭脚手架，应按公式3.3.2验算。

底立杆段的验算如下：

计算N_{G1K}时，因h的变化，应分不同h的立杆段分别计算。

$$N_{G1K} = 0.1932 \times 5.6 + 0.1791 \times (32.6 - 5.6) + 0.1796 \times 1.2 = 6.1331\text{kN}$$

$$N_{G2K} = \frac{3}{2} \times 1.8 \times 1.05 \times 0.35 + 1.8 \times 0.14 + 34.9 \times 1.8 \times 0.01 = 1.8725\text{kN}$$

$$\sum N_{QK} = \frac{1}{2} \times 1.8 \times 1.05 \times 3 = 2.835\text{kN}$$

$$N = 1.2(N_{G1K} + N_{G2K}) + 0.9 \times 1.4 \times \sum N_{QK} = 13.1788\text{kN}$$

按地面粗糙度类别为C类，加权平均$h = 1.54$m，查得$K_n = 0.3181$

$$\mu_s = 1.3\varphi = 1.3 \times 0.8 = 1.04$$

$$M_w = 0.3181 \times 0.25 \times 1.04 \times 1.8 = 0.1489\text{kN}\cdot\text{m} = 148900\text{N}\cdot\text{mm}$$

$$l_0 = k\mu h = 1.155 \times 1.7 \times 1800 = 3534.3\text{mm}$$

$$\lambda = \frac{l_0}{i} = \frac{3534.3}{15.9} = 222.28 \approx 222$$

因为λ较大，需要对容许长细比予以验算。验算如下：

$$l' = k\mu h$$

此时，应取 $k=1.0$ 代入上式，$l'_0=1.0\times1.7\times1800=3060\text{mm}$

$$\lambda' = \frac{l'_0}{i} = \frac{3060}{15.9} = 192.45 < [\lambda] = 210$$

验算结果：长细比符合［λ］要求。

按 $\lambda=222$，查表3.3.2，得：$\varphi=0.148$

$$\frac{N}{\varphi A}+\frac{M_w}{W}=\frac{13.1788\times1000}{0.148\times506}+\frac{148900}{5260}=204.3\text{N/mm}^2 < f = 205\text{N/mm}^2$$

验算结果：采用原方案时，各立杆段的整体稳定均可靠。

3.3.2 敞开式单管立杆脚手架的可搭设高度

1. 不组合风荷载时，敞开式单管立杆脚手架的可搭设高度

不组合风荷载时，敞开式单管立杆脚手架的可搭设高度，应按下面公式计算：

$$H_s = H_{s1} = \frac{\varphi Af-(1.2N_{G2K}+1.4N_{QK})}{1.2g_K} \tag{3.3.7}$$

式中 H_s——按稳定性计算的脚手架有效架体的可搭设高度；

H_{s1}——不组合风荷时，按稳定性计算的脚手架有效架体的可搭设高度；

g_K——每米高脚手架的结构自重标准值。按表2.1.1采用。

H_s 并非脚手架高度。按照定义，脚手架高度是自底座下皮至架顶栏杆上皮的垂直距离。而 H_s 是不包括栏杆高度的，可称为脚手架的有效架体高度。

应该说明的是，按照国家安全及文明施工的一系列规定，建筑工程施工脚手架，是不允许使用敞开式脚手架的。但在特定条件下，敞开式脚手架仍偶见使用，所以，本课程对敞开式扣件式双排钢管脚手架的可搭设高度，仍给予了计算。计算结果列于表3.3.3中，供必要时采用。

2. 组合风荷载时，敞开式单管立杆脚手架的可搭设高度

组合风荷载时，敞开式单管立杆脚手架的可搭设高度，应按下面公式计算：

$$H_s = \frac{\varphi Af-[1.2NG_{2K}+0.9\times1.4(\sum N_{QK}-\frac{M_{wk}}{W}A)]}{1.2g_K} \tag{3.3.8}$$

将该公式予以变换：

$$H_s = \frac{\varphi Af-(1.2N_{G2K}+1.4\sum N_{QK})+0.1\times1.4\sum N_{QK}-0.9\times1.4\frac{M_{wK}}{W}\varphi A}{1.2g_K}$$

$\because\ 0.9\times1.4M_{wK}=M_w$

$$\therefore\ H_s = \frac{\varphi Af-(1.2N_{G2K}+1.4\sum N_{QK})}{1.2g_K}+\frac{0.1\times1.4\sum N_{QK}}{1.2g_K}-\frac{M_w\varphi A}{1.2g_K W}$$

设 $H_{s1} = \dfrac{\varphi Af-(1.2N_{G2K}+1.4\sum N_{QK})}{1.2g_K}$

$$H_{s2}=\frac{0.1\times1.4\sum N_{QK}}{1.2g_K}$$

$$H_{s3}=\frac{M_w\varphi A}{1.2g_K W}$$

则

$$H_s = H_{s1}+H_{s2}-H_{s3} \tag{3.3.9}$$

很明显，H_{s1}实际上就是不组合风荷载时敞开式单管立杆脚手架的可搭设高度。对于敞开式单管立杆双排钢管脚手架，H_{s2}可按表3.3.4采用，H_{s3}可采用表3.3.5中系数ψ按下式计算：

$$H_{s3}=\psi M_w \tag{3.3.10}$$

M_w可按第2.3节的公式$M_w=K_n\cdot w_0\cdot\mu_s\cdot l_a$计算。$\mu_s$应按第2.2.3条中敞开式脚手架$\mu_s$的计算规定计算。

计算时，K_n的计量单位为m^2；w_0的计量单位为N/m^2，l_a的计量单位为mm，则M_w的计量单位为N·mm；计算所得H_{s3}单位为m。

表3.3.3中的H_{s1}值，仅是一个计算过程中的数值，并非计算所得的终值。

在特殊情况下，可能出现$H_s=H_{s1}+H_{s2}-H_{s3}>H_{s1}$的现象，此时应取$H_s=H_{s1}$。

单管立杆扣件式双排钢管脚手架的H_{s1}值（敞开式脚手架）　　表3.3.3

步距h（mm）及连墙件设置		$h=1200$，二步三跨					
横距l_b（mm）		900	1000	1100	1200	1300	1400
计算长度系数μ		1.47	1.49	1.51	1.53	1.55	1.57
计算长度l_0（mm）		2037.42	2065.14	2092.86	2120.58	2148.30	2176.02
稳定系数φ		0.401	0.391	0.386	0.376	0.367	0.357
纵距l_a（mm）	施工荷载（kN/m^2）	H_{s1}值					
1200	3	190.8（16）	181.2（16）	176.4（15）	168.0（14）	159.6（14）	153.6（13）
	3+3	178.8（15）	168.0（14）	162.0（14）	153.6（13）	144.0（12）	135.6（12）
	3+2	181.2（16）	172.8（15）	166.8（14）	157.2（14）	150.0（13）	141.6（1Z）
	2	193.2（17）	186.0（16）	180.0（15）	172.8（15）	166.8（14）	157.2（14）
1500	3	169.2（15）	165.6（14）	156.0（13）	147.6（13）	141.6（12）	133.2（12）
	3+3	156.0（13）	147.6（13）	140.4（12）	132.0（11）	122.4（11）	115.2（10）
	3+2	160.8（4）	152.4（13）	145.2（13）	136.8（12）	129.6（11）	120.0（10）
	2	174.0（15）	166.8（14）	160.8（14）	154.8（13）	146.4（13）	140.4（12）
1800	3	153.6（13）	144.0（12）	140.4（12）	132.0（11）	124.8（11）	118.8（10）
	3+3	139.2（12）	129.6（11）	122.4（11）	114.0（10）	106.8（9）	96.0（8）
	3+2	144.0（12）	134.4（12）	128.4（11）	120.0（10）	111.6（10）	104.4（9）
	2	157.2（14）	150.0（13）	145.2（13）	138.0（12）	132.0（11）	124.8（11）
2000	3	144.0（12）	135.6（12）	130.8（11）	122.4（11）	116.4（10）	108.0（9）
	3+3	128.4（11）	120.0（10）	111.6（10）	104.4（9）	96.0（8）	86.4（8）
	3+2	133.2（12）	124.8（11）	118.8（10）	109.2（10）	102.0（9）	96.0（8）
	2	148.8（13）	141.6（12）	135.6（12）	129.6（11）	122.4（11）	117.6（10）

续表

步距 h（mm）及连墙件设置		$h=1200$，三步三跨					
横距 l_b（mm）		900	1000	1100	1200	1300	1400
计算长度系数 μ		1. 67	1. 69	1. 71	1. 73	1. 75	1. 77
计算长度 l_0（mm）		2314. 62	2342. 34	2370. 06	2397. 78	2425. 50	2453. 22
稳定系数 φ		0. 322	0. 315	0. 308	0. 302	0. 296	0. 290
纵距 l_a（mm）	施工荷载（kN/m²）	H_{s1} 值					
1200	3	150. 0（13）	144. 0（12）	136. 8（12）	132. 0（11）	126. 0（11）	120. 0（10）
	3+3	138. 0（12）	130. 8（11）	122. 4（11）	116. 4（10）	109. 2（10）	103. 2（9）
	3+2	142. 8（12）	134. 4（12）	128. 4（11）	121. 2（11）	115. 2（10）	108. 0（9）
	2	153. 5（13）	147. 6（13）	141. 6（12）	135. 6（12）	132. 0（11）	126. 0（11）
1500	3	133. 2（12）	127. 2（11）	120. 0（10）	115. 2（10）	109. 2（10）	105. 6（9）
	3+3	120. 0（10）	112. 8（10）	105. 6（9）	98. 4（9）	92. 4（8）	85. 2（8）
	3+2	124. 8（11）	117. 6（10）	110. 4（10）	104. 4（9）	97. 2（9）	92. 4（8）
	2	138. 0（12）	132. 0（11）	126. 0（11）	120. 0（10）	116. 4（10）	110. 4（10）
1800	3	120. 0（10）	112. 8（10）	108. 0（9）	102. 0（9）	96. 0（8）	92. 4（8）
	3+3	105. 6（9）	97. 2（9）	90. 0（8）	84. 0（7）	76. 8（7）	72. 0（6）
	3+2	109. 2（10）	103. 2（9）	96. 0（8）	90. 0（8）	84. 0（7）	78. 0（7）
	2	123. 6（11）	120. 0（10）	112. 8（10）	108. 0（9）	103. 2（9）	98. 4（9）
2000	3	111. 6（10）	106. 8（9）	99. 6（9）	94. 8（8）	88. 8（8）	84. 0（7）
	3+3	96. 0（8）	88. 8（8）	82. 8（7）	74. 4（7）	68. 4（6）	61. 2（6）
	3+2	102. 0（9）	94. 8（8）	87. 6（8）	81. 6（7）	74. 4（7）	69. 6（6）
	2	117. 6（10）	110. 4（10）	106. 8（9）	100. 8（9）	96. 0（8）	91. 2（8）
步距 h（mm）及连墙件设置		$h=1350$，二步三跨					
横距 l_b（mm）		900	1000	1100	1200	1300	1400
计算长度系数 μ		1. 47	1. 49	1. 51	1. 53	1. 55	1. 57
计算长度 l_0（mm）		2292. 10	2323. 28	2354. 47	2385. 65	2416. 84	2448. 02
稳定系数 φ		0. 328	0. 320	0. 312	0. 305	0. 298	0. 291
纵距 l_a（mm）	施工荷载（kN/m²）	H_{s1} 值					
1200	3	63. 35（14）	155. 25（13）	148. 5（13）	143. 1（12）	135. 0（12）	129. 6（11）
	3+3	149. 85（13）	143. 1（12）	133. 65（12）	125. 55（11）	118. 8（11）	110. 7（10）
	3+2	155. 25（13）	147. 15（13）	139. 05（12）	130. 95（11）	124. 2（11）	117. 45（10）
	2	167. 4（14）	160. 65（14）	153. 9（13）	147. 15（13）	141. 75（12）	135（12）
1500	3	145. 8（13）	139. 05（12）	130. 95（11）	124. 2（11）	118. 8（10）	112. 05（10）
	3+3	130. 95（11）	122. 85（11）	114. 75（10）	108. 0（9）	98. 55（9）	91. 8（8）
	3+2	136. 35（12）	128. 25（11）	118. 8（10）	112. 05（10）	106. 65（9）	97. 2（9）
	2	151. 2（13）	143. 1（12）	136. 35（12）	130. 95（11）	124. 2（11）	118. 8（10）

续表

纵距 l_a (mm)	施工荷载 (kN/m^2)	H_{s1}值					
1800	3	130.95 (11)	122.85 (11)	117.45 (10)	109.35 (10)	105.3 (9)	97.2 (9)
	3+3	116.1 (10)	108.0 (9)	97.2 (9)	90.45 (8)	83.7 (7)	75.6 (7)
	3+2	120.15 (11)	112.05 (10)	105.3 (9)	95.85 (8)	90.45 (8)	83.7 (7)
	2	135.0 (12)	129.6 (11)	122.85 (11)	117.45 (10)	110.7 (10)	106.65 (9)
2000	3	121.5 (11)	116.1 (10)	108.0 (9)	102.6 (9)	95.85 (8)	90.45 (8)
	3+3	106.65 (9)	97.2 (9)	89.1 (8)	82.35 (7)	72.9 (7)	66.15 (6)
	3+2	110.7 (10)	103.95 (9)	95.85 (8)	87.75 (8)	82.35 (7)	74.25 (7)
	2	128.25 (11)	120.15 (11)	114.75 (10)	108.0 (9)	103.95 (9)	97.2 (9)
步距 h (mm) 及连墙件设置		$h=1350$，三步三跨					
横距 l_b (mm)		900	1000	1100	1200	1300	1400
计算长度系数 μ		1.67	1.69	1.71	1.73	1.75	1.77
计算长度 l_0 (mm)		2603.95	2635.13	2666.32	2697.50	2728.69	2759.87
稳定系数 φ		0.260	0254	0.249	0.243	0.238	0.233
纵距 l_a (mm)	施工荷载 (kN/m^2)	H_{s1}值					
1200	3	126.9 (11)	120.15 (11)	116.1 (10)	109.35 (10)	105.3 (9)	98.55 (9)
	3+3	114.75 (10)	108.0 (9)	99.9 (9)	94.5 (8)	86.4 (8)	82.35 (7)
	3+2	118.8 (10)	110.7 (10)	105.3 (9)	98.55 (9)	93.15 (8)	86.4 (8)
	2	130.95 (11)	125.55 (11)	118.8 (10)	114.75 (10)	109.35 (10)	105.3 (9)
1500	3	112.05 (10)	106.65 (9)	101.25 (9)	95.85 (8)	90.45 (8)	83.7 (7)
	3+3	97.2 (9)	90.45 (8)	83.7 (7)	76.95 (7)	71.55 (6)	64.8 (6)
	3+2	102.6 (9)	95.85 (8)	89.1 (8)	83.7 (7)	76.95 (7)	71.55 (6)
	2	117.45 (10)	110.7 (10)	106.65 (9)	101.25 (9)	95.85 (8)	91.6 (8)
1800	3	99.9 (9)	94.5 (8)	89.1 (8)	83.7 (7)	78.3 (7)	72.9 (7)
	3+3	83.7 (7)	76.95 (7)	71.55 (6)	63.45 (6)	58.05 (5)	51.3 (5)
	3+2	89.1 (8)	83.7 (7)	76.95 (7)	71.55 (6)	63.45 (6)	59.4 (5)
	2	105.3 (9)	99.9 (9)	95.85 (8)	90.45 (8)	85.05 (8)	82.35 (7)
2000	3	93.15 (8)	86.4 (8)	82.35 (7)	75.6 (7)	71.55 (6)	67.5 (6)
	3+3	76.95 (7)	70.2 (6)	62.1 (6)	56.7 (5)	48.6 (5)	43.2 (4)
	3+2	82.35 (7)	74.25 (7)	70.2 (6)	62.1 (6)	58.05 (5)	49.95 (5)
	2	98.55 (9)	98.15 (8)	87.75 (8)	83.7 (7)	79.65 (7)	74.25 (7)
步距 h (mm) 及连墙件设置		$h=1500$，二步三跨					
横距 l_b (mm)		900	1000	1100	1200	1300	1400
计算长度系数 μ		1.47	1.49	1.51	1.53	1.55	1.57
计算长度 l_0 (mm)		2546.78	2581.43	2616.08	2650.73	2685.38	2720.03
稳定系数 φ		0.270	0.264	0.257	0.251	0.245	0.239
纵距 l_a (mm)	施工荷载 (kN/m^2)	H_{s1}值					
1200	3	141.0 (12)	133.5 (12)	126.0 (11)	120.0 (10)	114.0 (10)	108.0 (9)
	3+3	127.5 (11)	120.0 (10)	111.0 (10)	103.5 (9)	96.0 (8)	88.5 (8)
	3+2	132.0 (11)	124.5 (11)	117.0 (10)	108.0 (9)	102.0 (9)	96.0 (8)
	2	144.0 (12)	138.0 (12)	132.0 (11)	126.0 (11)	120.0 (10)	114.0 (10)

续表

纵距 l_a (mm)	施工荷载 (kN/m²)	H_{s1}值					
1500	3	124.5 (11)	118.5 (10)	111.0 (10)	105.0 (9)	97.5 (9)	93.0 (8)
	3+3	108.0 (9)	102.0 (9)	94.5 (8)	85.5 (8)	78.0 (7)	72.0 (6)
	3+2	114.0 (10)	108.0 (9)	99.0 (9)	93.0 (8)	84.0 (7)	78.0 (7)
	2	129.0 (11)	123.0 (11)	117.0 (10)	111.0 (10)	106.5 (9)	99.0 (9)
1800	3	111.0 (10)	105.0 (9)	97.5 (9)	93.0 (8)	85.5 (8)	81.0 (7)
	3+3	96.0 (8)	85.5 (8)	78.0 (7)	72.0 (6)	63.0 (6)	57.0 (5)
	3+2	100.5 (9)	93.0 (8)	84.0 (7)	78.0 (7)	72.0 (6)	64.5 (6)
	2	117.0 (10)	109.5 (10)	105.0 (9)	99.0 (9)	94.5 (8)	88.5 (8)
2000	3	103.5 (9)	96.0 (8)	90.0 (8)	84.0 (7)	79.5 (7)	72.0 (6)
	3+3	85.5 (8)	78.0 (7)	70.5 (6)	61.5 (6)	55.5 (5)	48.0 (4)
	3+2	91.5 (8)	84.0 (7)	76.5 (7)	70.5 (6)	63.0 (6)	57.0 (5)
	2	108.0 (9)	103.5 (9)	96.0 (8)	93.0 (8)	85.5 (8)	82.5 (7)

步距 h (mm) 及连墙件设置		$h=1500$，三步二跨					
横距 l_b (mm)		900	1000	1100	1200	1300	1400
计算长度系数 μ		1.67	1.69	1.71	1.73	1.75	1.77
计算长度 l_0 (mm)		2893.28	2927.93	2962.58	2997.23	3031.88	3066.53
稳定系数 φ		0.214	0.208	0.204	0.200	0.195	0.191
纵距 l_a (mm)	施工荷载 (kN/m²)	H_{s1}值					
1200	3	108.0 (9)	102.0 (9)	96.0 (8)	91.5 (8)	85.5 (8)	82.5 (7)
	3+3	96.0 (8)	87.0 (8)	81.0 (7)	75.0 (7)	69.0 (6)	63.0 (6)
	3+2	99.0 (9)	93.0 (8)	85.5 (8)	81.0 (7)	73.5 (7)	70.5 (6)
	2	112.5 (10)	106.5 (9)	102.0 (9)	97.5 (9)	93.0 (8)	88.5 (8)
1500	3	96.0 (8)	88.5 (8)	84.0 (7)	79.5 (7)	73.5 (7)	70.5 (6)
	3+3	79.5 (7)	72.0 (6)	66.0 (6)	60.0 (5)	54.0 (5)	48.0 (4)
	3+2	84.0 (7)	78.0 (7)	72.0 (6)	66.0 (6)	60.0 (5)	55.5 (5)
	2	99.0 (9)	94.5 (8)	90.0 (8)	84.0 (7)	81.0 (7)	76.5 (7)
1800	3	84.0 (7)	78.0 (7)	72.0 (6)	69.0 (6)	63.0 (6)	60.0 (5)
	3+3	67.5 (6)	60.0 (5)	54.0 (5)	48.0 (4)	40.5 (4)	36.0 (3)
	3+2	72.0 (6)	66.0 (6)	60.0 (5)	54.0 (5)	48.0 (4)	43.5 (4)
	2	90.0 (8)	84.0 (7)	79.5 (7)	75.0 (7)	70.5 (6)	67.5 (6)
2000	3	78.0 (7)	72.0 (6)	67.5 (6)	61.5 (6)	58.5 (5)	52.5 (5)
	3+3	60.0 (5)	52.5 (5)	48.0 (4)	40.5 (4)	34.5 (3)	27.0 (3)
	3+2	66.0 (6)	60.0 (5)	52.5 (5)	48.0 (4)	42.0 (4)	36.0 (3)
	2	84.0 (7)	78.0 (7)	73.5 (7)	70.5 (6)	64.5 (6)	60.0 (5)
步距 h (mm) 及连墙件设置		$h=1800$，二步二跨					
横距 l_b (mm)		900	1000	1100	1200	1300	1400
计算长度系数 μ		1.47	1.49	1.51	1.53	1.55	1.57
计算长度 l_0 (mm)		3056.13	3097.71	3139.29	3180.87	3222.45	3264.03
稳定系数 φ		0.192	0.188	0.183	0.178	0.174	0.170

续表

纵距 l_a (mm)	施工荷载 (kN/m²)	H_{s1}值					
1200	3	104.4 (9)	99.0 (9)	93.6 (8)	86.4 (8)	82.8 (7)	77.4 (7)
	3+3	90.0 (8)	82.8 (7)	75.6 (7)	68.4 (6)	61.2 (6)	55.8 (5)
	3+2	95.4 (8)	88.2 (8)	82.8 (7)	73.8 (7)	70.2 (6)	63.0 (6)
	2	108.0 (9)	104.4 (9)	99.0 (9)	93.6 (8)	88.2 (8)	82.8 (7)
1500	3	91.8 (8)	84.6 (8)	81.0 (7)	73.8 (7)	70.2 (6)	64.8 (6)
	3+3	75.6 (7)	68.4 (6)	59.4 (5)	54.0 (5)	46.8 (4)	41.4 (4)
	3+2	81.0 (7)	73.8 (7)	66.6 (6)	59.4 (5)	54.0 (5)	46.8 (4)
	2	95.4 (8)	91.8 (8)	86.4 (8)	82.8 (7)	77.4 (7)	72.0 (6)
1800	3	81.0 (7)	73.8 (7)	70.2 (6)	63.0 (6)	59.4 (5)	54.0 (5)
	3+3	61.2 (6)	55.8 (5)	46.8 (4)	41.4 (4)	36.0 (3)	27.0 (3)
	3+2	68.4 (6)	61.2 (6)	55.8 (5)	46.8 (4)	43.2 (4)	36.0 (3)
	2	86.4 (8)	82.8 (7)	75.6 (7)	72.0 (6)	66.6 (6)	61.2 (6)
2000	3	72.0 (6)	68.4 (6)	61.2 (6)	57.6 (5)	50.4 (5)	46.8 (4)
	3+3	54.0 (5)	46.8 (4)	39.6 (4)	34.2 (3)	25.2 (3)	21.6 (2)
	3+2	59.4 (5)	54.0 (5)	46.8 (4)	41.4 (4)	36.0 (3)	28.8 (3)
	2	79.2 (7)	73.8 (7)	70.2 (6)	64.8 (6)	59.4 (5)	57.6 (5)
步距 h (mm) 及连墙件设置		$h=1800$，二步三跨					
横距 l_b (mm)		900	1000	1100	1200	1300	1400
计算长度系数 μ		1.67	1.69	1.71	1.73	1.75	1.77
计算长度 l_0 (mm)		3471.93	3513.51	3555.09	3596.67	3638.25	3679.83
稳定系数 φ		0.150	0.147	0.144	0.140	0.138	0.135
纵距 l_a (mm)	施工荷载 (kN/m²)	H_{s1}值					
1200	3	77.4 (7)	78.0 (6)	70.2 (6)	63.0 (6)	59.4 (5)	57.6 (5)
	3+3	63.0 (6)	57.6 (5)	58.2 (5)	46.8 (4)	41.4 (4)	36.0 (3)
	3+2	68.4 (6)	63.0 (6)	57.6 (5)	52.2 (5)	46.8 (4)	43.2 (4)
	2	82.8 (7)	79.2 (7)	73.8 (7)	70.2 (6)	66.6 (6)	63.0 (6)
1500	3	68.4 (6)	63.0 (6)	59.4 (5)	54.0 (5)	48.6 (5)	46.8 (4)
	3+3	50.4 (5)	45.0 (4)	37.8 (4)	32.4 (3)	27.0 (3)	23.4 (2)
	3+2	57.6 (5)	50.4 (5)	46.8 (4)	39.6 (4)	36.0 (3)	30.6 (3)
	2	72.0 (6)	68.4 (6)	64.8 (6)	69.4 (5)	57.6 (5)	54.0 (5)
1800	3	59.4 (5)	54.0 (5)	48.6 (5)	45.0 (4)	41.4 (4)	36.0 (3)
	3+3	39.6 (4)	34.2 (3)	27.0 (3)	21.6 (2)	16.2 (2)	9.0 (2)
	3+3	46.8 (4)	39.6 (4)	36.0 (3)	28.8 (3)	23.4 (2)	19.8 (2)
	2	64.8 (6)	59.4 (5)	57.6 (5)	52.2 (5)	48.6 (5)	46.8 (4)
2000	3	52.7 (5)	46.8 (4)	43.2 (4)	37.8 (4)	36.0 (3)	32.4 (3)
	3+3	34.2 (3)	27.0 (3)	21.6 (2)	14.4 (2)	8.0 (2)	不可能
	3+2	39.6 (4)	34.2 (3)	88.8 (3)	23.4 (2)	18.0 (2)	12.6 (2)
	2	59.4 (5)	54.0 (5)	50.4 (5)	46.8 (4)	43.2 (4)	39.6 (4)

注：（ ）中数值为应铺设脚手板层数。

单管立杆扣件式双排钢管脚手架的 H_{s2} 值（敞开式脚手架） 表 3.3.4

纵距 l_a (mm)	施工荷载 (kN/m²)	$h=1200$mm，l_b 为下值（mm）时的 H_{s2} 值（m）					
		900	1000	1100	1200	1300	1400
1200	3	1.2	1.2	1.2	2.4	2.4	2.4
	3+3	3.6	3.6	3.6	4.8	4.8	4.8
	3+2	2.4	2.4	3.6	3.6	3.6	4.8
	2	1.2	1.2	1.2	1.2	1.2	1.2
1500	3	1.2	2.4	2.4	2.4	2.4	2.4
	3+3	3.6	4.8	4.8	4.8	6.0	6.0
	3+2	3.6	3.6	3.6	4.8	4.8	4.8
	2	1.2	1.2	1.2	1.2	1.2	1.2
1800	3	2.4	2.4	2.4	2.4	2.4	3.6
	3+3	4.8	4.8	4.8	6.0	6.0	7.2
	3+2	3.6	3.6	4.8	4.8	4.8	6.0
	2	1.2	1.2	1.2	1.2	1.2	2.4
2000	3	2.4	2.4	2.4	2.4	3.6	3.6
	3+3	4.8	4.8	6.0	6.0	7.2	7.2
	3+2	3.6	4.8	4.8	4.8	6.0	6.0
	2	1.2	1.2	1.2	1.2	2.4	2.4
纵距 l_a (mm)	施工荷载 (kN/m²)	$h=1350$mm，l_b 为下值（mm）时的 H_{s2} 值（m）					
		900	1000	1100	1200	1300	1400
1200	3	1.35	1.35	1.35	2.70	2.70	2.70
	3+3	4.05	4.05	4.05	5.40	5.40	5.40
	3+2	2.70	2.70	4.05	4.05	4.05	4.05
	2	1.35	1.35	1.35	1.35	1.35	1.35
1500	3	1.35	1.35	2.70	2.70	2.70	2.70
	3+3	4.05	4.05	5.40	5.40	6.75	6.75
	3+2	2.70	4.05	4.05	4.05	5.40	5.40
	2	1.35	1.35	1.35	1.35	1.35	1.35
1800	3	1.35	2.70	2.70	2.70	2.70	4.05
	3+3	4.05	5.40	5.40	6.75	6.75	8.10
	3+2	4.05	4.05	5.40	5.40	5.40	6.75
	2	1.35	1.35	1.35	1.35	1.35	2.70
2000	3	2.70	2.70	2.70	2.70	4.05	4.05
	3+3	5.40	5.40	6.75	6.75	8.10	8.10
	3+2	4.05	4.05	5.40	5.40	6.75	6.75
	2	1.35	1.35	1.35	1.35	2.70	2.70

续表

纵距 l_a (mm)	施工荷载 (kN/m²)	$h=1500$mm，l_b 为下值（mm）时的 H_{s2} 值（m）					
		900	1000	1100	1200	1300	1400
1200	3	1.50	1.50	1.50	1.50	3.00	3.00
	3+3	3.00	4.50	4.50	4.50	6.00	6.00
	3+2	3.00	3.00	3.00	4.50	4.50	4.50
	2	1.50	1.50	1.50	1.50	1.50	1.50
1500	3	1.50	1.50	3.00	3.00	3.00	3.00
	3+3	4.50	4.50	6.00	6.00	6.00	7.50
	3+2	3.00	4.50	4.50	4.50	6.00	6.00
	2	1.50	1.50	1.50	1.50	1.50	1.50
1800	3	1.50	3.00	3.00	3.00	3.00	3.00
	3+3	4.50	6.00	6.00	7.50	7.50	7.50
	3+2	4.50	4.50	4.50	6.00	6.00	6.00
	2	1.50	1.50	1.50	1.50	1.50	1.50

纵距 l_a (mm)	施工荷载 (kN/m²)	$h=1800$mm，l_b 为下值（mm）时的 H_{s2} 值（m）					
		900	1000	1100	1200	1300	1400
1200	3	1.80	1.80	1.80	1.80	1.80	3.50
	3+3	3.60	5.40	5.40	5.40	5.40	7.20
	3+2	3.60	3.60	3.60	5.40	5.40	5.40
	2	1.80	1.80	1.80	1.80	1.80	1.80
1500	3	1.80	1.80	1.80	3.60	3.60	3.60
	3+3	5.40	5.40	5.40	7.20	7.20	7.20
	3+2	3.60	3.60	5.40	5.40	5.40	7.20
	2	1.80	1.80	1.80	1.80	1.80	1.80
1800	3	1.80	1.80	3.60	3.60	3.60	3.60
	3+3	5.40	5.40	7.20	7.20	9.00	9.00
	3+2	3.60	5.40	5.40	5.40	7.20	7.20
	2	1.80	1.80	1.80	1.80	1.80	1.80
2000	3	1.80	3.60	3.60	3.60	3.60	3.60
	3+3	5.40	7.20	7.20	7.20	9.00	9.00
	3+2	5.40	5.40	5.40	7.20	7.20	7.20
	2	1.80	1.80	1.80	1.80	1.80	1.80

单管立杆扣件式双排脚手架的 H_{s3} 的计算系数 ψ（敞开式脚手架） 表 3.3.5

h（mm），连墙件布置	$h=1200$，二步三跨					
l_b（mm）	900	1000	1100	1200	1300	1400
稳定系数 φ	0.401	0.391	0.386	0.376	0.367	0.357
纵距 l_a（mm）	H_{s3} 计算系数 ψ（ψ = 表值 $\times 10^{-4}$）					
1200	2.16	2.11	2.08	2.03	1.98	1.92
1500	2.00	1.95	1.92	1.87	1.83	1.78
1800	1.86	1.81	1.79	1.74	1.70	1.65
2000	1.77	1.73	1.71	1.66	1.62	1.58
h（mm），连墙件布置	$h=1200$，三步三跨					
l_b（mm）	900	1000	1100	1200	1300	1400
稳定系数 φ	0.322	0.315	0.308	0.302	0.296	0.290
纵距 l_a（mm）	H_{s3} 计算系数 ψ（ψ = 表值 $\times 10^{-4}$）					
1200	1.73	1.70	1.66	1.63	1.59	1.56
1500	1.60	1.57	1.53	1.50	1.47	1.44
1800	1.49	1.46	1.42	1.40	1.37	1.34
2000	1.42	1.39	1.36	1.33	1.31	1.28
h（mm），连墙件布置	$h=1350$，二步三跨					
l_b（mm）	900	1000	1100	1200	1300	1400
稳定系数 φ	0.328	0.320	0.312	0.305	0.298	0.291
纵距 l_a（mm）	H_{s3} 计算系数 ψ（ψ = 表值 $\times 10^{-4}$）					
1200	1.91	1.86	1.81	1.77	1.73	1.69
1500	1.76	1.72	1.68	1.64	1.60	1.57
1800	1.64	1.60	1.56	1.53	1.49	1.46
2000	1.57	1.53	1.50	1.46	1.43	1.39
h（mm），连墙件布置	$h=1350$，三步三跨					
l_b（mm）	900	1000	1100	1200	1300	1400
稳定系数 φ	0.260	0.254	0.249	0.243	0.238	0.233
纵距 l_a（mm）	H_{s3} 计算系数 ψ（ψ = 表值 $\times 10^{-4}$）					
1200	1.51	1.48	1.45	1.41	1.38	1.36
1500	1.40	1.37	1.34	1.31	1.28	1.25
1800	1.30	1.27	1.25	1.22	1.19	1.17
2000	1.25	1.22	1.19	1.16	1.14	1.12
h（mm），连墙件布置	$h=1500$，二步三跨					
l_b（mm）	900	1000	1100	1200	1300	1400
稳定系数 φ	0.270	0.264	0.257	0.251	0.245	0.239
纵距 l_a（mm）	H_{s3} 计算系数 ψ（ψ = 表值 $\times 10^{-4}$）					
1200	1.68	1.64	1.60	1.56	1.52	1.49
1500	1.55	1.52	1.48	1.44	1.41	1.38
1800	1.45	1.42	1.38	1.35	1.32	1.28
2000	1.39	1.36	1.32	1.29	1.26	1.23

续表

h（mm），连墙件布置	h = 1500，三步三跨					
l_b（mm）	900	1000	1100	1200	1300	1400
稳定系数 φ	0.214	0.208	0.204	0.200	0.195	0.191
纵距 l_a（mm）	H_{s3}计算系数 ψ（ψ = 表值 × 10^{-4}）					
1200	1.33	1.29	1.27	1.24	1.21	1.19
1500	1.23	1.20	1.17	1.15	1.12	1.10
1800	1.15	1.12	1.10	1.07	1.05	1.03
2000	1.10	1.07	1.05	1.03	1.00	0.98
h（mm），连墙件布置	h = 1800，二步三跨					
l_b（mm）	900	1000	1100	1200	1300	1400
稳定系数 φ	0.192	0.188	0.183	0.178	0.174	0.170
纵距 l_a（mm）	H_{s3}计算系数 ψ（ψ = 表值 × 10^{-4}）					
1200	1.33	1.30	1.26	1.23	1.20	1.17
1500	1.23	1.21	1.18	1.14	1.12	1.09
1800	1.15	1.13	1.10	1.07	1.04	1.02
2000	1.08	1.06	1.03	1.00	0.98	0.96
h（mm），连墙件布置	h = 1800，三步三跨					
l_b（mm）	900	1000	1100	1200	1300	1400
稳定系数 φ	0.150	0.147	0.144	0.140	0.138	0.135
纵距 l_a（mm）	H_{s3}计算系数 ψ（ψ = 表值 × 10^{-4}）					
1200	1.04	1.02	0.99	0.97	0.95	0.93
1500	0.96	0.94	0.93	0.90	0.89	0.87
1800	0.90	0.88	0.86	0.84	0.83	0.81
2000	0.84	0.83	0.81	0.70	0.78	0.76

3.3.3 全封闭、半封闭单管立杆脚手架的可搭设高度

1. 组合风荷载时，全封闭、半封闭单管立杆脚手架的可搭设高度

规范规定不组合风荷载时，全封闭、半封闭单管立杆脚手架的可搭设高度，仍按公式（3.3.7）计算：

$$H_s = H_{s1} = \frac{\varphi Af - (1.2N_{G2K} + 1.4\sum N_{QK})}{1.2g_K}$$

事实上，这一公式并不适合全封闭、半封闭脚手架，这是因为：N_{G2K-1}、N_{G2K-2}、N_{G2K-3}的和数，而N_{G2K-3}也是随脚手架高度变化的变数。

即
$$N_{G2K-3} = H \cdot l_a \cdot q_K$$

式中 q_K——脚手架围护设施材料的自重标准值（N/m^2）。对于密目安全网，$q_K = 2N/m^2$，N_{G2K-3}又可分为栏杆外围的围护材料自重标准值所产生的轴向力和架体外围的围护材料自重标准值所产生的轴向力两部分。

即：

$$N_{G2K-3} = (H_1 + H_{s1}) \cdot l_a \cdot q_K = N'_{G2K-3} + N''_{G2K-3}$$

由此可得不组合风荷载时全封闭、半封闭单管立杆脚手架搭设高度的计算公式如下：

$$H_{s1} = \frac{\varphi Af - (1.2N_{G2K-1} + 1.2N_{G2K-2} + 1.2N'_{G2K-3} \times 1.4\sum N_{QK})}{12\ (g_K + l_a q_K)} \tag{3.3.11}$$

式中　N_{G2K-1}——脚手板自重标准值产生的轴向力；

N_{G2K-2}——栏杆、护脚板自重标准值产生的轴向力；

N_{G2K-3}——安全围护材料自重标准值产生的轴向力；

N'_{G2K-3}——栏杆外围围护材料自重标准值产生的轴向力；

N''_{G2K-3}——架体外围围护材料自重标准值产生的轴向力。

密目安全网。

不组合风荷载，满外吊挂密目安全网时，单根立杆扣件式钢管双排脚手架按整体稳定计算所得的 H_{s1} 值见表 3.3.6。

2. 组合风荷载时，全封闭、半封闭单根立杆脚手架的可搭设高度

规范规定，组合风荷载时，全封闭、半封闭单根立杆脚手架的搭设高度仍按公式（3.3.8）计算：

$$H_s = \frac{\varphi Af - \left[1.2N_{G2K} + 0.9 \times 1.4\left(\sum N_{QK} + \frac{M_{wK}}{W}\varphi A\right)\right]}{1.2g_K}$$

与本条第 1 款相同的理由，该公式应改变为下列表达式：

$$H_{s1} = \frac{\varphi Af - \left[(1.2N_{G2K-1} + 1.2N_{G2K-2} + 1.2N'_{G2K-3}) + 0.9 \times 1.4\left(\sum N_{QK} + \frac{M_{wK}}{W}\varphi A\right)\right]}{12(g_K + l_a q_K)}$$

式中 $0.9 \times 1.4\left(\sum N_{QK} + \frac{M_{wK}}{W}\varphi A\right)$ 可改为下列表达式：

$$1.4\sum N_{QK} - 0.1 \times 1.4\sum N_{QK} + \frac{M_w}{W}\varphi A$$

则得：

$$H_s = \frac{\varphi Af - (1.2N_{G2K-1} + 1.2N_{G2K-2} + 1.2N'_{G2K-3} + 1.4\sum N_{QK}) + 0.1 \times 1.4\sum N_{QK} - \frac{M_{wK}}{W}\varphi A}{1.2(g_K + l_a q_K)}$$

$$= \frac{\varphi Af - (1.2N_{G2K-1} + 1.2N_{G2K-2} + 1.2N'_{G2K-3} + 1.4\sum N_{QK})}{1.2(g_K + l_a q_K)} + \frac{0.1 \times 1.4\sum N_{QK}}{1.2(g_K + l_a q_K)} - \frac{\frac{M_{wK}}{W}\varphi A}{1.2(g_K + l_a q_K)}$$

设：

$$H_{s1} = \frac{\varphi Af - (1.2N_{G2K-1} + 1.2N_{G2K-2} + 1.2N'_{G2K-3} + 1.4\sum N_{QK})}{1.2(g_K + l_a q_K)}$$

$$H_{s2} = \frac{0.1 \times 1.4\sum N_{QK}}{1.2(g_K + l_a q_K)}$$

$$H_{s3}=\frac{\frac{M_w}{W}\varphi A}{1.2(g_K+l_a g_K)}$$

则：

$$H_s=H_{s1}+H_{s2}-H_{s3} \tag{3.3.12}$$

H_{s1}实际上就是不组合风荷载时的H_s，按表3.3.6采用。H_{s2}按表3.3.7采用，H_{s3}按$H_{s3}=\psi M_w$计算，ψ按表3.3.8采用，计算所得H_{s3}的计量单位为m。

M_w仍按式2.3.2计算，即：$M_w=K_n\cdot w_0\cdot \mu_s\cdot l_a$

对于满外吊挂密目安全网的脚手架，若背靠建筑物为全封闭的墙，$\mu_s=1.0\varphi$，若背靠建筑物为框架和开洞墙，$\mu_s=1.3\varphi$，式中，φ为挡风系数，满外吊挂密目安全网时，可按表3.3.6采用。

单管立杆扣件式钢管双排脚手架的H_{s1}值（满外吊挂密目安全网）　　表3.3.6

步距h（mm）及连墙件设置		$h=1200$，二步三跨						
横距l_b（mm）		900	1000	1100	1200	1300	1400	1500
计算长度系数μ		1.47	1.49	1.51	1.53	1.55	1.57	1.59
计算长度l_0（mm）		2037.42	2065.14	2092.86	2120.58	2148.30	2176.02	2203.74
长细比λ值		129	131	132	134	136	138	139
稳定系数φ		0.401	0.391	0.386	0.376	0.367	0.357	0.353
纵距l_a（mm）	施工荷载（kN/m^2）	H_{s1}值						
1200	3	187.2（16）	180.0（15）	172.8（15）	165.6（14）	157.2（14）	151.2（13）	145.2（13）
	3+3	176.4（15）	166.8（14）	159.6（14）	151.2（13）	142.8（12）	133.2（12）	128.4（11）
	3+2	180.0（15）	170.4（15）	164.4（14）	156.0（13）	147.6（13）	139.2（12）	133.2（12）
	2	190.8（16）	182.4（16）	178.8（15）	169.2（15）	163.2（14）	157.2（14）	152.4（13）
1350	3	176.4（15）	168.0（14）	163.2（14）	156.0（13）	147.6（13）	141.6（12）	135.6（12）
	3+3	164.4（14）	156.0（13）	148.8（13）	140.4（12）	132.0（11）	122.4（11）	117.6（10）
	3+2	168.0（14）	159.6（14）	153.6（13）	144.0（12）	136.8（12）	129.6（1）	123.6（11）
	2	180.0（15）	172.8（15）	168.0（14）	160.8（14）	154.8（13）	146.4（13）	142.8（12）
1500	3	168.0（14）	158.4（14）	153.6（13）	145.2（13）	139.2（12）	132.0（11）	127.2（11）
	3+3	154.8（13）	144.0（12）	138.0（12）	129.6（11）	120.0（10）	112.8（10）	108.0（9）
	3+2	158.4（14）	150.0（13）	144.0（12）	134.4（12）	127.2（11）	120.0（10）	114.0（10）
	2	171.6（15）	164.4（14）	158.4（14）	151.2（13）	144.0（12）	138.0（12）	133.2（12）
1600	3	160.8（14）	153.6（13）	147.6（13）	140.4（12）	132.0（11）	126.0（11）	121.2（11）
	3+3	141.6（13）	139.2（12）	132.0（11）	122.4（11）	115.2（10）	108.0（9）	100.8（9）
	3+2	152.4（13）	144.0（12）	136.8（12）	129.6（11）	120.0（10）	112.8（10）	108.0（9）
	2	165.6（14）	157.2（14）	153.6（13）	145.2（13）	139.2（12）	132.0（11）	129.6（11）
1700	3	156.0（13）	147.6（13）	142.8（12）	134.4（12）	128.4（11）	120.0（10）	117.6（10）
	3+3	142.8（12）	132.0（11）	126.0（11）	117.6（10）	108.0（9）	100.8（9）	96.0（8）
	3+2	146.4（13）	138.0（12）	132.0（11）	122.4（11）	116.4（10）	108.0（9）	102.0（9）
	2	159.6（14）	154.8（13）	147.6（13）	141.6（12）	133.2（12）	128.4（11）	123.6（11）

续表

纵距 l_a (mm)	施工荷载 (kN/m²)	H_{s1}值						
1800	3	150.0 (13)	142.8 (12)	136.8 (12)	130.8 (11)	122.4 (11)	116.4 (10)	111.6 (10)
	3+3	135.6 (12)	127.2 (11)	120.0 (10)	111.6 (10)	104.4 (9)	96.0 (8)	90.0 (8)
	3+2	141.6 (12)	132.0 (11)	126.0 (11)	118.8 (10)	109.2 (10)	102.0 (9)	96.0 (8)
	2	156.0 (13)	147.6 (13)	144.0 (12)	135.6 (12)	130.8 (11)	122.4 (11)	120.0 (10)
2000	3	141.6 (12)	132.0 (11)	128.4 (11)	120.0 (10)	114.0 (10)	108.0 (9)	103.2 (9)
	3+3	126.0 (11)	117.6 (10)	109.2 (10)	102.0 (9)	94.8 (8)	85.2 (8)	80.4 (7)
	3+2	132.0 (11)	121.2 (11)	116.4 (10)	108.0 (9)	99.6 (9)	93.6 (8)	87.6 (8)
	2	145.2 (13)	139.2 (12)	133.2 (12)	127.2 (11)	120.0 (10)	115.2 (10)	109.2 (10)
步距 h (mm) 及连墙件设置		h=1200，三步三跨						
横距 l_b (mm)		900	1000	1100	1200	1300	1400	1500
计算长度系数 μ		1.67	1.69	1.71	1.73	1.75	1.77	1.79
计算长度 l_0 (mm)		2314.62	2342.34	2370.06	2397.78	2425.50	2453.22	2480.91
长细比 λ 值		146.5	148.2	150.0	151.8	153.5	155.3	157.0
稳定系数 φ		0.322	0.315	0.308	0.302	0.296	0.290	0.284
纵距 l_a (mm)	施工荷载 (kN/m²)	H_{s1}值						
1200	3	147.6 (13)	141.6 (12)	134.4 (12)	129.6 (11)	123.6 (11)	120.0 (10)	114.0 (10)
	3+3	135.6 (12)	129.6 (11)	121.2 (11)	115.2 (10)	108.0 (9)	102.0 (9)	96.0 (8)
	3+2	140.4 (12)	132.0 (11)	126.0 (11)	120.0 (10)	114.0 (10)	108.0 (9)	102.0 (9)
	2	151.2 (13)	145.2 (13)	140.4 (12)	134.4 (12)	129.6 (11)	123.6 (11)	120.0 (10)
1350	3	139.2 (12)	132.0 (11)	127.2 (11)	120.0 (10)	116.4 (10)	110.4 (10)	105.6 (9)
	3+3	127.2 (11)	120.0 (10)	111.6 (10)	105.6 (9)	98.4 (9)	93.6 (8)	85.2 (8)
	3+2	132.0 (11)	123.6 (11)	117.6 (10)	110.41 (10)	104.4 (9)	98.4 (9)	93.6 (8)
	2	144.0 (12)	136.8 (12)	132.0 (11)	126.0 (11)	120.0 (10)	116.4 (10)	111.6 (10)
1500	3	132.0 (11)	124.8 (11)	120.0 (10)	114.0 (10)	108.0 (9)	103.2 (9)	97.2 (9)
	3+3	118.8 (10)	110.4 (10)	104.4 (9)	96.0 (8)	90.0 (8)	84.0 (7)	78.0 (7)
	3+2	122.4 (11)	115.2 (10)	108.0 (9)	102.0 (9)	96.0 (8)	90.0 (8)	84.0 (7)
	2	135.6 (12)	129.6 (11)	123.6 (11)	120.0 (10)	114.0 (10)	108.0 (9)	105.6 (9)
1600	3	126.0 (11)	120.0 (10)	114.0 (10)	108.0 (9)	104.4 (9)	97.2 (9)	93.6 (8)
	3+3	112.8 (10)	105.6 (9)	97.2 (9)	924 (8)	84.0 (7)	79.2 (7)	72.0 (6)
	3+2	117.6 (10)	110.4 (10)	104.4 (9)	97.2 (9)	91.2 (8)	84.0 (7)	80.4 (7)
	2	130.8 (11)	124.8 (11)	120.0 (10)	115.2 (10)	109.2 (10)	105.6 (9)	99.6 (9)
1700	3	121.2 (11)	116.4 (10)	109.2 (10)	104.4 (9)	98.4 (9)	94.8 (8)	88.8 (8)
	3+3	108.0 (9)	100.8 (9)	93.6 (8)	86.4 (8)	80.4 (7)	73.2 (7)	68.4 (6)
	3+2	112.8 (10)	105.6 (9)	98.4 (9)	93.6 (8)	86.4 (8)	81.6 (7)	74.4 (7)
	2	126.0 (11)	120.0 (10)	115.2 (10)	109.2 (10)	105.6 (9)	100.8 (9)	96.0 (8)
1800	3	117.6 (10)	111.6 (10)	105.6 (9)	99.6 (9)	96.0 (8)	90.0 (8)	84.0 (7)
	3+3	103.2 (9)	96.0 (8)	88.8 (8)	82.8 (7)	75.6 (7)	69.6 (6)	62.4 (6)
	3+2	108.0 (9)	104.4 (9)	94.8 (8)	87.6 (8)	82.8 (7)	75.6 (7)	72.0 (6)
	2	121.2 (11)	116.4 (10)	110.4 (10)	106.8 (9)	102.0 (9)	96.0 (8)	92.4 (8)

续表

纵距 l_a (mm)	施工荷载 (kN/m²)	H_{s1}值						
2000	3	109.2 (10)	104.4 (9)	97.2 (9)	93.6 (8)	87.6 (8)	84.0 (7)	78.0 (7)
	3+3	94.8 (8)	86.4 (8)	80.4 (7)	73.2 (7)	67.2 (6)	60.0 (5)	55.2 (5)
	3+2	99.6 (9)	93.6 (8)	85.2 (8)	80.4 (7)	73.2 (7)	68.4 (6)	61.2 (6)
	2	114.0 (10)	108.0 (9)	104.4 (9)	98.4 (9)	94.8 (8)	90.0 (8)	84.0 (7)
步距 h (mm) 及连墙件设置		$h=1350$，二步三跨						
横距 l_b (mm)		900	1000	1100	1200	1300	1400	1500
计算长度系数 μ		1.47	1.49	1.51	1.53	1.55	1.57	1.59
计算长度 l_0 (mm)		2292.10	2323.28	2354.47	2385.65	2416.84	2448.02	2479.21
长细比 λ 值		145.1	147.0	149.0	151.0	153.0	154.9	156.9
稳定系数 φ		0.328	0.320	0.312	0.305	0.298	0.291	0.284
纵距 l_a (mm)	施工荷载 (kN/m²)	H_{s1}值						
1200	3	160.65 (14)	153.9 (13)	145.8 (13)	140.4 (12)	132.3 (12)	126.9 (11)	120.15 (11)
	3+3	148.5 (13)	140.4 (12)	130.95 (11)	124.2 (11)	117.45 (10)	108.0 (9)	102.6 (9)
	3+2	153.9 (13)	144.45 (13)	136.35 (12)	129.6 (11)	121.5 (11)	116.1 (10)	108.0 (9)
	2	166.05 (14)	157.95 (14)	151.2 (13)	144.45 (13)	139.05 (12)	132.3 (12)	126.9 (11)
1350	3	152.55 (13)	143.1 (12)	137.7 (12)	130.95 (11)	124.2 (11)	118.8 (10)	112.05 (10)
	3+3	139.05 (12)	130.95 (11)	121.5 (11)	114.75 (10)	108.0 (9)	98.55 (9)	91.8 (8)
	3+2	143.1 (12)	135.0 (12)	126.9 (11)	118.8 (10)	112.05 (10)	106.65 (9)	98.55 (9)
	2	155.25 (13)	148.5 (13)	143.1 (12)	136.35 (12)	130.95 (11)	125.55 (11)	118.8 (10)
1500	3	143.1 (12)	136.35 (12)	129.6 (11)	122.85 (11)	116.1 (10)	109.35 (10)	105.3 (9)
	3+3	129.6 (11)	120.15 (11)	112.05 (10)	105.3 (9)	97.2 (9)	90.45 (8)	83.7 (7)
	3+2	133.65 (12)	125.55 (11)	118.8 (10)	110.7 (10)	103.95 (9)	95.85 (8)	90.45 (8)
	2	147.15 (13)	141.35 (12)	133.65 (12)	128.25 (11)	121.5 (11)	117.45 (10)	110.7 (10)
1600	3	137.7 (12)	130.95 (11)	122.85 (11)	118.8 (10)	110.7 (10)	106.65 (9)	98.55 (9)
	3+3	122.85 (11)	114.75 (10)	108.0 (9)	98.55 (9)	91.8 (8)	83.7 (7)	76.95 (7)
	3+2	128.25 (11)	120.15 (11)	112.05 (10)	105.3 (9)	97.2 (9)	91.8 (8)	83.7 (7)
	2	143.1 (12)	133.65 (12)	129.6 (11)	122.85 (11)	118.8 (10)	112.05 (10)	108.0 (9)
1700	3	132.3 (12)	125.55 (11)	118.8 (10)	112.05 (10)	108.0 (9)	99.9 (9)	95.85 (8)
	3+3	118.8 (10)	109.35 (10)	101.25 (9)	94.5 (8)	86.4 (8)	79.65 (7)	71.55 (6)
	3+2	122.85 (11)	116.1 (10)	108.0 (9)	99.9 (9)	94.5 (8)	85.05 (8)	79.65 (7)
	2	137.7 (12)	130.95 (11)	124.2 (11)	118.8 (10)	113.4 (10)	108.0 (9)	102.6 (9)
1800	3	128.25 (11)	120.15 (11)	114.75 (10)	108.0 (9)	102.6 (9)	95.85 (8)	90.45 (8)
	3+3	113.4 (10)	105.3 (9)	95.85 (8)	89.1 (8)	82.35 (7)	72.9 (7)	67.5 (6)
	3+2	118.8 (10)	109.35 (10)	102.6 (9)	95.85 (8)	87.75 (8)	82.35 (7)	74.25 (7)
	2	132.3 (12)	128.25 (11)	120.15 (11)	114.75 (10)	108.0 (9)	103.95 (9)	97.2 (9)
2000	3	118.8 (10)	113.4 (10)	106.65 (9)	99.9 (9)	94.5 (8)	87.75 (8)	83.7 (7)
	3+3	103.95 (9)	95.85 (8)	86.4 (8)	79.65 (7)	71.55 (6)	64.8 (6)	59.4 (5)
	3+2	108.0 (9)	101.25 (9)	94.5 (8)	86.4 (8)	79.65 (7)	71.55 (6)	66.15 (6)
	2	125.55 (11)	118.8 (10)	112.05 (10)	108.0 (9)	101.25 (9)	95.85 (8)	91.8 (8)

续表

步距 h（mm）及连墙件设置		$h=1350$，三步三跨						
横距 l_b（mm）		900	1000	1100	1200	1300	1400	1500
计算长度系数 μ		1.67	1.69	1.71	1.73	1.75	1.77	1.79
计算长度 l_0（mm）		2603.95	2635.13	2666.32	2697.50	2728.69	2759.87	2791.06
长细比 λ 值		164.8	166.8	168.75	170.73	172.70	174.68	176.65
稳定系数 φ		0.260	0.254	0.249	0.243	0.238	0.233	0.228
纵距 l_a（mm）	施工荷载（kN/m^2）	H_{s1} 值						
1200	3	124.2 (11)	118.8 (10)	113.4 (10)	108.0 (0)	102.6 (9)	97.2 (9)	93.15 (8)
	3+3	112.05 (10)	105.3 (9)	98.55 (9)	93.15 (8)	85.05 (8)	79.65 (7)	72.9 (7)
	3+2	117.45 (10)	109.35 (10)	103.95 (9)	97.2 (9)	91.8 (8)	85.05 (8)	81.0 (7)
	2	129.6 (11)	122.85 (11)	118.8 (10)	113.4 (10)	108.0 (9)	103.95 (9)	98.55 (9)
1250	3	118.8 (10)	110.7 (10)	106.65 (9)	99.9 (9)	95.85 (8)	90.45 (8)	85.05 (8)
	3+3	103.95 (9)	95.85 (8)	90.45 (8)	83.7 (7)	76.95 (7)	71.55 (6)	64.8 (6)
	3+2	108.0 (9)	101.25 (9)	95.85 (8)	89.1 (8)	83.7 (7)	76.95 (7)	71.55 (6)
	2	120.15 (11)	116.1 (10)	110.7 (10)	106.65 (9)	101.25 (9)	95.85 (8)	93.15 (8)
1500	3	110.7 (10)	106.65 (9)	98.55 (9)	94.5 (8)	87.75 (8)	83.7 (7)	79.65 (7)
	3+3	95.85 (8)	89.1 (8)	83.7 (7)	75.6 (7)	70.2 (6)	63.45 (6)	58.05 (5)
	3+2	101.25 (9)	94.5 (8)	87.75 (8)	82.35 (7)	75.6 (7)	71.55 (6)	64.8 (6)
	2	114.75 (10)	108.0 (9)	105.3 (9)	98.55 (9)	95.85 (8)	90.45 (8)	85.05 (8)
1600	3	106.65 (9)	99.9 (9)	95.85 (8)	89.10 (8)	83.7 (7)	79.65 (7)	74.25 (7)
	3+3	91.8 (8)	83.7 (7)	78.3 (7)	71.55 (6)	64.8 (6)	59.4 (5)	52.65 (5)
	3+2	95.85 (8)	89.1 (8)	83.7 (7)	76.95 (7)	71.55 (7)	66.15 (6)	59.4 (5)
	2	110.7 (10)	105.3 (9)	99.9 (9)	95.85 (8)	90.45 (8)	86.4 (8)	83.7 (7)
1700	3	101.25 (9)	95.85 (8)	90.45 (8)	85.05 (8)	81.0 (7)	75.6 (7)	71.55 (6)
	3+3	86.4 (8)	79.65 (7)	72.9 (7)	66.15 (6)	59.4 (5)	54.0 (5)	49.95 (5)
	3+2	91.8 (8)	85.05 (8)	79.65 (7)	71.55 (6)	67.5 (6)	60.75 (6)	56.7 (5)
	2	108.0 (9)	101.25 (9)	95.85 (8)	91.8 (8)	86.4 (8)	83.7 (7)	78.3 (7)
1800	3	97.2 (9)	93.15 (8)	86.4 (8)	82.35 (7)	76.95 (7)	71.55 (6)	67.5 (6)
	3+3	83.7 (7)	75.6 (7)	70.2 (6)	62.1 (6)	56.7 (5)	49.95 (5)	44.55 (4)
	3+2	87.75 (8)	82.35 (7)	74.25 (7)	68.85 (6)	62.1 (6)	58.05 (5)	51.3 (5)
	2	103.95 (9)	97.2 (9)	93.15 (8)	87.75 (8)	83.7 (7)	79.65 (7)	74.25 (7)
2000	3	91.8 (8)	85.05 (8)	81.0 (7)	74.25 (7)	71.55 (6)	66.15 (6)	59.4 (5)
	3+3	74.25 (7)	68.85 (6)	60.75 (6)	55.35 (5)	47.25 (4)	43.2 (4)	35.1 (3)
	3+2	81.0 (7)	72.9 (7)	67.5 (6)	60.75 (6)	56.7 (5)	49.95 (5)	45.9 (4)
	2	95.85 (8)	91.8 (8)	86.4 (8)	82.35 (7)	76.95 (7)	74.25 (7)	70.2 (6)

续表

步距 h（mm）及连墙件设置		$h=1500$，二步三跨						
横距 l_b（mm）		900	1000	1100	1200	1300	1400	1500
计算长度系数 μ		1.47	1.49	1.51	1.53	1.55	1.57	1.59
计算长度 l_0（mm）		2546.775	2581.425	2616.075	2650.725	2685.375	2720.025	2754.675
长细比 λ 值		161.2	163.4	165.6	167.8	170.0	172.2	174.3
稳定系数 φ		0.270	0.264	0.257	0.251	0.245	0.239	0.234
纵距 l_a（mm）	施工荷载（kN/m^2）	H_{s1} 值						
1200	3	138.0（12）	132.0（11）	124.5（11）	118.5（10）	112.5（10）	108.0（9）	100.5（9）
	3+3	124.5（11）	118.5（10）	108.0（9）	102.0（9）	96.0（8）	87.0（8）	82.5（7）
	3+2	129.0（11）	121.5（11）	114.0（10）	108.0（9）	100.5（9）	94.5（8）	87.0（8）
	2	142.5（12）	136.5（12）	130.5（11）	123.0（11）	118.5（10）	112.5（10）	108.0（0）
1350	3	130.5（11）	123.0（11）	117.0（10）	109.5（10）	105.0（9）	97.5（9）	94.5（8）
	3+3	115.5（10）	108.0（9）	99.0（9）	93.0（8）	84.0（7）	78.0（7）	72.0（6）
	3+2	120.0（10）	112.5（10）	106.5（9）	97.5（9）	91.5（8）	84.0（7）	79.5（7）
	2	133.5（12）	129.0（11）	121.5（11）	117.0（10）	109.5（10）	106.5（9）	100.5（9）
1500	3	121.5（11）	115.5（10）	108.0（9）	103.5（9）	96.0（8）	91.5（8）	85.5（8）
	3+3	108.0（9）	99.0（9）	91.5（8）	84.0（7）	76.5（7）	70.5（6）	63.0（6）
	3+2	112.5（10）	105.0（9）	96.0（8）	90.0（8）	84.0（7）	76.5（7）	72.0（6）
	2	127.5（11）	120.0（10）	114.0（10）	108.0（9）	103.5（9）	97.5（9）	94.5（8）
1600	3	117.0（10）	111.0（10）	105.0（9）	97.5（9）	93.0（8）	85.5（8）	82.5（7）
	3+3	102.0（9）	94.5（8）	85.5（8）	79.5（7）	72.0（6）	64.5（6）	60.0（5）
	3+2	108.0（9）	99.0（9）	93.0（8）	84.0（7）	79.5（7）	72.0（6）	66.0（6）
	2	121.5（11）	1170（10）	109.5（10）	105.0（9）	99.0（9）	94.5（8）	90.0（8）
1700	3	112.5（10）	108.0（9）	100.5（9）	94.5（8）	88.5（8）	84.0（7）	78.0（7）
	3+3	96.0（8）	90.0（8）	82.5（7）	73.5（7）	67.5（6）	60.0（5）	54.0（5）
	3+2	102.0（9）	96.0（8）	87.0（8）	81.0（7）	73.5（7）	67.5（6）	61.5（6）
	2	118.5（10）	112.5（10）	106.5（9）	100.5（9）	96.0（8）	90.0（8）	84.0（7）
1800	3	108.0（9）	102.0（9）	96.0（8）	90.0（8）	84.0（7）	79.5（7）	73.5（7）
	3+3	93.0（8）	84.0（7）	76.5（7）	70.5（6）	61.5（6）	55.5（5）	48.0（4）
	3+2	97.5（9）	91.5（8）	84.0（7）	76.5（7）	70.5（6）	63.0（6）	58.5（5）
	2	114.0（10）	108.0（9）	102.0（9）	96.0（8）	91.5（8）	85.5（8）	82.5（7）
2000	3	100.5（9）	96.0（8）	88.5（8）	84.0（7）	76.5（7）	72.0（6）	67.5（6）
	3+3	84.0（7）	76.5（7）	69.0（6）	60.0（5）	54.0（5）	48.0（4）	40.5（4）
	3+2	90.0（8）	84.0（7）	75.0（7）	69.0（6）	61.5（6）	55.5（5）	48.0（4）
	2	108.0（9）	100.5（9）	96.0（8）	90.0（8）	84.0（7）	81.0（7）	75.0（7）

续表

步距 h（mm）及连墙件设置		$h=1500$，三步三跨						
横距 l_a（mm）		900	1000	1100	1200	1300	1400	1500
计算长度系数 μ		1.67	1.69	1.71	1.73	1.75	1.77	1.79
计算长度 l_0（mm）		2893.275	2927.925	2962.575	2997.225	3031.875	3066.525	3101.175
长细比 λ 值		183.12	185.31	187.50	189.70	191.89	194.08	196.27
稳定系数 φ		0.214	0.208	0.204	0.200	0.195	0.191	0.187
纵距 l_a（mm）	施工荷载（kN/m²）	H_{s1} 值						
1200	3	106.5 (9)	100.5 (9)	96.0 (8)	90.0 (8)	84.0 (7)	81.0 (7)	76.5 (7)
	3+3	93.0 (8)	85.5 (8)	79.5 (7)	73.5 (7)	67.5 (6)	61.5 (6)	57.0 (5)
	3+2	97.5 (9)	90.0 (8)	84.0 (7)	78.0 (7)	72.0 (6)	69.0 (6)	63.0 (6)
	2	109.5 (10)	105.0 (9)	100.5 (9)	96.0 (8)	91.5 (8)	87.0 (8)	84.0 (7)
1350	3	99.0 (9)	93.0 (8)	88.5 (8)	84.0 (7)	78.0 (7)	73.5 (7)	70.5 (6)
	3+3	85.5 (8)	78.0 (7)	72.0 (6)	66.0 (6)	60.0 (5)	54.0 (5)	48.0 (4)
	3+2	90.0 (8)	84.0 (7)	78.0 (7)	72.0 (6)	66.0 (6)	60.0 (5)	55.5 (5)
	2	103.5 (9)	97.5 (9)	94.5 (8)	90.0 (8)	84.0 (7)	81.0 (7)	76.5 (7)
1500	3	93.0 (8)	87.0 (8)	82.5 (7)	78.0 (7)	72.0 (6)	69.0 (6)	63.0 (6)
	3+3	78.0 (7)	72.0 (6)	64.5 (6)	60.0 (5)	52.5 (5)	48.0 (4)	40.5 (4)
	3+2	84.0 (7)	76.5 (7)	72.0 (6)	64.5 (6)	50.0 (5)	54.0 (5)	48.0 (4)
	2	97.5 (9)	93.0 (8)	87.0 (8)	84.0 (7)	79.5 (7)	75.0 (7)	72.0 (6)
1600	3	88.5 (8)	84.0 (7)	78.0 (7)	73.5 (7)	69.0 (6)	64.5 (6)	60.0 (5)
	3+3	73.5 (7)	67.5 (6)	60.0 (5)	54.0 (5)	48.0 (4)	42.0 (4)	36.0 (3)
	3+2	79.5 (7)	72.0 (6)	67.5 (6)	60.0 (5)	55.5 (5)	49.5 (5)	45.0 (4)
	2	94.5 (8)	88.5 (8)	84.0 (7)	81.0 (7)	75.0 (7)	72.0 (6)	69.0 (6)
1700	3	85.5 (8)	79.5 (7)	75.0 (7)	72.0 (6)	66.0 (6)	60.0 (5)	57.0 (5)
	3+3	70.5 (6)	61.5 (6)	57.0 (5)	49.5 (5)	45.0 (4)	37.5 (4)	33.0 (3)
	3+2	75.0 (7)	69.0 (6)	61.5 (6)	57.0 (5)	51.0 (5)	46.5 (4)	40.5 (4)
	2	91.5 (8)	85.5 (8)	82.5 (7)	76.5 (7)	72.0 (6)	69.0 (6)	64.5 (6)
1800	3	82.5 (7)	76.5 (7)	72.0 (6)	67.5 (6)	61.5 (6)	58.5 (5)	54.0 (5)
	3+3	66.0 (6)	60.0 (5)	52.5 (5)	48.0 (4)	40.5 (4)	36.0 (3)	28.5 (3)
	3+2	72.0 (6)	64.5 (6)	60.0 (5)	52.5 (5)	48.0 (4)	42.0 (4)	36.0 (3)
	2	87.0 (8)	82.5 (7)	78.0 (7)	73.5 (7)	70.5 (6)	66.0 (6)	60.0 (5)
2000	3	75.0 (7)	70.5 (6)	66.0 (6)	60.0 (5)	57.0 (5)	51.0 (5)	48.0 (4)
	3+3	60.0 (5)	51.0 (5)	46.5 (7)	39.0 (4)	34.5 (3)	27.0 (3)	22.5 (2)
	3+2	64.5 (6)	58.5 (5)	52.5 (5)	48.0 (4)	40.5 (4)	36.0 (3)	30.0 (3)
	2	82.5 (7)	76.5 (7)	72.0 (6)	69.0 (6)	63.0 (6)	60.0 (5)	57.0 (5)

续表

步距 h（mm）及连墙件设置		$h=1600$，二步三跨						
横距 l_b（mm）		900	1000	1100	1200	1300	1400	1500
计算长度系数 μ		1.47	1.49	1.51	1.53	1.55	1.57	1.59
计算长度 l_0（mm）		2716.56	2753.52	2790.48	2827.44	2864.40	2901.36	2938.32
长细比 λ 值		171.93	174.27	176.61	178.95	181.29	183.63	185.97
稳定系数 φ		0.240	0.234	0.228	0.223	0.217	0.212	0.207
纵距 l_a（mm）	施工荷载（kN/m^2）	H_{s1} 值						
1200	3	124.8（11）	118.4（10）	112.0（10）	107.2（9）	99.2（9）	96.0（8）	89.6（8）
	3+3	110.4（10）	104.0（9）	96.0（8）	89.6（8）	83.2（7）	75.2（7）	68.8（6）
	3+2	115.2（10）	107.2（9）	100.8（9）	96.0（8）	88.0（8）	83.2（7）	75.2（7）
	2	129.6（11）	123.2（11）	116.8（10）	112.0（10）	107.2（9）	100.8（9）	97.6（9）
1350	3	116.8（10）	110.4（10）	104.0（9）	97.6（9）	92.8（8）	86.4（8）	83.2（7）
	3+3	102.4（9）	96.0（8）	86.4（8）	80.0（7）	72.0（6）	67.2（6）	59.2（5）
	3+2	107.2（9）	99.2（9）	92.8（8）	86.4（8）	80.0（7）	72.0（6）	67.2（6）
	2	121.6（11）	115.2（10）	108.8（10）	105.6（9）	97.6（9）	94.4（8）	89.6（8）
1500	3	108.8（10）	104.0（9）	96.0（8）	91.2（8）	84.8（8）	81.6（7）	75.2（7）
	3+3	96.0（8）	86.4（8）	80.0（7）	72.0（6）	65.6（6）	59.2（5）	51.2（5）
	3+2	99.2（9）	92.8（8）	84.8（8）	78.4（7）	72.0（6）	65.6（6）	59.2（5）
	2	115.2（10）	107.2（9）	104.0（9）	97.6（9）	92.8（8）	88.0（8）	83.2（7）
1600	3	105.6（9）	99.2（9）	92.8（8）	86.4（8）	81.6（7）	75.2（7）	72.0（6）
	3+3	89.6（8）	83.2（7）	73.6（7）	67.2（6）	59.2（5）	54.4（5）	48.0（4）
	3+2	96.0（8）	88.0（8）	81.6（7）	73.6（7）	67.2（6）	60.8（6）	56.0（5）
	2	110.4（10）	105.6（9）	99.2（9）	94.4（8）	88.0（8）	83.2（7）	80.0（7）
1700	3	100.8（9）	96.0（8）	88.0（8）	83.2（7）	76.8（7）	72.0（6）	67.2（6）
	3+3	84.8（8）	76.8（7）	70.4（6）	62.4（6）	56.0（5）	48.0（4）	43.2（4）
	3+2	91.2（8）	83.2（7）	75.2（7）	70.4（6）	62.4（6）	57.6（5）	49.6（5）
	2	107.2（9）	100.8（9）	96.0（8）	89.2（8）	83.2（7）	80.0（7）	75.2（7）
1800	3	96.0（8）	91.2（8）	84.8（8）	80.0（7）	73.6（7）	68.8（6）	64.0（6）
	3+3	81.6（7）	72.0（6）	65.6（6）	59.2（5）	51.2（5）	46.4（4）	38.4（4）
	3+2	86.4（8）	80.0（7）	72.0（6）	65.6（6）	59.2（5）	52.8（5）	48.0（4）
	2	102.4（9）	96.0（8）	91.2（8）	86.4（8）	81.6（7）	76.8（7）	72.0（6）
2000	3	89.6（8）	83.2（7）	78.4（7）	72.0（6）	67.2（6）	60.8（6）	57.6（5）
	3+3	72.0（6）	65.6（6）	57.6（5）	49.6（5）	43.2（4）	35.2（3）	30.4（3）
	3+2	78.4（7）	72.0（6）	64.0（6）	59.2（5）	51.2（5）	46.4（4）	38.4（4）
	2	96.0（8）	91.2（8）	84.8（8）	80.0（7）	73.6（7）	72.0（6）	65.6（6）

续表

步距 h（mm）及连墙件设置		$h=1600$，三步三跨						
横距 l_b（mm）		900	1000	1100	1200	1300	1400	1500
计算长度系数 μ		1.67	1.69	1.71	1.73	1.75	1.77	1.79
计算长度 l_0（mm）		3086.16	3123.12	3160.08	3197.04	3234.00	3270.96	3307.92
长细比 λ 值		195.33	197.67	200.01	202.34	204.68	207.02	209.36
稳定系数 φ		0.189	0.185	0.180	0.176	0.173	0.169	0.165
纵距 l_a（mm）	施工荷载（kN/m^2）	H_{s1} 值						
1200	3	96.0（8）	89.6（8）	83.2（7）	80.0（7）	75.2（7）	72.0（6）	67.2（6）
	3+3	81.6（7）	75.2（7）	68.8（6）	82.4（6）	57.6（5）	51.2（5）	46.4（4）
	3+2	84.8（8）	80.0（7）	73.5（7）	68.8（6）	62.4（6）	59.2（5）	52.8（5）
	2	99.2（9）	94.4（8）	89.6（8）	84.8（8）	81.6（7）	76.8（7）	72.0（6）
1350	3	88.0（8）	83.2（7）	78.4（7）	72.0（6）	70.4（6）	64.0（6）	59.2（5）
	3+3	73.6（7）	68.8（6）	60.8（6）	56.0（5）	49.6（5）	44.8（4）	38.4（4）
	3+2	78.4（7）	72.0（6）	67.2（6）	60.8（6）	56.0（5）	49.6（5）	46.4（4）
	2	92.8（8）	88.0（8）	83.2（7）	80.0（7）	75.2（7）	72.0（6）	67.2（6）
1500	3	83.2（7）	76.8（7）	72.0（6）	67.2（6）	62.4（6）	59.2（5）	54.4（5）
	3+3	67.2（6）	60.8（6）	54.4（5）	48.0（4）	43.2（4）	36.0（3）	32.0（3）
	3+2	72.0（6）	67.2（6）	59.2（5）	54.4（5）	49.6（5）	44.8（4）	38.4（4）
	2	88.0（8）	83.2（7）	78.4（7）	73.6（7）	72.0（6）	67.2（6）	62.6（6）
1600	3	80.0（7）	73.6（7）	68.8（6）	64.0（6）	59.2（5）	56.0（5）	51.2（5）
	3+3	62.4（6）	57.6（5）	49.6（5）	44.8（4）	38.4（4）	33.6（3）	27.2（3）
	3+2	68.8（6）	62.4（6）	57.6（5）	49.6（5）	46.4（4）	40.0（4）	35.2（3）
	2	83.2（7）	80.0（7）	73.6（7）	72.0（6）	67.2（6）	62.4（6）	59.2（5）
1700	3	75.2（7）	72.0（6）	65.6（6）	59.2（5）	57.6（5）	52.8（5）	47.4（4）
	3+3	59.2（5）	52.8（5）	48.0（4）	40.0（4）	35.2（3）	28.8（3）	24.0（2）
	3+2	65.6（6）	59.2（5）	52.8（5）	48.0（4）	41.6（4）	35.2（3）	32.0（3）
	2	81.6（7）	76.8（7）	72.0（6）	68.8（6）	64.0（6）	59.2（5）	57.6（5）
1800	3	72.0（6）	67.2（6）	62.4（6）	59.2（5）	54.4（5）	48.0（4）	46.4（4）
	3+3	56.0（5）	48.0（4）	43.2（4）	35.2（3）	32.0（3）	24.0（2）	20.8（2）
	3+2	60.8（6）	54.4（5）	48.0（4）	44.8（4）	38.4（4）	33.6（3）	27.2（3）
	2	78.4（7）	73.6（7）	68.8（6）	64.0（6）	60.8（6）	57.6（5）	52.8（5）
2000	3	67.2（6）	60.8（6）	57.6（5）	51.2（5）	48.0（4）	44.8（4）	38.4（4）
	3+3	48.0（4）	43.2（4）	35.2（3）	30.4（3）	24.0（2）	19.2（2）	11.2（2）
	3+2	56.0（5）	48.0（4）	43.2（4）	36.8（4）	33.6（3）	25.6（3）	22.4（2）
	2	72.0（6）	68.8（6）	62.4（6）	59.2（5）	56.0（5）	51.2（5）	48.0（4）

续表

步距 h（mm）及连墙件设置		$h=1700$，二步三跨						
横距 l_b（mm）		900	1000	1100	1200	1300	1400	1500
单杆计算长度系数 μ		1.47	1.40	1.51	1.53	1.55	1.57	1.59
单杆计算长度 l_0（mm）		2886.345	2925.615	2964.885	3004.155	3043.425	3082.695	3121.965
长细比 λ 值		182.68	185.17	187.65	190.14	192.62	195.11	197.59
稳定系数 φ		0.215	0.209	0.204	0.199	0.194	0.180	0.185
纵距 l_a（mm）	施工荷载（kN/m²）	H_{s1}值						
1200	3	113.9（10）	107.1（9）	100.3（9）	95.2（8）	90.1（8）	83.3（7）	79.9（7）
	3+3	98.6（9）	91.8（8）	83.3（7）	78.2（7）	71.4（6）	64.6（6）	59.5（5）
	3+2	103.7（9）	95.2（8）	90.1（8）	83.3（7）	76.5（7）	71.4（6）	66.3（6）
	2	119.0（10）	112.2（10）	107.1（9）	100.3（9）	95.2（8）	91.8（8）	86.7（8）
1350	3	107.1（9）	98.6（9）	95.2（8）	88.4（8）	83.3（7）	76.5（7）	71.4（6）
	3+3	91.8（8）	83.3（7）	76.5（7）	69.7（6）	61.2（6）	56.1（5）	49.3（5）
	3+2	95.2（8）	86.7（8）	83.3（7）	74.8（7）	69.7（6）	62.9（6）	57.8（5）
	2	110.5（10）	105.4（9）	98.6（9）	95.2（8）	88.4（8）	83.3（7）	79.9（7）
1500	3	98.6（9）	93.5（8）	86.7（8）	83.3（7）	76.5（7）	71.4（6）	66.3（6）
	3+3	83.3（7）	76.5（7）	69.7（6）	61.2（6）	56.1（5）	47.6（4）	42.5（4）
	3+2	88.4（8）	81.6（7）	74.8（7）	69.7（6）	61.2（6）	56.1（5）	49.3（5）
	2	105.4（9）	98.6（9）	93.5（8）	88.4（8）	83.3（7）	78.2（7）	73.1（7）
1600	3	95.2（8）	88.4（8）	83.3（7）	78.2（7）	71.4（6）	68.0（6）	61.2（6）
	3+3	79.9（7）	71.4（6）	64.6（6）	57.8（5）	49.3（5）	44.2（4）	37.4（4）
	3+2	83.3（7）	76.5（7）	71.4（6）	62.9（6）	59.5（5）	51.0（5）	47.6（4）
	2	100.3（9）	95.2（8）	90.1（8）	83.3（7）	79.9（7）	74.8（7）	71.4（6）
1700	3	91.8（8）	85.0（8）	79.9（7）	73.1（7）	69.7（6）	62.9（6）	59.5（6）
	3+3	74.8（7）	68.0（6）	59.5（5）	52.7（5）	47.6（4）	39.1（4）	34.0（3）
	3+2	81.6（7）	71.4（6）	66.3（6）	59.5（5）	54.4（5）	47.6（4）	42.5（4）
	2	96.9（9）	91.8（8）	85.0（8）	81.6（7）	76.5（7）	71.4（6）	68.0（6）
1800	3	86.7（8）	81.6（7）	74.8（7）	71.4（6）	64.6（6）	59.5（5）	56.1（5）
	3+3	71.4（6）	62.9（6）	56.1（5）	47.6（4）	42.5（4）	35.7（3）	28.9（3）
	3+2	76.5（7）	69.7（6）	61.2（6）	56.1（5）	49.3（5）	44.2（4）	37.4（4）
	2	93.5（8）	86.7（8）	83.3（7）	78.2（7）	71.4（6）	69.7（6）	64.6（6）
2000	3	81.6（7）	74.8（7）	69.7（6）	62.9（6）	59.5（5）	54.4（5）	47.6（4）
	3+3	62.9（6）	56.1（5）	47.6（4）	40.8（4）	35.7（3）	27.2（3）	23.8（2）
	3+2	69.7（6）	61.2（6）	56.1（5）	47.6（4）	42.5（4）	35.7（3）	32.3（3）
	2	86.7（8）	81.6（7）	76.5（7）	71.4（6）	68.0（6）	61.2（6）	59.5（5）

续表

步距 h（mm）及连墙件设置		$h=1700$，三步三跨						
横距 l_b（mm）		900	1000	1100	1200	1300	1400	1500
单杆计算长度系数 μ		1.67	1.69	1.71	1.73	1.75	1.77	1.79
单杆计算长度 l_0（mm）		3279.045	3318.315	3357.585	3396.855	3436.125	3475.395	3514.665
长细比 λ 值		207.53	210.02	212.51	214.99	217.48	219.96	222.45
稳定系数 φ		0.168	0.164	0.1605	0.157	0.1535	0.150	0.147
纵距 l_a（mm）	施工荷载（kN/m²）	H_{s1} 值						
1200	3	85.0（8）	79.9（7）	74.8（7）	71.4（6）	66.3（6）	61.2（6）	59.5（5）
	3+3	71.4（6）	64.6（6）	59.5（5）	52.7（5）	47.6（4）	42.5（4）	35.7（3）
	3+2	74.8（7）	69.7（6）	64.6（8）	59.5（5）	54.4（5）	47.6（4）	44.2（4）
	2	90.1（8）	85.0（8）	81.6（7）	76.5（7）	71.4（6）	69.7（6）	64.6（6）
1350	3	79.9（7）	73.1（7）	69.7（6）	64.6（6）	59.5（5）	56.1（5）	52.7（5）
	S+3	64.6（6）	59.5（5）	51.0（5）	47.6（4）	40.8（4）	35.6（3）	30.6（3）
	3+2	69.7（6）	62.9（6）	57.8（5）	52.7（5）	47.6（4）	44.2（4）	35.7（3）
	2	83.3（8）	79.9（7）	74.8（7）	71.4（6）	68.0（6）	62.9（6）	59.5（5）
1500	3	73.1（7）	69.7（6）	64.6（6）	59.5（5）	56.1（5）	51.0（5）	47.6（4）
	3+3	59.5（5）	51.0（5）	45.9（4）	39.1（4）	35.7（3）	28.9（3）	22.1（2）
	3+2	66.3（6）	57.8（5）	51.0（5）	47.6（4）	40.8（4）	35.7（3）	32.3（3）
	2	79.9（7）	73.1（7）	71.4（6）	66.3（6）	61.2（6）	59.5（5）	56.1（5）
1600	3	71.4（6）	64.6（6）	59.5（5）	56.1（5）	51.0（5）	47.6（4）	44.2（4）
	3+3	54.4（5）	47.6（4）	42.5（4）	35.7（3）	30.6（3）	23.8（2）	20.4（2）
	3+2	59.5（5）	54.4（5）	47.6（4）	42.5（4）	35.7（3）	32.8（3）	27.2（3）
	2	74.8（7）	71.4（6）	68.0（6）	62.9（6）	59.5（5）	56.1（5）	51.0（5）
1700	3	68.0（6）	62.9（6）	57.8（5）	52.7（5）	47.6（4）	45.9（4）	40.8（4）
	3+3	51.0（5）	44.2（4）	37.4（4）	32.3（3）	25.5（3）	22.1（2）	15.3（2）
	3+2	56.1（5）	49.3（5）	45.9（4）	37.4（4）	35.7（3）	28.9（3）	23.8（2）
	2	71.4（8）	68.0（6）	64.6（6）	59.5（5）	57.8（5）	52.7（5）	49.3（4）
1800	3	64.6（6）	59.5（5）	54.4（5）	49.3（5）	47.6（4）	42.5（4）	37.4（4）
	3+3	47.6（4）	40.8（4）	35.7（3）	28.9（3）	23.8（2）	17.0（2）	10.2（2）
	3+2	52.7（5）	47.6（4）	40.8（4）	35.7（3）	30.6（3）	23.8（2）	22.1（2）
	2	71.4（6）	66.3（6）	61.2（6）	57.8（5）	54.4（5）	49.3（5）	47.6（4）
2000	3	57.8（5）	54.4（5）	47.6（4）	45.9（4）	40.8（4）	35.7（3）	34.0（3）
	3+3	40.8（4）	35.7（3）	27.2（3）	23.8（2）	15.3（2）	8.5（2）	不可能
	3+2	47.6（4）	40.8（4）	35.7（3）	30.6（3）	23.8（2）	20.4（2）	13.6（2）
	2	64.6（6）	59.5（5）	57.8（5）	52.7（5）	47.6（4）	45.9（4）	42.5（4）

续表

步距 h（mm）及连墙件设置		$h=1800$，二步三跨						
横距 l_b（mm）		900	1000	1100	1200	1300	1400	1500
单杆计算长度系数 μ		1.47	1.49	1.51	1.53	1.55	1.57	1.59
单杆计算长度 l_0（mm）		3056.13	3097.77	3139.29	3180.87	3222.45	3264.03	3305.61
长细比 λ 值		193.4	196.1	198.7	201.3	204.0	206.6	209.2
稳定系数 φ		0.192	0.188	0.183	0.178	0.174	0.170	0.166
纵距 l_a（mm）	施工荷载（kN/m^2）	H_{s1} 值						
1200	3	102.6（9）	97.2（9）	91.8（8）	84.6（8）	81.0（7）	75.6（7）	72.0（6）
	3+3	88.2（8）	82.8（7）	73.8（7）	68.4（6）	61.2（6）	55.8（5）	48.6（5）
	3+2	93.6（8）	86.4（8）	81.0（7）	72.0（6）	68.4（6）	61.2（6）	57.6（5）
	2	108.0（9）	102.6（9）	95.4（8）	91.8（8）	86.4（8）	82.8（7）	79.2（7）
1350	3	95.4（8）	90.0（8）	82.8（7）	79.2（7）	73.6（7）	70.2（6）	64.8（6）
	3+3	81.0（7）	73.8（7）	66.6（6）	59.4（5）	54.0（5）	46.8（4）	41.4（4）
	3+2	84.6（8）	79.2（7）	72.0（6）	66.6（6）	59.4（5）	54.0（5）	48.6（5）
	2	100.8（9）	95.4（8）	90.0（8）	84.6（8）	81.0（7）	75.6（7）	70.2（6）
1500	3	90.0（8）	82.8（7）	79.2（7）	72.0（6）	68.4（6）	63.0（6）	59.4（5）
	3+3	73.8（7）	66.6（6）	59.4（5）	52.2（5）	46.8（4）	39.6（4）	34.2（3）
	3+2	79.2（7）	72.0（6）	68.4（6）	59.4（5）	54.0（5）	46.8（4）	41.4（4）
	2	95.4（8）	90.0（8）	84.6（8）	81.0（7）	75.6（7）	72.0（6）	66.6（6）
1600	3	84.6（8）	81.0（7）	73.8（7）	70.2（6）	64.8（6）	59.4（5）	55.8（5）
	3+3	70.2（6）	61.2（6）	55.8（5）	46.8（4）	41.4（4）	36.0（3）	28.8（3）
	3+2	73.8（7）	68.4（6）	61.2（6）	55.8（5）	48.6（5）	43.2（4）	37.8（4）
	2	91.8（8）	86.4（8）	82.8（7）	75.6（7）	72.0（6）	68.4（6）	63.0（6）
1700	3	82.8（7）	77.4（7）	72.0（6）	64.8（6）	59.4（5）	55.8（5）	50.4（5）
	3+3	64.8（6）	59.4（5）	50.4（5）	45.0（4）	36.0（3）	32.4（3）	23.4（2）
	3+2	72.0（6）	64.8（6）	57.6（5）	50.4（5）	46.8（4）	39.6（4）	36.0（3）
	2	88.2（8）	82.8（7）	77.4（7）	72.0（6）	68.4（6）	63.0（6）	59.4（5）
1800	3	79.2（7）	72.0（6）	68.4（6）	61.2（6）	57.6（5）	52.2（5）	46.8（4）
	3+3	61.2（6）	54.0（5）	46.8（4）	39.6（4）	34.2（3）	27.0（3）	23.4（2）
	3+2	66.6（6）	59.4（5）	54.0（5）	46.8（4）	41.4（4）	36.0（3）	30.6（3）
	2	84.6（8）	81.0（7）	73.8（7）	70.2（6）	64.8（6）	59.4（5）	57.6（5）
2000	3	72.0（6）	68.4（6）	61.2（6）	57.6（5）	50.4（5）	46.8（4）	43.2（4）
	3+3	54.0（5）	46.8（4）	39.6（4）	34.2（3）	25.2（3）	21.6（2）	12.6（2）
	3+2	59.4（5）	54.0（5）	46.8（4）	39.6（4）	36.0（3）	28.8（3）	23.4（2）
	2	79.2（7）	73.8（7）	70.2（6）	63.0（6）	59.4（5）	55.8（5）	50.4（5）

续表

步距 h（mm）及连墙件设置		$h=1800$，三步三跨						
横距 l_b（mm）		900	1000	1100	1200	1300	1400	1500
单杆计算长度系数 μ		1.67	1.69	1.71	1.73	1.75	1.77	1.79
单杆计算长度 l_0（mm）		3471.93	3513.51	3555.09	3596.67	3638.25	3679.83	3721.41
长细比 λ 值		219.7	222.4	225.0	227.6	230.3	232.9	235.5
稳定系数 φ		0.150	0.147	0.144	01404	0.1377	0.1351	0.1315
纵距 l_a（mm）	施工荷载（kN/m²）	H_{s1} 值						
1200	3	75.6（7）	72.0（6）	68.4（6）	63.0（6）	59.4（5）	55.8（5）	50.4（5）
	3+3	61.2（6）	57.6（5）	50.4（5）	45.0（4）	39.6（4）	36.0（3）	28.8（3）
	3+2	66.6（6）	61.2（6）	57.6（5）	50.4（5）	46.8（4）	41.4（4）	36.0（3）
	2	81.0（7）	77.4（7）	72.0（6）	70.2（6）	64.8（6）	61.2（6）	59.4（5）
1350	3	72.0（6）	66.6（6）	61.2（6）	57.6（5）	54.0（5）	48.6（5）	46.8（4）
	3+3	55.8（5）	48.6（5）	45.0（4）	37.8（4）	34.2（3）	27.0（3）	23.4（2）
	3+2	59.4（5）	55.8（5）	50.4（5）	45.0（4）	39.6（4）	36.0（3）	30.6（3）
	2	75.6（7）	72.0（6）	68.4（6）	63.0（6）	59.4（5）	57.6（5）	54.0（5）
1500	3	66.6（6）	61.2（6）	57.6（5）	52.2（5）	48.6（5）	45.0（4）	39.6（4）
	3+3	48.6（5）	45.0（4）	37.8（4）	32.4（3）	25.2（3）	21.6（2）	16.2（2）
	3+2	55.8（5）	48.6（5）	45.0（4）	37.8（4）	34.2（3）	28.8（3）	23.4（2）
	2	70.6（6）	68.4（6）	63.0（6）	59.4（5）	55.8（5）	52.2（5）	46.8（4）
1600	3	63.0（6）	59.4（5）	54.0（5）	48.6（5）	46.8（4）	41.4（4）	36.0（3）
	3+3	46.8（4）	39.6（4）	36.0（3）	28.8（3）	23.4（2）	18.0（2）	10.8（2）
	3+2	52.2（5）	46.8（4）	41.4（4）	34.0（3）	30.6（3）	25.2（3）	21.6（2）
	2	68.4（6）	64.8（6）	59.4（5）	57.6（5）	52.2（5）	48.6（5）	46.8（4）
1700	3	59.4（5）	55.8（5）	50.4（5）	46.8（4）	43.2（4）	37.8（4）	36.0（3）
	3+3	43.2（4）	36.0（3）	30.6（3）	23.4（2）	19.8（2）	12.6（2）	5.4（2）
	3+2	48.6（5）	41.4（4）	36.0（3）	32.4（3）	27.0（3）	23.4（2）	16.2（2）
	2	64.8（6）	61.2（6）	59.4（5）	54.0（5）	48.6（5）	46.8（4）	43.2（4）
1800	3	57.6（5）	52.2（5）	46.8（4）	45.0（4）	39.6（4）	36.0（3）	32.4（3）
	3+3	39.6（4）	34.2（3）	27.0（3）	21.6（2）	16.2（2）	9.0（2）	不可能
	3+2	45.0（4）	39.6（4）	36.0（3）	28.8（3）	23.4（2）	19.8（2）	12.6（2）
	2	63.0（6）	59.4（5）	55.8（5）	50.4（5）	46.8（4）	45.0（4）	41.4（4）
2000	3	52.2（5）	46.8（4）	43.2（4）	37.8（4）	36.0（3）	30.6（3）	27.0（3）
	3+3	34.2（3）	27.0（3）	21.6（2）	14.4（2）	7.2（2）	不可能	不可能
	3+2	39.6（4）	34.2（3）	28.8（3）	23.4（2）	18.0（2）	12.6（2）	5.4（2）
	2	59.4（5）	54.0（5）	50.4（S）	46.8（4）	43.4（4）	39.6（4）	36.0（3）

扣件式双排钢管脚手架的 H_{s2} 值（满外吊挂密目安全网） **表 3.3.7**

纵距 l_a (mm)	施工荷载 (kN/m^2)	h = 1200mm，l_b 为下值（mm）时的 H_{s2} 值（m）						
		900	1000	1100	1200	1300	1400	1500
1200	3	1.2	1.2	1.2	2.4	2.4	2.4	2.4
	3+3	3.6	3.6	3.6	4.8	4.8	4.8	6.0
	3+2	2.4	2.4	3.6	3.6	3.6	4.8	4.8
	2	1.2	1.2	1.2	1.2	1.2	1.2	1.2
1350	3	1.2	1.2	2.4	2.4	2.4	2.4	2.4
	3+3	3.6	3.6	4.8	4.8	4.8	6.0	6.0
	3+2	2.4	3.6	3.6	3.6	4.8	4.8	4.8
	2	1.2	1.2	1.2	1.2	1.2	1.2	1.2
1500	3	1.2	1.2	2.4	2.4	2.4	2.4	2.4
	3+3	3.6	3.6	4.8	4.8	6.0	6.0	6.0
	3+2	2.4	3.6	3.6	3.6	4.8	4.8	4.8
	2	1.2	1.2	1.2	1.2	1.2	1.2	1.2
1600	3	1.2	2.4	2.4	2.4	2.4	2.4	3.6
	3+3	3.6	4.8	4.8	4.8	6.0	6.0	7.2
	3+2	3.6	3.6	3.6	4.8	4.8	4.8	6.0
	2	1.2	1.2	1.2	1.2	1.2	1.2	2.4
1700	3	1.2	2.4	2.4	2.4	2.4	3.8	3.6
	3+3	3.6	4.8	4.8	6.0	6.0	7.2	7.2
	3+2	3.6	3.6	3.6	4.8	4.8	6.0	6.0
	2	1.2	1.2	1.2	1.2	1.2	2.4	2.4
1800	3	2.4	2.4	2.4	2.4	2.4	3.8	3.6
	3+3	4.8	4.8	4.8	6.0	6.0	7.2	7.2
	3+2	3.6	3.6	4.8	4.8	4.8	6.0	6.0
	2	1.2	1.2	1.2	1.2	1.2	2.4	2.4
2000	3	2.4	2.4	2.4	2.4	3.6	3.6	3.6
	3+3	4.8	4.8	6.0	6.0	7.2	7.2	8.4
	3+2	3.6	3.6	4.8	4.8	6.0	6.0	6.0
	2	1.2	12	1.2	1.2	2.4	2.4	2.4

续表

纵距 l_a (mm)	施工荷载 (kN/m^2)	$h=1350$mm，l_b 为下值（mm）时的 H_{s2} 值（m）						
		900	1000	1100	1200	1300	1400	1500
1200	3	1.35	1.35	1.35	1.35	2.7	2.7	2.7
	3+3	2.7	4.05	4.05	4.05	5.4	5.4	5.4
	3+2	2.7	2.7	4.05	4.05	4.05	4.05	5.4
	2	1.35	1.35	1.35	1.35	1.35	1.35	1.35
1350	3	1.35	1.35	1.35	2.7	2.7	2.7	2.7
	3+3	4.05	4.05	4.05	5.4	5.4	6.75	6.75
	3+2	2.7	2.7	4.05	4.05	4.05	5.4	5.4
	2	1.35	1.35	1.35	1.35	1.35	1.35	1.35
1500	3	1.35	1.35	2.7	2.7	2.7	2.7	2.7
	3+3	4.05	4.05	5.4	5.4	5.4	6.75	6.75
	3+2	2.7	4.05	4.05	4.05	5.4	5.4	5.4
	2	1.35	1.35	1.35	1.35	1.35	1.35	2.7
1600	3	1.35	1.35	2.7	2.7	2.7	2.7	2.7
	3+3	4.05	4.05	5.4	5.4	6.75	6.75	6.75
	3+2	2.7	4.05	4.05	4.05	5.4	5.4	5.4
	2	1.35	1.35	1.35	1.35	1.35	1.35	2.70
1700	3	1.35	2.7	2.7	2.7	2.7	2.7	4.05
	3+3	4.05	5.4	5.4	5.4	6.75	6.75	8.10
	3+2	4.05	4.05	4.05	5.4	5.4	5.4	6.75
	2	1.35	1.35	1.35	1.35	1.35	1.35	2.7
1800	3	1.35	2.7	2.7	2.7	2.7	2.7	4.05
	3+3	4.05	5.4	5.4	6.75	6.75	6.75	8.10
	3+2	4.05	4.05	4.05	5.4	5.4	5.4	6.75
	2	1.35	1.35	1.35	1.35	1.35	1.35	2.7
2000	3	2.7	2.7	2.7	2.7	2.7	4.05	4.05
	3+3	5.4	5.4	5.4	6.75	6.75	8.10	8.10
	3+2	4.05	4.05	5.4	5.4	5.4	6.75	6.75
	2	1.35	1.35	1.35	1.35	1.35	2.7	2.7

续表

纵距 l_a（mm）	施工荷载（kN/m²）	$h=1500$mm，l_b 为下值（mm）时的 H_{s2} 值（m）						
		900	1000	1100	1200	1300	1400	1500
1200	3	1.5	1.5	1.5	1.5	3.0	3.0	3.0
	3+3	3.0	4.5	4.5	4.5	6.0	6.0	6.0
	3+2	3.0	3.0	3.0	4.5	4.5	4.5	4.5
	2	1.5	1.5	1.5	1.5	1.5	1.5	1.5
1350	3	1.5	1.5	1.5	3.0	3.0	3.0	3.0
	3+3	4.5	4.5	4.5	6.0	6.0	6.0	7.5
	3+2	3.0	3.0	4.5	4.5	4.5	6.0	6.0
	2	1.5	1.5	1.5	1.5	1.5	1.5	1.5
1500	3	1.5	1.5	3.0	3.0	3.0	3.0	3.0
	3+3	4.5	4.5	6.0	6.0	6.0	7.5	7.5
	3+2	3.0	4.5	4.5	4.5	4.5	6.0	6.0
	2	1.5	1.5	1.5	1.5	1.5	1.5	1.5
1600	3	1.5	1.5	3.0	3.0	3.0	3.0	3.0
	3+3	4.5	4.5	6.0	6.0	6.0	7.5	7.5
	3+2	3.0	4.5	4.5	4.5	6.0	6..0	6.0
	2	1.5	1.5	1.5	1.5	1.5	1.5	1.5
1700	3	1.5	1.5	3.0	3.0	3.0	3.0	3.0
	3+3	4.5	4.5	6.0	6.0	7.5	7.5	7.5
	3+2	3.0	4.5	4.5	4.5	6.0	6.0	6.0
	2	1.5	1.5	1.5	1.5	1.5	1.5	1.5
1800	3	1.5	3.0	3.0	3.0	3.0	3.0	4.5
	3+3	4.5	6.0	6.0	6.0	7.5	7.5	9.0
	3+2	4.5	4.5	4.5	6.0	6.0	6.0	7.5
	2	1.5	1.5	1.5	1.5	1.5	1.5	3.0
2000	3	1.5	3.0	3.0	3.0	3.0	4.5	4.5
	3+3	4.5	6.0	6.0	7.5	7.5	9.0	9.0
	3+2	4.5	4.5	6.0	6.0	6.0	7.5	7.5
	2	1.5	1.5	1.5	1.5	1.5	3.0	3.0

续表

纵距 l_a (mm)	施工荷载 (kN/m²)	$h=1600$mm，l_b 为下值（mm）时的 H_{s2} 值（m）						
		900	1000	1100	1200	1300	1400	1500
1200	3	1.6	1.6	1.6	1.6	3.2	3.2	3.2
	3+3	3.2	4.8	4.8	4.8	6.4	6.4	6.4
	3+2	3.2	3.2	3.2	4.8	4.8	4.8	4.8
	2	1.6	1.6	1.6	1.6	1.6	1.6	1.6
1350	3	1.6	1.6	1.6	3.2	3.2	3.2	3.2
	3+3	4.8	4.8	4.8	6.4	6.4	6.4	8.0
	3+2	3.2	3.2	4.8	4.8	4.8	4.8	6.4
	2	1.6	1.6	1.6	1.6	1.6	1.6	1.6
1500	3	1.6	1.6	1.6	3.2	3.2	3.2	3.2
	3+3	4.8	4.8	4.8	6.4	6.4	8.0	8.0
	3+2	3.2	3.2	4.8	4.8	4.8	6.4	6.4
	2	1.6	1.6	1.6	1.6	1.6	1.6	1.6
1600	3	1.6	1.6	3.2	3.2	3.2	3.2	3.2
	3+3	4.8	4.8	6.4	6.4	8.0	8.0	8.0
	3+2	3.2	4.8	4.8	4.8	6.4	6.4	6.4
	2	1.6	1.6	1.6	1.6	1.6	1.6	1.6
1700	3	1.6	1.6	3.2	3.2	3.2	3.2	3.2
	3+3	4.8	4.8	6.4	6.4	8.0	8.0	8.0
	3+2	3.2	4.8	4.8	4.8	6.4	6.4	6.4
	2	1.6	1.6	1.6	1.6	1.6	1.6	1.6
1800	3	1.6	1.6	3.2	3.2	3.2	3.2	3.2
	3+3	4.8	4.8	6.4	6.4	8.0	8.0	8.0
	3+2	3.2	4.8	4.8	4.8	6.4	6.4	6.4
	2	1.6	1.6	1.6	1.6	1.6	1.6	1.6
2000	3	1.6	3.2	3.2	3.2	3.2	3.2	4.8
	3+3	4.8	6.4	6.4	8.0	8.0	8.0	9.6
	3+2	4.8	4.8	4.8	6.4	6.4	6.4	8.0
	2	1.6	1.6	1.6	1.6	1.6	1.6	3.2

续表

纵距 l_a（mm）	施工荷载（kN/m^2）	$h=1700mm$，l_b 为下值（mm）时的 H_{s2} 值（m）						
		900	1000	1100	1200	1300	1400	1500
1200	3	1.7	1.7	1.7	1.7	1.7	3.4	3.4
	3+3	3.4	5.1	5.1	5.1	5.1	6.8	6.8
	3+2	3.4	3.4	3.4	5.1	5.1	5.1	5.1
	2	1.7	1.7	1.7	1.7	1.7	1.7	1.7
1350	3	1.7	1.7	1.7	1.7	3.4	3.4	3.4
	3+3	3.4	5.1	5.1	5.1	6.8	6.8	6.8
	3+2	3.4	3.4	3，4	5.1	5.1	5.1	6.8
	2	1.7	1.7	1.7	1.7	1.7	1.7	1.7
1500	3	1.7	1.7	1.7	3.4	3.4	3.4	3.4
	3+3	5.1	5.1	5.1	6.8	6.8	6.8	8.5
	3+2	3.4	3.4	5.1	5.1	5.1	6.8	6.8
	2	1.7	1.7	1.7	1.7	1.7	1.7	1.7
1600	3	1.7	1.7	1.7	3.4	3.4	3.4	3.4
	3+3	5.1	5.1	5.1	6.8	6.8	8.5	8.5
	3+2	3.4	5.1	5.1	5.1	5.1	6.8	6.8
	2	1.7	1.7	1.7	1.7	1.7	1.7	1.7
1700	3	1.7	1.7	3.4	3.4	3.4	3.4	3.4
	3+3	5.1	5.1	6.8	6，8	6.8	8.5	8.5
	3+2	3.4	5.1	5.1	5.1	6.8	6.8	6.8
	2	1.7	1.7	1.7	1.7	1.7	1.7	1.7
1800	3	1.7	1.7	3.4	3.4	3.4	3.4	3.4
	3+3	5.1	5.1	6.8	6.8	8.5	8.5	8.5
	3+2	3.4	5.1	5.1	5.1	6.8	6.8	6.8
	2	1.7	1.7	1.7	1.7	1.7	1.7	1.7
2000	3	1.7	3.4	3.4	3.4	3.4	3.4	5.1
	3+3	5.1	6.8	6.8	6.8	8.5	8.5	10.2
	3+2	5.1	5.1	5.1	6.8	6.8	6.8	8.5
	2	1.7	1.7	1.7	1.7	1.7	1.7	3.4

续表

纵距 l_a（mm）	施工荷载（kN/m²）	h=1800mm，l_b 为下值（mm）时的 H_{s2} 值（m）						
		900	1000	1100	1200	1300	1400	1500
1200	3	1.8	1.8	1.8	1.8	1.8	3.6	3.6
	3+3	3.6	3.6	5.4	5.4	5.4	7.2	7.2
	3+2	3.6	3.6	3.6	3.6	5.4	5.4	5.4
	2	1.8	1.8	1.8	1.8	1.8	1.8	1.8
1350	3	1.8	1.8	1.8	1.8	3.6	3.6	3.6
	3+3	3.6	5.4	5.4	5.4	7.2	7.2	7.2
	3+2	3.6	3.6	3.6	5.4	5.4	5.4	5.4
	2	1.8	1.8	1.8	1.8	1.8	1.8	1.8
1500	3	1.8	1.8	1.8	3.6	3.6	3.6	3.6
	3+3	5.4	5.4	5.4	7.2	7.2	7.2	9.0
	3+2	3.6	3.6	5.4	5.4	54	5.4	7.2
	2	1.8	1.8	1.8	1.8	1.8	1.8	1.8
1600	3	1.8	1.8	1.8	3.6	3.6	3.6	3.6
	3+3	5.4	5.4	5.4	7.2	7.2	7.2	9.0
	3+2	3.6	3.6	5.4	5.4	5.4	7.2	7.2
	2	1.8	1.8	1.8	1.8	1.8	1.8	1.8
1700	3	1.8	1.8	3.6	3.6	3.6	3.6	3.6
	3+3	5.4	5.4	7.2	7.2	7.2	9.0	9.0
	3+2	3.6	5.4	5.4	5.4	7.2	7.2	7.2
	2	1.8	1.8	1.8	1.8	1.8	1.8	1.8
1800	3	1.8	1.8	3.6	3.6	3.6	3.6	3.6
	3+3	5.4	5.4	7.2	7.2	7.2	9.0	9.0
	3+2	3.6	5.4	5.4	5.4	7.2	7.2	7.2
	2	1.8	1.8	1.8	1.8	1.8	1.8	1.8
2000	3	1.8	3.6	3.6	3.6	3.6	3.6	5.4
	3+3	5.4	7.2	7.2	7.2	9.0	9.0	10.8
	3+2	5.4	5.4	5.4	7.2	7.2	7.2	9.0
	2	1.8	1.8	1.8	1.8	1.8	1.8	3.6

单管立杆扣件式钢管双排脚手架 H_{s3} 计算系数 ψ（满外吊挂密目安全网）　表 3.3.8

步距 h（mm）及连墙件设置	h=1200，二步三跨						
横距 l_b（mm）	900	1000	1100	1200	1300	1400	1500
稳定系数 φ	0.401	0.391	0.386	0.376	0367	0.357	0.353
纵距 l_a（mm）	H_{s3} 计算系数 ψ（ψ = 表值 ×10^{-4}）						
1200	2.126	2.073	2.047	1.993	1.946	1.893	1.872
1350	2.040	1.989	1.963	1.913	1.867	1.816	1.796
1500	1.960	1.911	1.887	1.838	1.794	1.745	1.726
1600	1.910	1.863	1.839	1.791	1.748	1.701	1.681
1700	1.863	1.816	1.793	1.746	1.705	1.658	1.640
1800	1.817	1.772	1.749	1.704	1.663	1.618	1.600
2000	1.734	1.691	1.669	1.626	1.587	1.544	1.526
步距 h（mm）及连墙件设置	h=1200，三步三跨						
横距 l_b（mm）	900	1000	1100	1200	1300	1400	1500
稳定系数 φ	0.322	0.315	0.308	0.302	0.296	0.290	0.284
纵距 l_a（mm）	H_{s3} 计算系数 ψ（ψ = 表值 ×10^{-4}）						
1200	1.707	1.670	1.633	1.601	1.569	1.536	1.506
1350	1.638	1.502	1.567	1.536	1.506	1.475	1.445
1500	1.574	1.540	1.506	1.476	1.447	1.418	1.388
1600	1.534	1.500	1.467	1.439	1.410	1.381	1.353
1700	1.496	1.463	1.431	1.403	1.375	1.347	1.319
1800	1.459	1.428	1.396	1.369	1.341	1.314	1.287
2000	1.392	1.362	1.332	1.306	1.280	1.254	1.228
步距 h（mm）及连墙件设置	h=1350，二步三跨						
横距 l_b（mm）	900	1000	1100	1200	1300	1400	1500
稳定系数 φ	0.328	0.320	0.312	0.305	0.298	0.291	0.284
纵距 l_a（mm）	H_{s3} 计算系数 ψ（ψ = 表值 ×10^{-4}）						
1200	1.875	1.830	1.784	1.744	1.704	1.664	1.624
1350	1.800	1.756	1.712	1.673	1.635	1.597	1.558
1500	1.730	1.688	1.645	1.583	1.572	1.535	1.498
1600	1.687	1.646	1.605	1.569	1.533	1.497	1.461
1700	1.646	1.606	1.566	1.531	1.496	1.460	1.425
1800	1.607	1.568	1.529	1.495	1.460	1.426	1.392
2000	1.535	1.498	1.460	1.427	1.395	1.362	1.329

续表

步距 h（mm）及连墙件设置	$h=1350$，三步三跨						
横距 l_b（mm）	900	1000	1100	1200	1300	1400	1500
稳定系数 φ	0.260	0.254	0.249	0.243	0.238	0.233	0.228
纵距 l_a（mm）	H_{s3} 计算系数 ψ（ψ = 表值 $\times 10^{-4}$）						
1200	1.487	1.452	1.424	1.389	1.361	1.332	1.304
1350	1.427	1.394	1.366	1.333	1.306	1.278	1.251
1500	1.371	1.340	1.313	1.282	1.255	1.229	1.202
1600	1.337	1.306	1.281	1.250	1.224	1.198	1.173
1700	1.305	1.275	1.250	1.220	1.194	1.169	1.144
1800	1.274	1.245	1.220	1.191	1.166	1.142	1.117
2000	1.217	1.189	1.165	1.137	1.114	1.090	1.067
步距 h（mm）及连墙件设置	$h=1500$，二步三跨						
横距 l_b（mm）	900	1000	1100	1200	1300	1400	1500
稳定系数 φ	0.270	0.264	0.257	0.251	0.245	0.239	0.234
纵距 l_a（mm）	H_{s3} 计算系数 ψ（ψ = 表值 $\times 10^{-4}$）						
1200	1.647	1.610	1.568	1.531	1.495	1.458	1.427
1350	1.581	1.545	1.505	1.470	1.435	1.400	1.371
1500	1.521	1.487	1.448	1.414	1.380	1.346	1.318
1600	1.484	1.451	1.412	1.379	1.346	1.313	1.286
1700	1.450	1.418	1.381	1.348	1.316	1.284	1.257
1800	1.415	1.383	1.347	1.315	1.284	1.252	1.226
2000	1.352	1.322	1.287	1.257	1.227	1.197	1.172
步距 h（mm）及连墙件设置	$h=1500$，二步三跨						
横距 l_b（mm）	900	1000	1100	1200	1300	1400	1500
稳定系数 φ	0.214	0.208	0.204	0.200	0.195	0.191	0.187
纵距 l_a（mm）	H_{s3} 计算系数 ψ（ψ = 表值 $\times 10^{-4}$）						
1200	1.305	1.269	1.244	1.222	1.190	1.165	1.141
1350	1.253	1.218	1.195	1.171	1.142	1.119	1.095
1500	1.206	1.172	1.149	1.127	1.098	1.076	1.053
1600	1.176	1.143	1.121	1.099	1.071	1.050	1.028
1700	1.150	1.117	1.096	1.074	1.047	1.026	1.004
1800	1.121	1.090	1.069	1.048	1.022	1.001	0.980
2000	1.072	1.042	1.021	1.001	0.976	0.956	0.936

续表

步距 h（mm）及连墙件设置	$h=1600$，二步三跨						
横距 l_b（mm）	900	1000	1100	1200	1300	1400	1500
稳定系数 φ	0.240	0.234	0.228	0.223	0.217	0.212	0.207
纵距 l_a（mm）	H_{s3} 计算系数 ψ（ψ = 表值 $\times 10^{-4}$）						
1200	1.514	1.476	1.438	1.407	1.369	1.337	1.306
1350	1.455	1.418	1.382	1.352	1.315	1.285	1.255
1500	1.400	1.365	1.330	1.301	1.266	1.236	1.207
1600	1.366	1.332	1.297	1.269	1.235	1.206	1.178
1700	1.333	1.300	1.267	1.239	1.205	1.178	1.150
1800	1.302	1.270	1.237	1.210	1.177	1.150	1.123
2000	1.245	1.214	1.183	1.157	1.126	1.100	1.074
步距 h（mm）及连墙件设置	$h=1600$，三步三跨						
横距 l_b（mm）	900	1000	1100	1200	1300	1400	1500
稳定系数 φ	0.189	0.185	0.180	0.176	0.173	0.169	0.165
纵距 l_a（mm）	H_{s3} 计算系数 ψ（ψ = 表值 $\times 10^{-4}$）						
1200	1.192	1.167	1.135	1.110	1.091	1.066	1.041
1350	1.146	1.121	1.091	1.067	1.049	1.024	1.000
1500	1.102	1.079	1.050	1.027	1.009	0.986	0.962
1600	1.075	1.053	1.024	1.002	0.984	0.962	0.939
1700	1.050	1.028	1.000	0.978	0.961	0.939	0.917
1800	1.026	1.004	0.977	0.955	0.939	0.917	0.895
2000	0.980	0.960	0.934	0.913	0.897	0.877	0.856
步距 h（mm）及连墙件设置	$h=1700$，二步三跨						
横距 l_b（mm）	900	1000	1100	1200	1300	1400	1500
稳定系数 φ	0.215	0.209	0.204	0.199	0.194	0.189	0.185
纵距 l_a（mm）	H_{s3} 计算系数 ψ（ψ = 表值 $\times 10^{-4}$）						
1200	1.404	1.365	1.332	1.300	1.267	1.234	1.208
1350	1.350	1.312	1.281	1.250	1.218	1.187	1.162
1500	1.300	1.264	1.233	1.203	1.173	1.143	1.119
1600	1.268	1.233	1.204	1.174	1.145	1.115	1.091
1700	1.238	1.204	1.175	1.146	1.117	1.089	1.066
1800	1.210	1.176	1.148	1.120	1.092	1.063	1.041
2000	1.157	1.125	1.098	1.071	1.044	1.017	0.996

续表

步距 h（mm）及连墙件设置	$h=1700$，三步三跨						
横距 l_b（mm）	900	1000	1100	1200	1300	1400	1500
稳定系数 φ	0.168	0.164	0.1605	0.157	0.1535	0.150	0.147
纵距 l_a（mm）	H_{s3} 计算系数 ψ（ψ = 表值 $\times 10^{-4}$）						
1200	1.097	1.071	1.048	1.025	1.002	0.980	0.960
1350	1.055	1.028	1.008	0.986	0.964	0.942	0.923
1500	1.016	0.992	0.970	0.949	0.928	0.907	0.889
1600	0.991	0.968	0.947	0.926	0.906	0.885	0.867
1700	0.968	0.945	0.924	0.904	0.884	0.864	0.847
1800	0.945	0.923	0.903	0.883	0.864	0.844	0.827
2000	0.904	0.883	0.864	0.844	0.826	0.807	0.791
步距 h（mm）及连墙件设置	$h=1800$，二步三跨						
横距 l_b（mm）	900	1000	1100	1200	1300	1400	1500
稳定系数 φ	0.192	0.188	0.183	0.178	0.174	0.170	0.166
纵距 l_a（mm）	H_{s3} 计算系数 ψ（ψ = 表值 $\times 10^{-4}$）						
1200	1.300	1.273	1.239	1.205	1.178	1.151	1.124
1350	1.251	1.225	1.192	1.159	1.133	1.107	1.081
1500	1.205	1.180	1.149	1.117	1.092	1.067	1.042
1600	1.176	1.151	1.121	1.090	1.066	1.041	1.017
1700	1.148	1.124	1.094	1.065	1.041	1.017	0.993
1800	1.122	1.098	1.069	1.040	1.017	0.993	0.970
2000	1.073	1.051	1.023	0.995	0.973	0.950	0.928
步距 h（mm）及连墙件设置	$h=1800$，三步三跨						
横距 l_b（mm）	900	1000	1100	1200	1300	1400	1500
稳定系数 φ	0.150	0.147	0.144	0.1404	0.1377	0.1351	0.1315
纵距 l_a（mm）	H_{s3} 计算系数 ψ（ψ = 表值 $\times 10^{-4}$）						
1200	1.015	0.995	0.975	0.950	0.932	0.915	0.890
1350	0.977	0.958	0.938	0.915	0.897	0.880	0.857
1500	0.941	0.923	0.904	0.881	0.864	0.848	0.825
1600	0.919	0.900	0.882	0.860	0.843	0.827	0.805
1700	0.897	0.879	0.861	0.840	0.823	0.808	0.786
1800	0.876	0.859	0.841	0.820	0.805	0.789	0.768
2000	0.839	0.822	0.805	0.785	0.770	0.755	0.735

3.3.4 脚手架搭设高度及系数表的应用

运用表3.3.6、表3.3.7、表3.3.8 和表3.3.3、表3.3.4、表3.3.5，可为脚手架搭设方案的设计，提供可靠而又较为准确的依据，依此选定的方案，是较经济、很安全的，是无需验算的，选定过程的计算工作很少、很省时。

选定方法和步骤如下：

(1) 根据建筑物特征、使用特点、围护设施的有无，确定步距 h 和横距 l_b。

(2) 初选一个纵距 l_a，然后从表3.3.6（表3.3.3）和表3.3.7（表3.3.4）查取 H_{s1} 和 H_{s2}。

(3) 依据确定的 h 和初选的 l_a，计算风荷载体型系数 μ_s，对于敞开式脚手架，μ_s 可依第2.2.3 条2 款规定计算。

(4) 依据选定的 h，从表2.3.1 查取弯矩系数 K_n（m^2），再按式2.3.2 计算由风荷载设计值产生的弯矩 M_w。

(5) 根据选定的 h 值和初选的 l_a，从表3.3.8（表3.3.5）查取 H_{s3}、计算系数 ψ 按式3.3.10 计算 H_{s3}值。

(6) 按下式计算架体有效高度 H_s：$H_s = H_{s1} + H_{s2} - H_{s3}$，如 H_s 符合使用要求即选定成功，否则，应调整 l_a（或 h、l_b），重复上述计算方法和步骤，直至符合需要为止。

《建筑施工扣件式钢管脚手架安全技术规范》（JGJ 130—2001）所提供的立杆计算公式（包括与之相关的计算公式）和调整式，乃至计算长度系数 μ，均存在着值得商榷之处，所以，按这套计算程序所得的计算结果，就必须遵守［H］不宜超过50m 的规定，否则，脚手架的安全度就会被质疑。

表3.3.3、表3.3.4、表3.3.5 和表3.3.6、表3.3.7、表3.3.8 均是按 JGJ 130—2011 所提供的计算公式计得的，所以必须遵守［H］不宜超过50m 的规定。

【例3.3】某建筑物为框架剪力墙结构，10 层，每层高3.6m，室内外高差为0。建筑物地处城市郊区，无高大建筑物地段，当地基本风压为0.35kN/m²。使用要求：作为结构脚手架使用，后期将同时作为装饰脚手架使用。

解：方案选择：

(1) 当扫地杆设于离地200mm 时，为使连墙件能与建筑物直接连接，而不另设连墙杆以外的其他连接件，确定 $h = 1200$mm。围护措施拟采用满挂密目安全网；确定 $l_b = 1200$mm 拟采用扣件式双排钢管落地脚手架，要求脚手架架体有效搭设高度36m。连墙件设置拟采用二步三跨。

(2) 初选 $l_a = 1600$mm

从表3.3.6 查得：$H_{s1} = 122.4$m，从表3.3.7 查得：$H_{s2} = 4.8$m

(3) 查表2.2.6 得，脚手架挡风系数 $\varphi = 0.8$，$\mu_s = 1.3\varphi = 1.04$

(4) 从表2.3.1 查得，$K_n = 0.2728$（地面粗糙类别取为B）

已知 $w_0 = 0.35\text{kN/m}^2 = 350\text{N/m}^2$

$$M_w = K_n w_0 \mu_s l_a = 0.2728 \times 350 \times 1.04 \times 1.600 = 158890\text{N} \cdot \text{mm}$$

（5）从表3.3.8查得，$\psi = 1.439 \times 10^{-4}$，

$$H_{s3} = \psi M_w = 1.439 \times 10^{-4} \times 158890 = 22.9\text{m}$$

因 $h = 1.6\text{m}$，所以取定 $H_{s3} = 24\text{m}$

（6）计算 H_s，并确定 $[H]$

$$H_s = H_{s1} + H_{s2} - H_{s3} = 122.4 + 4.8 - 24 = 103.2\text{m}$$

$$[H] = \frac{H_s}{1 + 0.001H_s} = \frac{103.2}{1.048} = 98.5\text{m}$$

取定 $[H] = 50\text{m}$，与所需架体有效高度44.8m相符，则所确定的 $h = 1200\text{mm}$，$l_b = 1200\text{mm}$，初选的 $l_a = 1600\text{mm}$ 均可作为最终选定设计尺寸。

3.4　立杆局部稳定计算

3.4.1　立杆局部稳定问题

在第3.3节中，我们对扣件式钢管脚手架（重点是双排脚手架）整体稳定性的计算作了详细的介绍。虽然其计算公式的表达方式表现为对单根立杆的计算，但由于 μ 值是根据脚手架的整体试验结果确定的，所以，在实际上是对脚手架整体稳定的计算。

（1）失稳形式

整体失稳时，脚手架的内、外立杆与横向水平杆组成的横向框架整体沿垂直于建筑物立面的方向发生大波挠曲，波长大于步距，并与连墙件的竖向间距有关。内、外立杆的挠曲方向基本一致，波形也很相似。这是脚手架失稳的主要破坏形式。实际上，脚手架立杆还可能出现另一种失稳形式：局部失稳。

局部失稳时，立杆在步距间发生小波挠曲，挠曲方向是任意的，可能是单立杆挠曲，也可能是多根立杆挠曲，与各立杆受力状态有关；当多立杆几乎同时失稳时，各立杆的挠曲方向不一定相同。立杆局部失稳后，由于已失稳的立杆卸载而使相邻立杆承受过大的荷载，从而引起相邻立杆的相继失稳，导致整个脚手架破坏。

（2）失稳原因

造成局部失稳的原因，一是个别立杆的初弯曲过大，或者是初偏心过大；二是局部集中荷载过大。初弯曲过大或初偏心过大，纯属人为因素，应通过严格地管理加以控制；局部荷载过大在特定条件下却是无法避免的，需以科学地预判为前提，通过局部稳定计算，预先采取有效措施予以防止。

整体失稳是脚手架立杆破坏的主要形式，局部失稳是立杆破坏的又一形式，同样应给予必要的重视。

脚手架立杆整体稳定计算中，施工荷载是按均布荷载看待的，且有规定的标准值；内外立杆 g_K 的值是按平均值取值的。但这只是一种近似取值法。因为在脚手架上部，架体的自重及脚手架配件的自重还很小，在规定的取值范围内，脚手架的安全是有保证的；到了下部，经过七步以上的传递和再分配后，下部立杆所受的荷载便趋向平均了。所以，等效地将施工荷载视为均布荷载，而将内、外立杆的 g_K 按平均值取值，均是既

简便、又可靠、又是有足够的近似性的。但是，如果由于某种特定原因，脚手架的某个局部不可避免地需要承受超乎正常使用状态的荷载时，情况就不同了。此时，即应对脚手架进行局部稳定验算，必要时，尚应根据实际荷载状况，重新对脚手架立杆进行整体稳定计算。

3.4.2 局部稳定计算

(1) 计算部位：

脚手架第七步（自上向下数）下端。

(2) 立杆的局部稳定应按公式（3.4.1)、公式（3.4.2）计算：不组合风荷载时，$\frac{N}{\varphi A} \leqslant f$；组合风荷载时，$\frac{N}{\varphi A} + \frac{M_{w}}{W\left(1 - \frac{N}{N'_{EX}}\varphi\right)} \leqslant f$

(3) N 值计算。

N 值计算的方法类同第 3.3.1 条第 2 款第（2）项，但在计算 N_{G1K}，g_K 的取值与 3.3.1 条第 2 款有所不同；在计算 $\sum N_{QK}$ 时，对施工荷载的取值也与第 3.3.1 条第 2 款不同。

具体如下述：

①超常荷载作用于一般跨（纵距）间时，外排立杆的 g_K 应按表 2.1.1 中单排架每米承受的结构自重标准值取值；内排立杆的 g_K 应按表 2.1.1 中双排架每米立杆承受的结构自重标准值取值。

②当超常荷载作用于设横向斜撑的立杆上时，外排立杆的 g_K 应按表 2.1.2 取值；内排立杆的 g_K 按下式计算取值：$g_K = g_{K1} - (g_{K2} - g_{K3})$

式中 g_{K1} ——按表 2.1.2 查得的 g_K 值，应化为单位（kN/m）；

g_{K2} ——按表 2.1.1 查得的相应单排脚手架的 g_K 值（kN/m）；

g_{K3} ——按表 2.1.1 查得的相应双排手架的 g_K 值（kN/m）。

③$\sum N_{QK}$—实际使用荷载（含施工荷载标准值）在所计算的立杆上产生的轴向力总和。计算时，应按实际荷载的分布情况分不同立杆分别予以计算；非超常使用荷载所在的作业层，仍按施工荷载标准值计算。

(4) M_w 的计算与第 3.3.1 条第 3 款相同。

(5) N'_{EX} 的计算。式（3.4.2）中，N'_{EX} 为参数，按下式计算：

$$N'_{EX} = \frac{\pi^2 EA}{1.165\lambda^2}$$

(6) φ 值的求取。

第 1 步：求立杆的计算长度系数 μ。

表 3.3.1 中的 μ 值，是由双排脚手架的整体试验确定的，所以不能适用于立杆的局部稳定计算。计算立杆的局部稳定时，μ 值应按表 3.4.1 采用。

第 2 步，求 l_0 和 λ。

$$l_0 = \mu h, \lambda = \frac{l_0}{i}$$

第3步，求φ值。

稳定系数φ值，按表3.3.2采用。

有侧移钢管脚手架立杆的计算长度系数μ **表3.4.1**

K_2 \ K_1	0	0.05	0.1	0.2	0.3	0.4	0.5	1	2	3	4	5	≥10
0	∞	6.02	4.46	3.42	3.01	2.78	2.64	2.33	2.17	2.11	2.08	2.07	2.03
0.05	6.02	4.16	3.47	2.86	2.58	2.42	2.31	2.07	1.94	1.90	1.87	1.86	1.83
0.1	4.46	3.47	3.01	2.56	2.33	2.20	2.11	1.90	1.79	1.75	1.73	1.72	1.70
0.2	3.42	2.86	2.56	2.23	2.05	1.94	1.87	1.70	1.60	1.57	1.55	1.54	1.52
0.3	3.01	2.58	2.33	2.05	1.90	1.80	1.74	1.58	1.49	1.46	1.45	1.44	1.42
0.4	2.78	2.42	2.20	1.94	1.80	1.71	1.65	1.50	1.42	1.39	1.37	1.37	1.35
0.5	2.64	2.31	2.11	1.87	1.74	1.65	1.59	1.45	1.37	1.34	1.32	1.32	1.30
1	2.33	2.07	1.90	1.70	1.58	1.50	1.45	1.32	1.24	1.21	1.20	1.19	1.17
2	2.17	1.94	1.79	1.60	1.49	1.42	1.37	1.24	1.16	1.14	1.12	1.12	1.10
3	2.11	1.90	1.75	1.57	1.46	1.39	1.34	1.21	1.14	1.11	1.10	1.09	1.07
4	2.08	1.87	1.73	1.55	1.45	1.37	1.32	1.20	1.12	1.10	1.08	1.08	1.06
5	2.07	1.86	1.72	1.54	1.44	1.37	1.32	1.19	1.12	1.09	1.08	1.07	1.05
≥10	2.03	1.83	1.70	1.52	1.42	1.35	1.30	1.17	1.10	1.07	1.06	1.05	1.03

注：1. 表中的计算长度μ值系按下式算得：$\left[36K_1-\left(\frac{\pi}{\mu}\right)^2\right]\sin\frac{\pi}{\mu}+6(K_1+K_2)\frac{\pi}{\mu}\cos\frac{\pi}{\mu}=0$；

2. 对于扣件式双排钢管脚手架，K_1、K_2可以按下列计算公式计算：

K_1：角立杆，$K_1=\frac{2}{3}\cdot\frac{l_a+l_b}{l_a\cdot l_b}\cdot\frac{h\cdot h_{上}}{h+h_{上}}$

其余立杆，$K_1=\frac{2}{3}\cdot\frac{l_{a左}l_a+l_{a右}l_b+l_{a右}l_b}{l_{a左}l_{a右}l_b}\cdot\frac{h\cdot h_{上}}{h+h_{上}}$

设有扫地杆时，首步脚手架K_2的计算公式：

角立杆 $K_2=\frac{2}{3}\cdot\frac{l'_a+l'_b}{l'_al'_b}\cdot\frac{0.2h}{h+0.2}$

其余立杆 $K_2=\frac{2}{3}\cdot\frac{l'_{a左}l'_{a右}+l'_{a左}l'_{b右}+l'_{a右}l'_b}{l'_{a左}l'_{a右}l'_b}\cdot\frac{0.2h}{h+0.2}$

未设扫地杆时，首步脚手架的K_2的计算公式：

当立杆与基础铰接时，$K_2=0$（对平板基座可取$K_2=0.1$）；当立杆与基座刚接时，$K_2=10$。

其他各步脚手架的K_2计算式：

角立杆 $K_2=\frac{2}{3}\cdot\frac{l'_a+l'_b}{l'_al'_b}\cdot\frac{h\cdot h_{下}}{h+h_{下}}$

其余立杆 $K_2=\frac{2}{3}\cdot\frac{l'_{a左}l'_{a右}+l'_{a左}l'_b+l'_{a右}l'_b}{l'_{a左}l'_{a右}l'_b}\cdot\frac{h\cdot h_{下}}{h+h_{下}}$

式中 h、$h_{上}$、$h_{下}$——分别为计算立杆段自身、上一步、下一步的立杆长度；

l_a、$l_{a左}$、$l_{a右}$、l_b——分别为所计算立杆段上端的纵向、左侧纵向、右侧纵向、横向水平杆长度；

l'_a、$l'_{a左}$、$l'_{a右}$、l'_b——分别为所计算立杆段下端的纵向、左侧纵向、右侧纵向、横向水平杆长度。

3.5 连墙件计算

3.5.1 连墙件的作用

（1）将脚手架与建（构）筑物予以连接，防止脚手架倾倒；
（2）承受脚手架初弯曲、初偏心所产生的荷载效应，提高脚手架的整体稳定性；
（3）承受风荷载作用于脚手架上时产生的荷载效应。

3.5.2 连墙件的构造

连墙件的构造分为刚性和柔性两种。

1. 常用的刚性连墙件构造

（1）穿墙连墙件：将横向水平杆加长，穿过墙体，在墙体两侧与短钢管（长度大于等于0.6m）用扣件相连，并塞以木楔使短钢管与墙体得以固定。这种构造多用于砖墙；当墙上留有孔洞时，亦可用于钢筋混凝土墙。具体构造如图3.5.1所示。

（2）套箍式连墙件：将横向水平杆加长，紧贴柱侧面（也可是梁顶面和底面），用短钢管与之共同构成一个套箍（用扣件连接），并塞以木楔使短钢管与柱（梁）得以固定。如图3.5.2、图3.5.3所示。

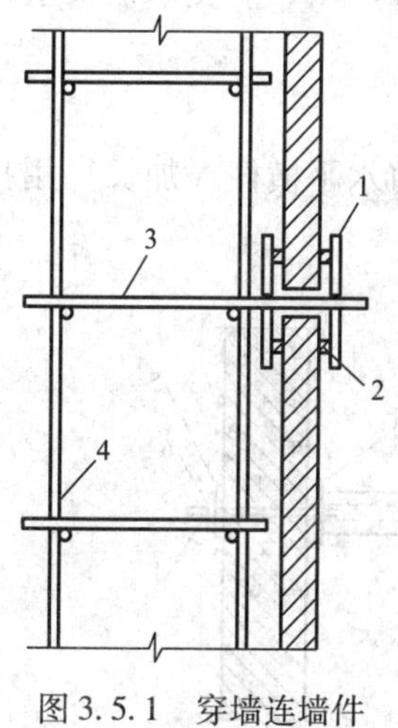

图3.5.1 穿墙连墙件构造图

1—短钢管；2—对头楔子；3—加长水平横杆；4—立杆

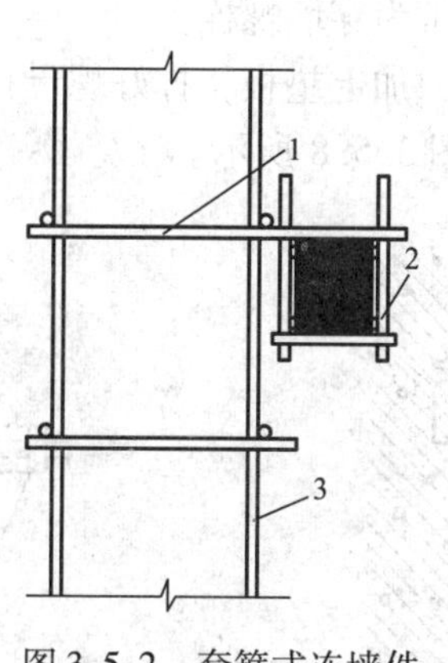

图3.5.2 套箍式连墙件构造图（一）

1—加长水平横杆；2—对头木楔；3—纵向水平杆

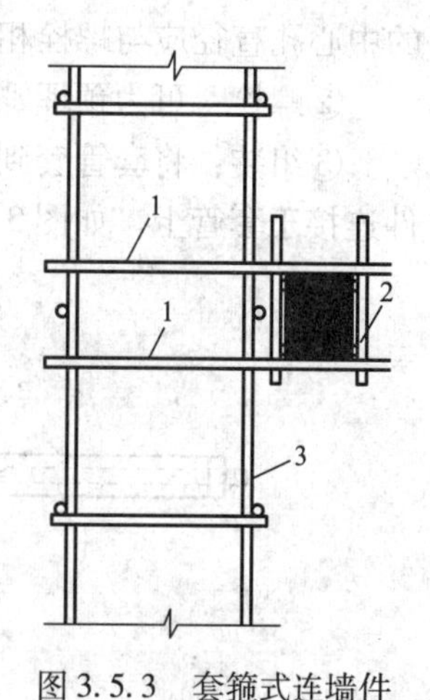

图3.5.3 套箍式连墙件构造图（二）

1—加长水平横杆；2—对头木楔；3—纵向水平杆

（3）埋件式连墙件：在墙、柱、梁上埋以铁件，将横向水平杆的加长端直接焊在埋件上；或将一短管焊在埋件上，再用扣件（不得少于2个）将横向水平杆的加长段与短管连成整体。如图3.5.4、图3.5.5所示。

（4）穿窗口连墙件：类似穿墙式连墙件构造。如图 3.5.6 所示。

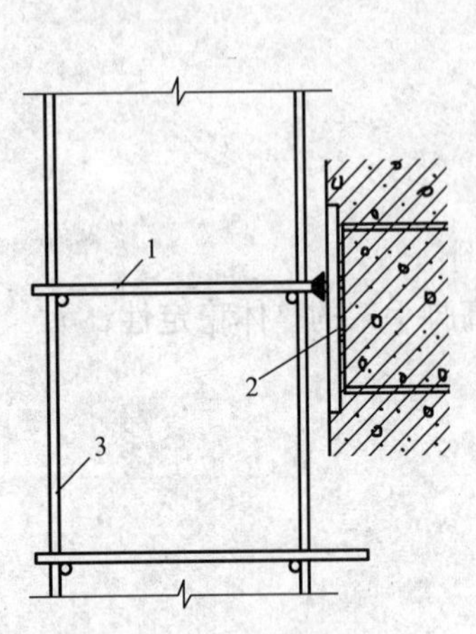

图 3.5.4　埋墙式连墙件构造图（一）

1—加长水平横杆；2—预埋钢板；3—立杆

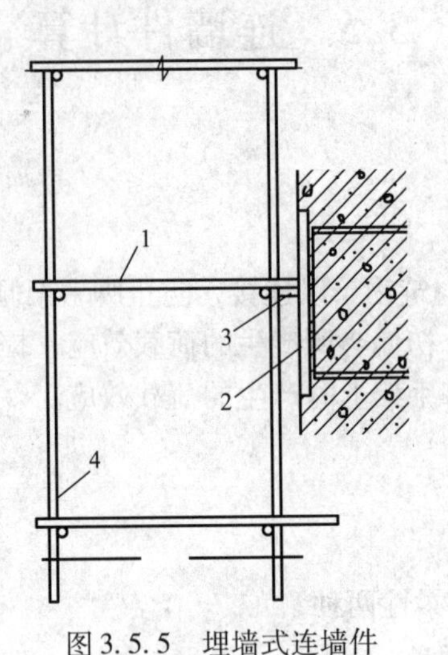

图 3.5.5　埋墙式连墙件构造图（二）

1—加长水平横杆；2—预埋钢板；3—短钢管（焊于 2 上）；4—立杆

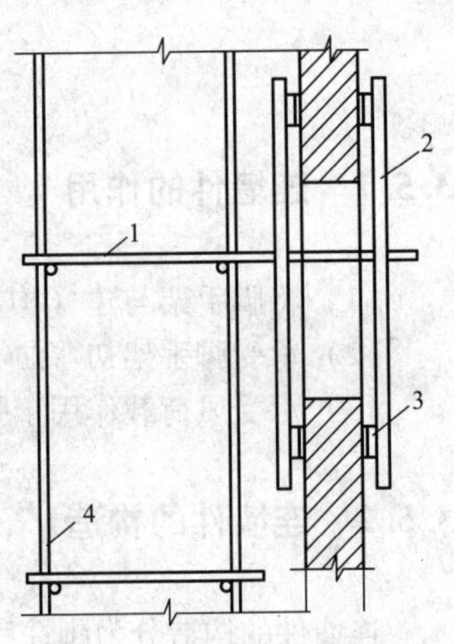

图 3.5.6　穿窗口连墙件构造图

1—加长水平横杆；2—短钢管，两端应自窗洞伸出 300mm 以上；3—对头木楔；4—立杆

2. 常用柔性连墙件构造

（1）套管式连墙件：由 M12 ~ M16 螺杆和套管组成的连墙件。

①套管：用长度大于等于 30cm 的钢管（ϕ48.3 × 3.6）在贴墙、柱、梁一端焊上支承板（带有 ϕ14 ~ ϕ18 的中心孔），另一端设垫板，垫板中心孔为 ϕ14 ~ ϕ18。支承板及垫板的中心孔直径应与螺栓相配。

②螺栓：可为预埋螺杆，亦可为穿墙螺栓。

③组装：将套管套到螺杆上，加上垫板，拧好螺母拉紧；再将水平横杆（加长）用扣件连接于套管上。如图 3.5.7、图 3.5.8 所示。

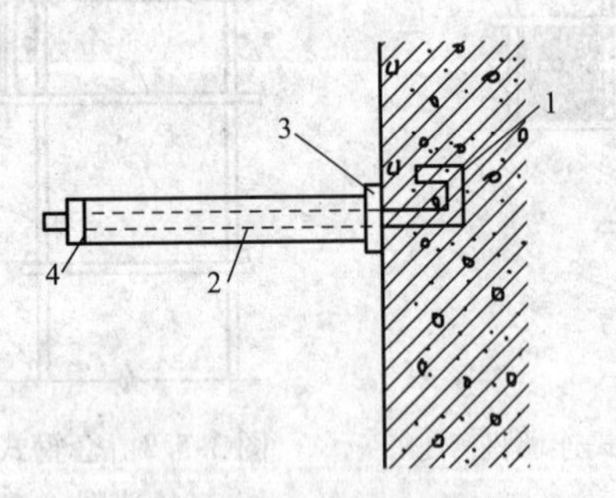

图 3.5.7　套管式连墙件构造图（一）

1—预埋螺杆；2—套管（ϕ48 × 3.6）；3—套管支承板；4—垫板及螺母

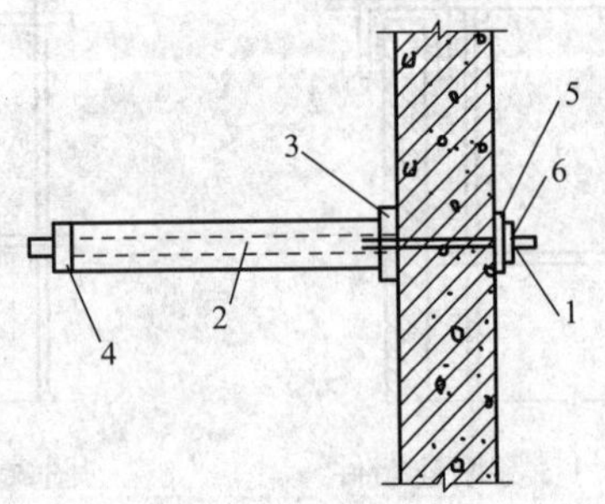

图 3.5.8　套管式连墙件构造图（二）

1—螺杆；2—套管；3—支承板；4—垫板及螺母；5—垫板；6—螺母

（2）顶拉式连墙件：将水平横杆（加长）内侧端顶紧墙、柱、梁面；再用两根双股 8 号钢丝或 ϕ6 钢筋将脚手架的水平横杆（或立杆）与墙、柱、梁拉紧即可。

8 号钢丝和墙、柱、梁的连接方式有 3 种：①端头绑在短钢筋上预埋到混凝土中；

②绑结于预埋钢筋环上；③穿过墙孔，绑结于紧贴墙内面的 $\phi12$ 短钢筋上。

$\phi6$ 钢筋和墙、柱、梁的连接方式有 2 种：①端头设弯钩，预埋于混凝土中；②穿过墙孔，用螺母固定在垫板上。

详见图 3.5.9、图 3.5.10、图 3.5.11。

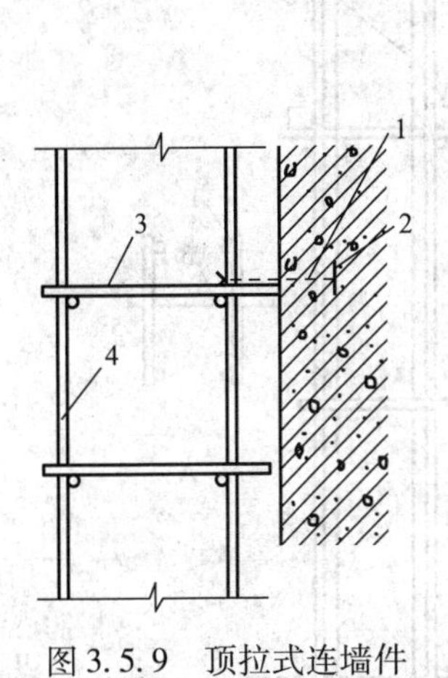

图 3.5.9　顶拉式连墙件构造图（一）

1—2 根双股 8 号钢丝（或 $2\phi6$）；2—钢筋头；3—加长水平横杆；4—脚手架立杆

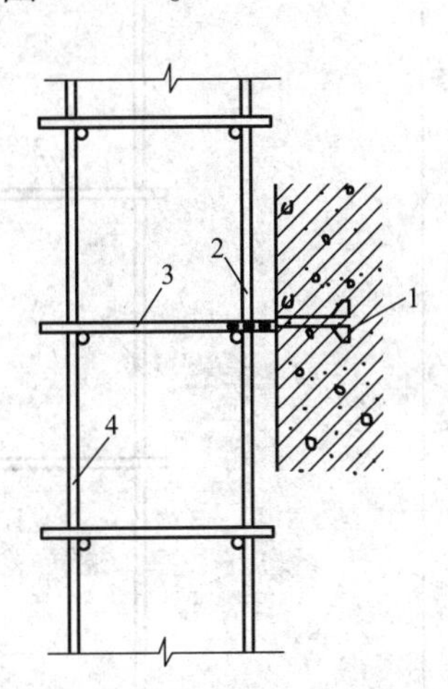

图 3.5.10　顶拉式连墙件构造图（二）

1—预埋钢筋环；2—2 根双股 8 号钢丝（或 $2\phi6$）；3—加长水平横杆；4—脚手架立杆

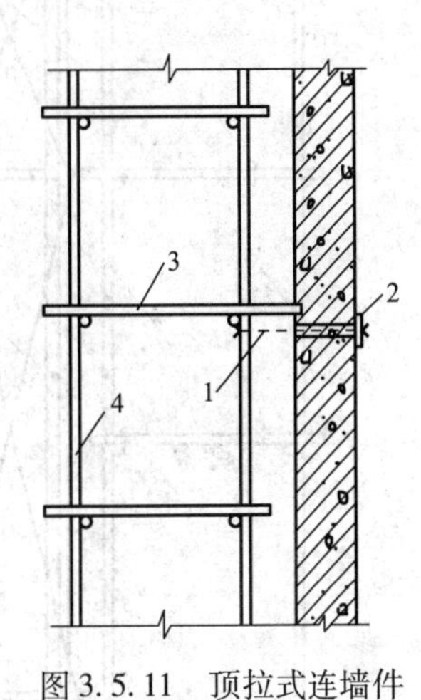

图 3.5.11　顶拉式连墙件构造图（三）

1—2 根双股 8 号钢丝（或 $2\phi6$）；2—钢筋头（$\phi12$）；3—加长水平横杆；4—脚手架立杆

3. 大洞口处连墙件的构造在钢筋混凝土框架施工中，常会遇到柱距大于 $3l_a$，而框架梁的竖向距离又大于 $2h$（或 $3h$）的情况，此时，可按图 3.5.12、图 3.5.13 所示方法设置连墙件。对于底部脚手架，洞口两侧的立杆（图中的 1）下端应埋死；对于上部脚手架，洞口内侧的立杆下端应焊于混凝土板面的预埋件上，外侧立杆下部可为自由端，但应下延 300mm 以上，并与墙、梁面用对头木楔夹紧。

4. 连墙件的选用

对于 24m 以上的双排脚手架，必须采用刚性连墙件。图 3.5.12、图 3.5.13 属刚性连墙件。柔性连墙件不具备第 3.5.1 条第 2 款的作用，只可用于 24m 以下的双排脚手架。应进一步说明的是，当搭设高度大于 24m 时，所有连墙件必须采用刚性连墙件，严禁在 24m 以下只采用柔性连墙件，到 24m 以上才采用刚性连墙件做法。

3.5.3　连墙件的计算

1. 连墙件的轴向力设计值应按下式计算

$$N_L = N_{Lw} + N_0$$

式中　N_L——连墙件轴向力设计值（kN）；

N_{Lw}——风荷载产生的连墙件轴向力设计值；

$$N_{Lw} = 1.40 w_k \cdot A_w$$

A_w——每个连墙件的覆盖面积（m^2）；

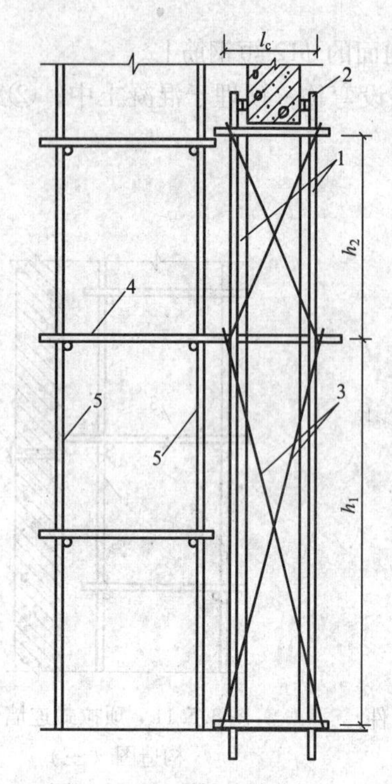

图 3.5.12　刚性连墙件（一）

1—立杆（2ϕ48×3.6），下端埋死（焊死）；
2—对头木楔；3—斜杆；4—加长水平横杆；
5—脚手架立杆

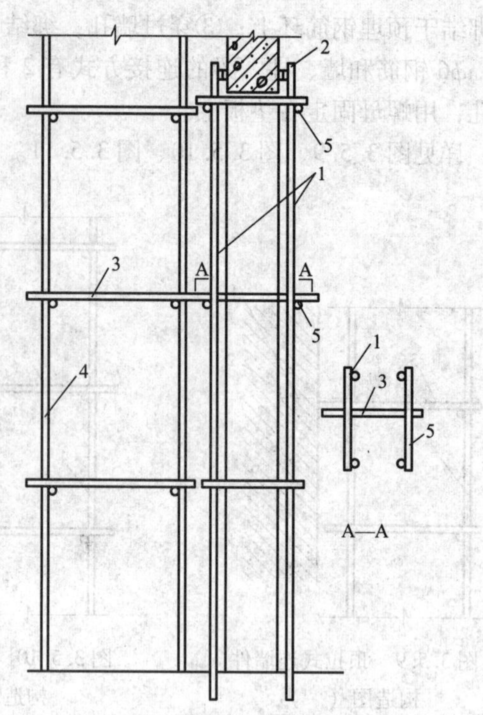

图 3.5.13　刚性连墙件（二）

1—立杆（2ϕ48×3.6）；下端埋死（焊死）；
2—对头木楔；3—加长水平横杆；
4—脚手架立杆；5—短横杆

N_0——连墙件约束脚手架平面外变形所产生的轴向力（kN），单排架取2，双排架取3；

$$A_w = L_w \cdot h_w$$

L_w——连墙件的水平间距（m）；

h_w——连墙件的竖向间距（m）。

2. 各种构造连墙件的具体计算

（1）对于图 3.5.1、图 3.5.2、图 3.5.3、图 3.5.5、图 3.5.6、图 3.5.7、图 3.5.8、图 3.5.12、图 3.5.13 所示构造应进行扣件的抗滑承载力验算。

$$N_L \leqslant N_h \cdot n$$

式中　N_h——单个扣件的抗滑承载力设计值，对于直角扣件和旋转扣件，$N_h = 8.0$kN；

n——连墙件中扣件的有效数量。

对于图 3.5.1、图 3.5.2、图 3.5.6、图 3.5.13，取 $n = 1$；对于图 3.5.3、图 3.5.12，取 $n = 2$；对于图 3.5.5、图 3.5.7、图 3.5.8，可按加长水平横杆与焊接短管或套管之间的实际连接扣件（不得少于 2 个）数量取 n 值；当不能满足上式要求时，可在连接扣件之外再增加一个抗滑扣件（与连接扣件必须顶紧），并应注意，墙、柱、梁内外均应增加抗滑扣件。

（2）对于图 3.5.4、图 3.5.5 所示构造，应验算焊缝的抗拉承载力。

$$N_L \leqslant h_e l_w \beta_f f_f^w$$

式中 h_e ——角焊缝的计算厚度，取 $h_e = 0.7h_f$，h_f 为焊脚高度；

l_w ——角焊缝的计算长度，$l_w = 2\pi \times 24 - 2h_f$；

f_f^w ——角焊缝的强度设计值，对 E43 型焊条，取 $f_f^w = 160\text{N/mm}^2$；

β_f ——正面角焊缝的强度设计值增大系数，取 $\beta_f = 1.22$。

(3) 对于图 3.5.7、图 3.5.8 所示构造，应验算螺杆抗拉强度及螺纹的抗剪强度。

①螺栓承载力设计值验算：

$$N_L \leqslant N_t^b$$

$$N_t^b = \frac{\pi d_e^2}{4} f_t^b$$

式中 N_t^b ——螺栓的承载力设计值（N）；

d_e ——螺栓在螺纹处的有效直径（mm）；

f_t^b ——螺栓的抗拉强度设计值，取 $f_t^b = 140\text{N/mm}^2$（Q235 钢）。

②螺栓的抗剪设计值：

当采用标准螺纹、螺母时，螺纹的抗剪能力与螺栓的抗拉能力是相匹配的，不必计算。

(4) 对于图 3.5.9 ~ 图 3.5.11 所示构造，应验算 8 号钢丝（或 $\phi 6$）的抗拉承载力。

①对于 8 号钢丝：

$$N_L \leqslant N_s, \ N_s = \frac{0.7\pi d_s^2}{4} f_s n_s$$

式中 N_s ——钢丝承拉力设计值（N）；

d_s ——钢丝直径，对 8 号钢丝，$d_s = 4\text{mm}$；

f_s ——钢丝抗拉强度，对 8 号钢丝，取 $f_s = 880\text{N/mm}^2$；

n_s ——8 号钢丝的根数。

②对于 $\phi 6$ 钢筋：

$$N_L \leqslant N_f, \ N_f = \frac{\pi d^2}{4} f n$$

式中 N_f——钢筋的抗拉承载力设计值（N）；

f——钢筋的抗拉强度设计值，$f = 210\text{N/mm}^2$；

n—— $\phi 6$ 钢筋的根数。

(5) 对于图 3.5.6、图 3.5.13 所示构造，尚应验算墙内、外面立杆（也可为平杆）的抗弯能力和挠度。

①抗弯强度验算：

$$\frac{M_{max}}{1.15W} \leqslant f, \ M_{max} = \frac{N_L h_1 h_2}{h}$$

式中 h——立杆上、下支点间的距离；

h_1、h_2——分别为上、下支点距加长水平横杆中心的距离；

W——对于图 3.5.6、图 3.5.13，取 $W = 5260\text{mm}^3$。

②挠度计算：

$$v \leqslant [v],\ [v] = \frac{h}{150},\ 并\ [v] \leqslant 10$$

$$v = \frac{N_1 h_1^2 h_2^2}{3EIh}$$

式中　v、$[v]$——挠度及容许挠度；

I——对于图 3.5.6、图 3.5.13，取 $I = 121900\text{mm}^4$。

(6) 对于图 3.5.12 所示构造，应近似按桁架予以验算。

①计算简图如图 3.5.14 所示。

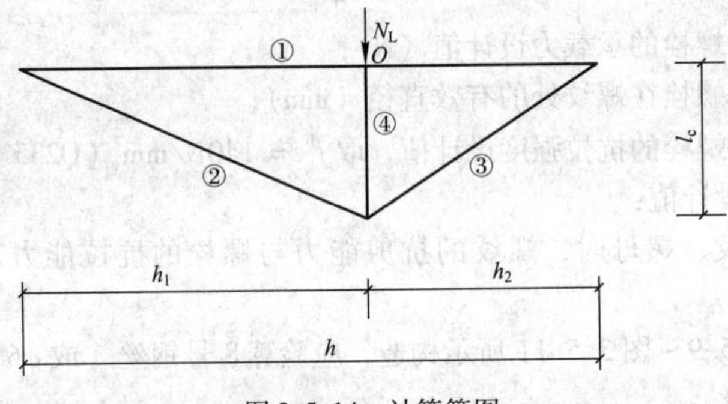

图 3.5.14　计算简图

②桁架各杆件的内力计算（拉力为“+”，压力为“-”）：

杆件①：$N = -\dfrac{N_L h_1 h_2}{l_c h}$

杆件②：$N = +\dfrac{N_L h_2 \sqrt{l_c^2 + h_1^2}}{l_c h}$

杆件③：$N = +\dfrac{N_L h_1 \sqrt{l_c^2 + h_2^2}}{l_c h}$

杆件④：$N = -N_L$

③受拉杆件（杆②、③）的抗拉强度，按下式验算：$\dfrac{N}{A} \leqslant f$

④受压杆件（杆①、④）的稳定验算：

(a) 杆件计算长度

杆件 1：$l_0 = h$（即按平面外支点距离取定）；

杆件 4：$l_0 = 0.8 l_c$。

(b) 杆件的细长比按下式计算：$\lambda = \dfrac{l_0}{i}$。

(c) 按表 3.5.1 采用 φ 值。

⑤0 点的位移验算：

0 点的位移验算，按以下计算式进行：$\Delta \leqslant [\Delta]$

式中　Δ——0 点的位移；

[Δ]——容许位移，[Δ] = 10mm

$$\Delta = \frac{\overline{N}_{P1}N_{P1}l_1 + \overline{N}_{P2}N_{P2}l_2 + \overline{N}_{P3}N_{P3}l_1 + \overline{N}_{P4}N_{P4}l_4}{EA}$$

式中 $\overline{N}_{P1}$、$\overline{N}_{P2}$、$\overline{N}_{P3}$、$\overline{N}_{P4}$——假设 $N_L = 1$ 时，杆件①、②、③、④的内力（拉力为正，压力为负）；

N_{P1}、N_{P2}、N_{P3}、N_{P4}——N_L 作用下杆件①、②、③、④的内力；

l_1、l_2、l_3、l_4——杆件①、②、③、④的轴线长度；

E——钢管弹性模量，按表3.1.1采用；

A——钢管的截面积，按表3.1.5采用。

b类截面轴心受压构件的稳定系数 φ **表3.5.1**

$\lambda\sqrt{\frac{f_y}{235}}$	0	1	2	3	4	5	6	7	8	9
0	1.000	1.000	1.000	0.999	0.999	0.998	0.997	0.996	0.995	0.994
10	0.992	0.991	0.989	0.987	0.985	0.983	0.981	0.978	0.976	0.973
20	0.970	0.967	0.963	0.960	0.957	0.953	0.950	0.946	0.943	0.939
30	0.936	0.932	0.929	0.925	0.922	0.918	0.914	0.910	0.906	0.903
40	0.899	0.895	0.891	0.887	0.882	0.878	0.874	0.870	0.865	0.861
50	0.856	0.852	0.847	0.842	0.838	0.833	0.828	0.823	0.818	0.813
60	0.807	0.802	0.797	0.791	0.786	0.780	0.774	0.769	0.763	0.757
70	0.751	0.745	0.739	0.732	0.726	0.720	0.714	0.707	0.701	0.694
80	0.688	0.681	0.675	0.668	0.661	0.655	0.648	0.641	0.635	0.628
90	0.621	0.614	0.608	0.601	0.594	0.588	0.581	0.575	0.568	0.561
100	0.555	0.549	0.542	0.536	0.529	0.523	0.517	0.511	0.505	0.499
110	0.493	0.487	0.481	0.475	0.470	0.464	0.458	0.453	0.447	0.442
120	0.437	0.432	0.426	0.421	0.416	0.411	0.406	0.402	0.397	0.392
130	0.387	0.383	0.378	0.374	0.370	0.365	0.361	0.357	0.353	0.349
140	0.345	0.341	0.337	0.333	0.329	0.326	0.322	0.318	0.315	0.311
150	0.308	0.304	0.301	0.298	0.295	0.291	0.288	0.285	0.282	0.279
160	0.276	0.273	0.270	0.267	0.265	0.262	0.259	0.256	0.254	0.251
170	0.249	0.246	0.244	0.241	0.239	0.236	0.234	0.232	0.229	0.227
180	0.225	0.223	0.220	0.218	0.216	0.214	0.212	0.210	0.208	0.206
190	0.204	0.202	0.200	0.198	0.197	0.195	0.193	0.191	0.190	0.188
200	0.186	0.184	0.183	0.181	0.180	0.178	0.176	0.175	0.173	0.172

续表

$\lambda\sqrt{\frac{f_y}{235}}$	0	1	2	3	4	5	6	7	8	9
210	0.170	0.169	0.167	0.166	0.165	0.163	0.162	0.160	0.159	0.158
220	0.156	0.155	0.154	0.153	0.151	0.150	0.149	0.148	0.146	0.145
230	0.144	0.143	0.142	0.141	0.140	0.138	0.137	0.136	0.135	0.134
240	0.133	0.132	0.131	0.130	0.129	0.128	0.127	0.126	0.125	0.124
250	0.123									

注：1. 表中的 φ 值按下列公式算得：

当 $\lambda_n = \frac{\lambda}{\pi}\sqrt{f_y/E} \leqslant 0.215$ 时：$\varphi = 1 - a_1\lambda_n^2$

当 $\lambda_n > 0.215$ 时：$\varphi = \frac{1}{2\lambda_n^2}[(a2 + \lambda_n + \lambda_n^2) - \sqrt{(\alpha_2 + \alpha_3\lambda_n + \lambda_n^2)^2 - 4\lambda_n^2}]$

式中，α_1、α_2、α_3 ——系数，对于 b 类截面，分别为 0.65，0.965、0.3；

2. 当构件的 $\lambda\sqrt{\frac{f_y}{235}}$ 值超出表范围时，则 φ 值按注 1 所列的公式计算。

3.6 立杆地基承载力计算

3.6.1 立杆地基承载力计算

（1）立杆地基承载力设计值应按下式计算：

$$f_g = K_c \cdot f_{aK} \quad (3.6.1)$$

式中 f_g——地基承载力设计值；

K_c——脚手架地基承载力调整系数。对碎石土、砂土、回填土，$K_c = 0.4$；对黏土，$K_c = 0.5$；对岩石、混凝土，$K_c = 1$；

f_{aK}——地基承载力标准值，应由试验确定，详见第 3.6.2 条。

（2）立杆基础底面的平均压力应满足下式要求：

$$P \leqslant f_g \quad (3.6.2)$$

式中 P——立杆基础底面的平均压力，$P = \frac{N}{A}$；

N——立杆传至基础顶面的轴向力设计值；

A——基础底面积。当立杆底座直接设在土上时，A 即为底座的底面积；当底座设在垫板上时，A 即为垫板的底面积。当 $N > 40\text{kN}$ 时，则 N 大于标准底座的承载能力，此时应另行设计制作底座，而不可使用标准底座。

（3）N 值计算：

$$N = 1.2(N_{G1K} + N_{G2K}) + 1.4\sum N_{QK} \quad (3.6.3)$$

3.6.2 地基承载力标准值的确定

地基承载力标准值应按地基浅层平板载荷试验确定，试验步骤如下：

（1）制作承压板：承压板底面积不应小于 0.25m²，对于软土不应小于 0.5m²。承压板宜为方形。

（2）挖基坑并铺设承压板：对于脚手架地基，可只将表层土予以平整即可。基坑宽度不应小于承压板的 3 倍。应保持试验土的原状，坑底应基本平整，并应尽量接近水平。然后，在拟试压表面铺上中粗砂予以找平，再将承压板铺上去，予以振动，使之铺实，中粗砂找平层厚度不应大于 20mm。

（3）加载：

先按经验估计一个地基承载力标准值 f'_{gK}，再按 $2Af'_{gK}$ 估算一个最大加载量 Q，估计 f'_{gK} 时，可略保守一些。加载分级应为 8 级，每级加载量应为 $Q/8$，每级加载后，应间隔 10、10、10、15、15、30、30……（min）测读一次沉降量，并记录在案，即时画出荷载沉降（P—S）曲线。当连续 2h 内，每小时的沉降量小于 0.1mm 时，即可认为已趋稳定，可加下一级荷载。

当出现下列情况之一时，即可终止加载：

①压板周边的土明显侧向挤出；

②沉降 S 急骤加大，荷载—沉降（P—S）曲线出现陡降段；

③在某一级荷载下，24h 内沉降速率不能达到稳定；

④沉降量与承压板宽度 b 之比大于或等于 0.06。

（4）各测试点地基承载力值的确定：

①当 P—S 曲线上有比例界限且该比例界限所对应的荷载值 $P \leqslant 0.5P_{max}$（P_{max} 为极限荷载，即最终加载量的总和）时，该测试点的地基承载力值按 $\frac{P}{A}$ 计取；

②当 $P \geqslant 0.5P_{max}$ 时，该测试点的地基承载力值按 $\frac{0.5P_{max}}{A}$ 计取；

③当 P—S 曲线上无明显比例界限，而承台板面积为 0.25～0.5m² 时，取 $S/b=0.01 \sim 0.015$ 所对应的荷载值 P_1 与 $P_{max}/2$ 比较，取其较小者，按 $\frac{P_1}{A}$ 或 $\frac{P_{max}}{2A}$ 计取该测试点的地基承载力值。

（5）整个场地的地基承载力标准值的取定：

①测试点数量：不小于三个。

②当各测试点的试验实测值的极差不大于实测平均值的 30% 时，则可取各点实测值的平均值作为全场地基承载力标准值。当极差大于平均值的 30% 时，则应去掉一个最大实测值，再去掉一个最小实测值，按上述方法确定地基承载力标准值。去掉一个最大值和一个最小值后，其余实测值不得少于三个，否则，应再补做试验。

实践证明，当回填土压实系数不小于 0.94 时，脚手架地基的承载力标准值一般都在 120kPa 以上，可按 120kPa 取定，不做上述试验。

4 扣件式钢管满堂脚手架设计

◆ 引言

扣件式钢管满堂脚手架在钢结构工程施工中，特别是网架、管桁架大跨度空间结构采用高空散装法施工中经常被用作结构的支撑架，其设计内容包括荷载统计、水平杆件的受弯计算、立杆的整体稳定计算及地基承载力计算等。

◆ 本章要点

熟悉扣件式钢管满堂脚手架的荷载统计；

掌握扣件式钢管满堂脚手架的水平杆件受弯计算方法；

掌握扣件式钢管满堂脚手架的立杆整体稳定计算方法；

掌握扣件式钢管满堂脚手架地基承载力计算方法。

4.1 基本概念

(1) 满堂脚手架——在施工作业范围满堂搭设的脚手架。

(2) 满堂脚手架的横向水平杆——满堂脚手架顶部直接支承脚手板的水平杆以及其下与之同向设置的水平杆。

(3) 满堂脚手架的纵向水平杆——垂直于横向水平杆设置的水平杆。

(4) 满堂脚手架的立杆纵距——满堂脚手架的立杆沿纵向水平杆方向的间距，亦即纵向水平杆的跨度。

(5) 满堂脚手架的立杆横距——满堂脚手架的立杆沿横向水平杆方向的间距，亦即横向水平杆的跨度。

4.2 满堂脚手架的荷载计算

本课程第2章所述荷载计算的全部内容，均适用于满堂脚手架的荷载计算。需要说明的是：

(1) 脚手架自重标准值需根据搭设方案具体计算；

(2) 风荷载体型系数 μ_s，应按敞开式脚手架计算；

(3) 满堂脚手架搭设高度不宜超过36m；满堂脚手架施工层不得超过1层。

4.3 脚手板、水平杆及扣件抗滑承载力计算

(1) 脚手板计算。

计算方法与第3.2.2条完全相同。

表3.2.1、表3.2.2、表3.2.5所列计算结果，可直接使用。

(2) 横向水平杆计算。

满堂脚手架的横向水平杆应按三跨梁计算。

表3.2.6、表3.2.8所列计算结果，可按表值乘以1.25采用。

(3) 纵向水平杆计算。

满堂脚手架的纵向水平杆计算方法与第3.2.4条一致。中间纵向水平杆所承受的荷载应按 $l_a \times l_b$ 面积内脚手板的自重及其所承受的施工荷载计算。

表3.2.9中数值，是按支承脚手板的水平横杆间距为 $l_a/2$ 计算的。当支承脚手板的水平横杆间距同样为 $l_a/2$ 时，满堂脚手架的水平纵杆承载力，可按表3.2.9中值乘以0.5采用。

表3.2.10中计算结果，是可以直接采用的。

(4) 扣件抗滑承载力计算。

满堂脚手架的扣件抗滑承载力按下式计算：

$$N \leqslant R_c = 8\text{kN}$$

对表3.2.11、表3.2.12所列计算成果，可按表列数值乘以0.5采用。

(5) 满堂脚手架立杆地基计算方法与第3.6节完全相同。

4.4 满堂脚手架的立杆计算

满堂脚手架可分为有侧移满堂脚手架和无侧移满堂脚手架。

在水平荷载作用下，如果满堂脚手架的节点可发生微量的侧移时，则为有侧移满堂脚手架。

在水平荷载作用下，如果满堂脚手架的节点不发生任何侧移时，则为无侧移满堂脚手架。无侧移满堂脚手架的无侧移特征来源于下列条件：当满堂脚手架搭设于围护墙已施工完毕的室内环境中，每根水平杆（横向水平杆和纵向水平杆均如是）端头顶紧墙壁并用木楔紧。不能满足上述条件的皆属有侧移满堂脚手架。

有侧移满堂脚手架和无侧移满堂脚手架的立杆计算是有一定差别的，差别在于：前者应考虑二阶弹性分析的影响，后者不考虑此影响。

4.4.1 立杆所承受的轴向力计算

无论是有侧移满堂脚手架还是无侧移满堂脚手架，立杆所承受的轴向力均按下式计算：

不组合风荷载时，$N = 1.2(N_{G1K} + N_{G2K}) + 1.4\sum_{QK}$

组合风荷载时，$N = 1.2(N_{G1K} + N_{G2K}) + 0.9 \times 1.4\sum_{QK}$

计算式虽与第3.3节完全一样，但是 N_{G1K}、N_{G2K} 和 $\sum_{QK}$ 的具体计算方法还是有所不同的。

对于中间立杆：

$$N_{G1K}=[H+n(l_a+l_b)+n'\times0.325l_ah+n'\times0.325l_bh]\times39.7+2n\times13.2\left(\frac{H}{6.5}-1\right)$$
$$\times18.4+2\times\left(\frac{H}{4.1}+1\right)\times14.6$$

$$N_{G2K}=\frac{H}{12}\times l_al_b\times350,\sum N_{QK}=l_al_b\times2000$$

式中 H——满堂脚手架搭设高度；

n——满堂脚手架的水平杆层数（包括扫地杆）；

n'——同一跨（纵跨或横跨）内剪刀撑杆件的数量，按初步设计方案确定；

N_{G1K}、N_{G2K}和N_{QK}的计量单位为（N），在计算$\frac{H}{6.5}$、$\frac{H}{12}$时，当商数不是整数时均应化为整数，整数后的小数不论大小只能“入”，不能“舍”。

对于边立杆：

$$N_{G1K}=[H+n(l_a+0.5l_b)+n'\times0.325l_ah+0.5\times n'\times0.325l_bh]\times39.7+2n\times13.2$$
$$+\left(\frac{H}{6.5}-1\right)\times18.4+2\times\left(\frac{H}{4.1}+1\right)\times14.6$$

或：

$$N_{G1K}=[H+n(0.5l_a+l_b)+n'\times0.325\times0.5l_ah+n'\times0.325l_bh]\times39.7+2n\times13.2$$
$$+\left(\frac{H}{6.5}-1\right)\times18.4+2\times n\times14.6$$

前者适用于纵向边立杆，后者适用于横向边立杆。

$$N_{G2K}=\frac{H}{12}\times0.5\times l_al_b\times350$$
$$\sum N_{QK}=0.5\times l_al_b\times2000$$

对于角立杆：

$$N_{G1K}=[H+n\times0.5\times(l_a+l_b)+0.5\times n'\times0.325(l_ah+l_bh)]\times39.7+2n\times13.2$$
$$+\left(\frac{H}{6.5}-1\right)\times18.4+\left(\frac{H}{4.1}+1\right)\times14.6$$

$$N_{G2K}=\frac{H}{12}\times0.25\times l_al_b\times350$$
$$\sum N_{QK}=0.25l_al_b\times2000$$

4.4.2 风荷载计算

依第2.1.4条及第2.2节所述敞开式脚手架的计算方法计算。

4.4.3 立杆稳定性计算

1. 无论有侧移满堂脚手架还是无侧移满堂脚手架，均按下列计算式计算：

不组合风荷载时，
$$K_h\frac{N}{\varphi A}\leqslant f=205\text{N/mm}^2 \tag{4.4.1}$$

组合风荷载时，
$$K_h\left[\frac{N}{\varphi A}+\frac{\beta_m M_w}{W\left(1-\frac{N}{N'_E}\right)\varphi}\right]\leqslant f=205\text{N/mm}^2 \quad (4.4.2)$$

式中　K_h——综合附加系数，应由试验研究确定。目前，K_h 的参考值可按表 4.4.1 采用。

满堂脚手架的综合附加系数 K_h 参考值　　表 4.4.1

满堂脚手架类型	当满堂架搭设高度为下值（m）时，K_h 值参考值				
	$H\leqslant4$	$4<H\leqslant8$	$8<H\leqslant12$	$12<H\leqslant16$	$16<H\leqslant20$
有侧移	1.05	1.10	1.15	1.20	1.25
无侧移	1.03	1.06	1.09	112	1.15

注：表中 K_h 值仅供参考；实际使用时，可根据经验加大表值，但不得小于表中值。设置 K_h 的原因在于：
①计算是按刚性节点进行的，但满堂架实际是半刚性节点；
②出于对偏心的考虑。

对于有侧移满堂脚手架：　　$\beta_m=1.0$

对于无侧移满堂脚手架：　　$\beta_m=0.6+0.4\dfrac{M_2}{M_1}$

式中　M_1、M_2——分别为立杆杆端绝对值较大和较小的弯矩；$\dfrac{M_2}{M_1}$应为负值。

2. φ 值的取值：

稳定系数 φ 应依据 λ 值从表 3.3.2 查取。$\lambda=l_1/i$，l_0 按下式计算：

$$l_0=k\mu h$$

式中　k——满堂脚手架或支撑架计算长度附加系数取值，按照表 4.4.2 和表 4.4.3 取值。

满堂脚手架计算长度附加系数取值　　表 4.4.2

高度 H（m）	$H\leqslant20$	$20<H\leqslant30$	$30<H\leqslant36$
k	1.155	1.191	1.204

注：当验算立杆允许长细比时，取 $k=1$。

满堂支撑架计算长度附加系数取值　　表 4.4.3

高度 H（m）	$H\leqslant8$	$8<H\leqslant10$	$10<H\leqslant20$	$20<H\leqslant30$
k	1.155	1.185	1.217	1.291

注：当验算立杆允许长细比时，取 $k=1$。

对于有侧移满堂脚手架，立杆的计算长度系数 μ 应依据 K_1、K_2 按表 3.4.1 采用。对于无侧移满堂脚手架，立杆的计算长度系数 μ 应依据 K_1、K_2 按表 4.4.4 采用。

3. 有侧移满堂脚手架的 K_1、K_2 值计算

（1）K_1 值计算式：

角立杆：$K_1=\dfrac{h(l_a+l_b)}{3l_al_b}$

纵向边立杆：$K_1=\frac{h(l_a+2l_b)}{3l_al_b}$

横向边立杆：$K_1=\frac{h(2l_a+l_b)}{3l_al_b}$

中间立杆：$K_1=\frac{2h(l_a+l_b)}{3l_al_b}$

（2）首步架的 K_2 计算式：

设有扫地杆时：

角立杆：$K_2=\frac{0.4h(l_a+l_b)}{3(0.2+h)l_al_b}$

纵向边立杆：$K_2=\frac{0.4h(l_a+2l_b)}{3(0.2+h)l_al_b}$

横向边立杆：$K_2=\frac{0.4h(2l_a+l_b)}{3(0.2+h)l_al_b}$

中间立杆：$K_2=\frac{0.8h(l_a+l_b)}{3(0.2+h)l_al_b}$

未设扫地杆时，$K_2=0$（对平板基座可取 $K_2=0.1$），一般情况下，是不允许不设扫地杆的。

当立杆与基座刚结时，$K_2=10$。

（3）其他各步架的 K_2 值：$K_2=K_1$。

说明：以上计算式均是按 h、l_a、l_b 不变的情况导出的，对于首步架，均是按扫地杆离地0.2m导出的。

4. 无侧移满堂脚手架的 K_1、K_2 值计算

（1）K_1 值计算式：

角立杆：$K_1=\frac{h(l_a+l_b)}{l_al_b}$

纵向边立杆：$K_1=\frac{h(l_a+2l_b)}{l_al_b}$

横向边立杆：$K_1=\frac{h(2l_a+l_b)}{l_al_b}$

中间立杆：$K_1=\frac{2h(l_a+l_b)}{l_al_b}$

（2）首步架 K_2 值计算式：

设有扫地杆时：

角立杆：$K_2=\frac{0.4h(l_a+l_b)}{(0.2+h)l_al_b}$

纵向边立杆：$K_2=\frac{0.4h(l_a+2l_b)}{(0.2+h)l_al_b}$

横向边立杆：$K_2=\frac{0.4h(2l_a+l_b)}{(0.2+h)l_al_b}$

中间立杆：$K_2=\frac{0.8h(l_a+l_b)}{(0.2+h)l_al_b}$

未设扫地杆时，$K_2=0$（对平板基座，可取 $K_2=0.1$），在一般情况下，是不允许不设扫地杆的。

当立杆与基座刚接时，$K_2=10$。

（3）其他各步架的 K_2 值：$K_2=K_1$

说明：以上计算式均是按 h、l_a、l_b 不变的情况导出的，对于首步架，均是按扫地杆离地 0.2m 导出的。

无侧移钢管脚手架立杆的计算长度系数 μ **表 4.4.4**

K_2 \ K_1	0	0.05	0.1	0.2	0.3	0.4	0.5	1	2	3	4	5	≥10
0	1.000	0.990	0.981	0.964	0.949	0.935	0.922	0.875	0.820	0.791	0.773	0.760	0.732
0.05	0.990	0.981	0.971	0.955	0.940	0.926	0.914	0.867	0.814	0.784	0.766	0.754	0.726
0.1	0.981	0.971	0.962	0.946	0.931	0.918	0.906	0.860	0.807	0.778	0.760	0.748	0.721
0.2	0.964	0.955	0.946	0.930	0.916	0.903	0.891	0.846	0.795	0.767	0.749	0.737	0.711
0.3	0.949	0.940	0.931	0.916	0.902	0.889	0.878	0.834	0.784	0.756	0.739	0.728	0.701
0.4	0.935	0.926	0.918	0.903	0.889	0.877	0.866	0.823	0.774	0.747	0.730	0.719	0.698
0.5	0.922	0.914	0.906	0.891	0.878	0.866	0.855	0.813	0.765	0.738	0.721	0.710	0.685
1	0.875	0.867	0.860	0.846	0.834	0.823	0.813	0.774	0.729	0.704	0.688	0.677	0.654
2	0.820	0.814	0.807	0.795	0.784	0.774	0.765	0.729	0.686	0.663	0.648	0.638	0.615
3	0.791	0.784	0.778	0.767	0.756	0.747	0.738	0.704	0.663	0.640	0.625	0.616	0.593
4	0.773	0.766	0.760	0.749	0.739	0.730	0.721	0.688	0.648	0.625	0.611	0.601	0.580
5	0.760	0.754	0.748	0.737	0.728	0.719	0.710	0.677	0.638	0.616	0.601	0.592	0.570
≥10	0.732	0.726	0.721	0.711	0.701	0.693	0.685	0.654	0.615	0.593	0.580	0.570	0.549

注：表中的计算长度系数 μ 值系按下式算得：

$$\left[\left(\frac{\pi}{\mu}\right)^2+2(K_1+K_2)-4K_1K_2\right]\frac{\pi}{\mu}\sin\frac{\pi}{\mu}-2\left[(K_1+K_2)\left(\frac{\pi}{\mu}\right)^2+4K_1K_2\right]\cos\frac{\pi}{\mu}+8K_1K_2=0$$

【例 4.1】 某郊区多功能大厅，为完成吊顶施工任务，需搭设满堂脚手架。该吊顶标高为 16.000m，其下地坪标高为 ±0.000m，地面尚未施工，回填土标高为 -0.100m，已压实。吊顶的平面尺寸为 15.0m×30.0m。请确定该满堂脚手架的搭设方案。

补充资料：①该大厅的围护墙已施工完毕，但不能提供满堂脚手架达到无侧移条件的要求；②门窗洞口特别大，尚不能安装门窗；③当地基本风压为 $w_0=0.38\text{kN/m}^2$。

解： 初拟方案：

脚手架搭设高度：

$$H=16+0.1-1.8-0.05\times2=14.2\text{m}$$

式中 1.8——操作高度；

0.05——立杆下木垫板厚度及操作层木脚手板厚度。

扫地杆设于距垫板 0.20m 处。

步距：$h=1.75\text{m}$；共 8 步，设 9 层水平杆；

纵距、横距均为 1.7m。

操作面外围设 1.1m 高护栏，并设挡板。

在操作层，应在每个纵跨正中部位再加设一道横向水平杆。对初拟方案的计算：

（1）对脚手板、纵横向水平杆及扣件抗滑承载力的验算：

①脚手板验算：

依据表 3.2.1 和表 3.2.2，脚手板的承载能力可完全满足施工需要。

②横向水平杆验算（按三跨梁验算）：

$$q=(1.2\times350+1.4\times2000)\times0.85+39.7=2776.7\text{N/m}=2.777\text{N/mm}$$

$$M_{\max}=-0.1ql^2=-0.1\times2.777\times1700^2=-802553\text{N}\cdot\text{mm}$$

$$\sigma=\frac{M_{\max}}{W}=\frac{802553}{5260}=152.58\text{N/mm}^2<f=205\text{N/mm}^2$$

故，强度验算安全。

$$v_{\max}=0.677\times\frac{ql^4}{100EI}=0.677\times\frac{2.777\times1700^4}{100\times206\times10^3\times12.71\times10^4}=5.91\text{mm}$$

依据 $[v]=\frac{1700}{150}=11.33\text{mm}$；又根据 $[v]\leqslant10\text{mm}$ 的规定，取 $[v]=10\text{mm}$。

则 $v_{\max}=[v]$，挠度验算亦是安全的。

③纵向水平杆验算：

$$P_1=(1.2\times350+1.4\times2000)\times0.85\times1.7=4652.9\text{N}$$

$$P_2=1.2\times(1.7\times39.7+13.2)=96.828\text{N}$$

$$P=P_1+P_2=4749.728\text{N}$$

$$M_{\max}=0.175Pl+0.080q'l^2=0.175\times4749.728\times1700+0.08\times0.0397\times1700^2$$

$$=1422222.72\text{N}\cdot\text{m}$$

$$\sigma=\frac{M_{\max}}{W}=\frac{1422222.72}{5260}=270.38\text{N/mm}^2>f=205\text{N/mm}^2$$

强度不安全，应对初拟方案予以修改。修改方案：将 l_a、l_b 改为 1.5m。修改后，经计算横向水平杆和纵向水平杆使用安全。

④按修改后方案验算扣件抗滑承载力：

$$N=(1.2\times350+1.4\times2000)\times1.5\times1.5+1.2\times[(2\times1.5+1.5)\times39.7+2\times13.2]$$

$$=7491\text{N}=7.491\text{kN}$$

则 $N<R_c=0.8\text{kN}$，扣件抗滑承载力安全。

（2）按修改后方案进行立杆稳定验算：

①立杆所承受的轴向力计算。

按 4.4.1 计算，计算结果列于表 4.4.5 中。

立杆所承受的轴向力计算结果 表 4.4.5

轴向力分项	角立杆（N）	纵向边立杆（N）	横向边立杆（N）	中间立杆（N）
N_{G1K}	1572.16	2141.97	2141.97	2175.85
N_{G2K-1}	393.75	787.5	787.5	1575.0
N_{G2K-2}	184.1	184.1	184.1	
$\sum N_{QK}$	1125.0	2250.0	2250.0	4500.0
不组合风载 N	4155.01	6886.28	6886.28	10801.02
组合风载 N	3997.51	6571.28	6571.28	10171.02

②风荷载设计值产生的弯矩 M_w

风荷载体形系数 μ_s 计算（脚手架为敞开式）：

因本脚手架搭设于外围护墙已施工完毕，但门窗尚未安装的室内，所以可按 C 类地面粗糙度考虑，查表 2.2.2 得地面处高度系数 $\mu_z=0.74$。

已知 $w_0=0.38\text{kN/m}^2$

则：$\mu_z w_0 d^2=0.74\times0.38\times0.0483^2=0.00065<0.002$

$$h/d=1.75/0.048=36.46>25$$

由此，查表 2.2.7，得 $\mu_{s0}=1.2$

$$l_b/h=1.5/1.75=0.857<1$$

由表 2.2.5 查得，单排脚手架 $h=1.75\text{m}$，$l_a=1.5\text{m}$ 时的挡风系数为：

$$\varphi=0.091\times1.1=0.11>0.1$$

由此，由表 2.2.8 查得：$\eta=0.985$

由 μ_{s0}、η 按下式计算，即可得：

$$\mu_s=\mu_{stw}=\varphi\mu_{s0}\frac{1-\eta^n}{1-\eta}=0.11\times1.2\times\frac{1-0.985^{10}}{1-0.985}=1.23$$

按地面粗糙度为 C 类，由表 2.3.1 查得：$K_n=0.2856$，于是：

$$M_w=K_n w_0\mu_s l_a=0.2856\times0.38\times1.23\times1.5=0.2002\text{kN}\cdot\text{m}=200200\text{N}\cdot\text{m}$$

这样，立杆的稳定性验算公式就变成了：

$$K_h=\left[\frac{N}{\varphi A}+\frac{\beta_m M_w}{W\left(1-\dfrac{N\varphi}{N'_E}\right)}\right]\leqslant f=205\text{N/mm}^2$$

由于为有侧移脚手架，故 $\beta_m=1.0$，$N'_E=\dfrac{\pi^2EA}{1.165\lambda^2}$。

③求稳定系数 φ 值。

φ 值的求取方法，按本书第 4.4.3 条第 3 款的规定进行，本例的具体计算过程及 φ 的最后取值情况见下表。

数值分项	角立杆	纵向、横向边立杆	中间立杆
K_1	0.778	1.167	1.556
首步架 K_2	0.160	0.239	0.319
立杆计算长度系数 μ	1.86	1.64	15.2
$l_0=k\mu h$	3.255m	2.87m	2.66m
$\lambda=l_0/i$	205	181	167
N'_E	21012.8N	26954.7N	31663.5N
稳定系数 φ	0.172	0.218	0.253

④ 立杆验算：

角立杆：

$$1.2\left(\frac{N}{\varphi A}+\frac{\beta_m M_w}{W\left(1-\frac{N\varphi}{N'_E}\right)}\right)=1.2\times\left(\frac{4155.01}{0.172\times 506}+\frac{1.0\times 200200}{5260\times\left(1-\frac{3997.51\times 0.172}{21012.8}\right)}\right)$$

$$=104.51\text{N/mm}^2<f=205\text{N/mm}^2$$

边立杆：

$$1.2\left(\frac{N}{\varphi A}+\frac{\beta_m M_w}{W\left(1-\frac{N\varphi}{N'_E}\right)}\right)=1.2\times\left(\frac{6571.28}{0.218\times 506}+\frac{1.0\times 200200}{5260\times\left(1-\frac{6571.28\times 0.218}{26954.7}\right)}\right)$$

$$=119.7\text{N/mm}^2<f=205\text{N/mm}^2$$

中间立杆：

$$1.2\left(\frac{N}{\varphi A}+\frac{\beta_m M_w}{W\left(1-\frac{N\varphi}{N'_E}\right)}\right)=1.2\times\left(\frac{10171.02}{0.253\times 506}+\frac{1.0\times 200200}{5260\times\left(1-\frac{10171.02\times 0.253}{31663.5}\right)}\right)$$

$$=145.1\text{N/mm}^2<f=205\text{N/mm}^2$$

验算结果表明，立杆的承载能力有很大富余，但由于纵向水平杆承载力和扣件抗滑移承载力限制，立杆间距也就不可再调整了。由于容许长细比的限制，步距也是不可调整的了。

(3) 立杆地基承载力验算：

本满堂脚手架搭设在已平整夯实的回填土上，所以 $f_{gk}\geqslant 120$kPa

$$A=K_c f_{gk}=0.4\times 120=48\text{kPa}$$

脚手架下铺有50mm厚木垫板，按规定垫板宽度 $b\geqslant 220$mm

则：$P=\frac{N}{A}=\frac{10801.02}{0.22\times 1.5}=32730.4\text{Pa}=32.7\text{kPa}$

$P<f_g$，所以地基承载力是安全的。

5　钢结构支撑架设计

◆ 引言

钢结构施工过程中，为节约工期和加快施工进度，经常使用成型的塔吊标准节、型钢等作为支撑架。本章将介绍使用3D3S钢结构设计软件对成型的塔吊标准节、型钢等作为支撑架进行设计计算的方法和步骤。

◆ 本章要点

掌握3D3S钢结构设计软件的基本操作；

掌握塔吊标准节和型钢支撑架的结构建模方法；

掌握荷载的施加方法；

掌握规范应用及设计计算方法；

能够阅读支撑架计算书并得出结论。

3D3S钢结构——空间结构设计软件是同济大学独立开发的CAD平台上的系列设计软件，3D3S软件包括以下四个系统：3D3S钢与空间结构设计系统、3D3S钢结构实体建造及绘图系统、3D3S钢与空间结构非线性计算与分析系统、3D3S辅助结构设计及绘图系统，均可直接生成Word文档计算书和AutoCAD设计及施工图。

5.1　3D3S基本模块的使用

5.1.1　结构编辑菜单应用

1. 添加杆件

该命令用于直接添加杆件，点击该命令后，弹出对话框，如图5.1.1所示。

对话框内左边为将要添加杆件的默认属性，可以双击属性框内各项来更改。这里提供了两种添加杆件的方式：

1）选择线定义为杆件

按下该按钮，进入屏幕选择状态，可以选择一根或几根Line、Circle、Arc、Spline定义为杆件，若选择的都是直线，软件直接将直线转为杆件；若选择的线中包含曲线，软件将会提示将曲线分段为直线段，再转为杆件，出现的提示对话框如图5.1.2所示。

2）直接画杆件

按下该按钮，进入屏幕绘图状态，输入两个点定义一根杆件，操作步骤同在AutoCAD中绘制直线。对话框上“选择杆件查询”按钮用于查询杆件属性，按下该按钮后，进入屏

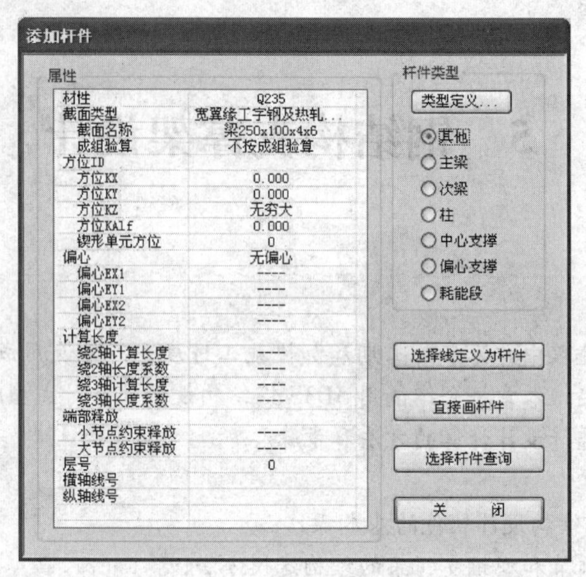

图 5.1.1　添加杆件对话框

幕选择状态，用户可以选择一根杆件查询其属性，该杆件属性显示于对话框左边“属性”框内，可以作为下次要添加杆件的默认属性。

2. 打断

该命令用于生成打断杆件，选择了一根或几根杆件后弹出如图 5.1.3 所示对话框。

图 5.1.2　曲线转化为杆件对话框

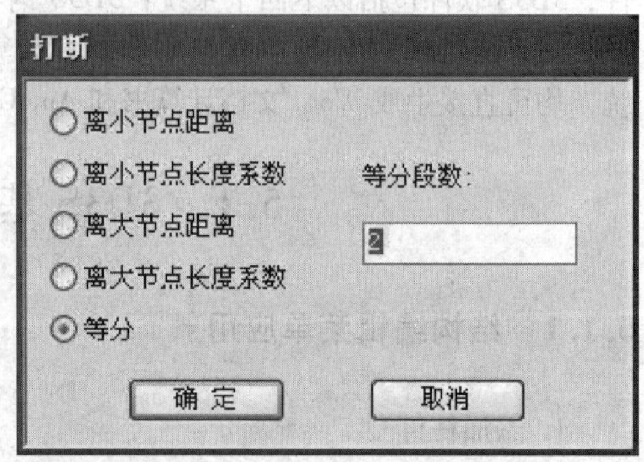

图 5.1.3　打断杆件对话框

用户选择了打断方式后软件自动按选定方式打断选择的杆件。

1）构件两两相交打断

该命令用于将选择的构件两两相交打断。

2）直线两两相交打断

该命令用于将选择的直线（line）两两相交打断。

3. 楔形单元多段拟合

用于多段变截面工字钢的截面自动拟合，可以方便地把多根变截面构件拟合成一个连续截面的构件，如图 5.1.4 所示。

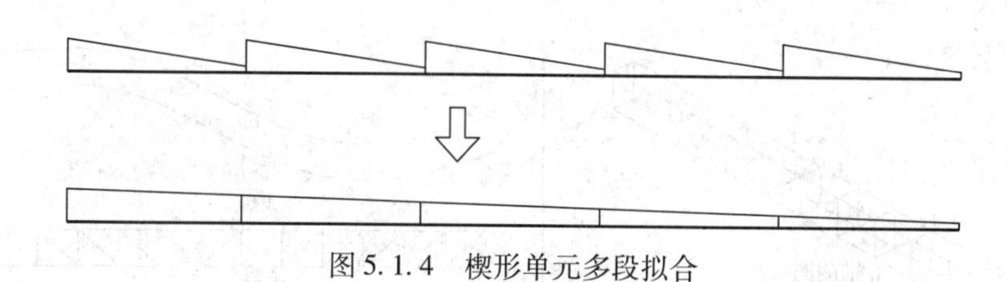

图 5.1.4 楔形单元多段拟合

4. 杆件延长

用来对杆件做指定长度的延伸，延伸时候可以选择相邻杆件的端点随延伸杆件移动或者不移动，如图 5.1.5 所示。

5. 起坡

该命令用于将选中的节点按指定方向起坡。执行该命令后，选择要起坡的节点，然后输入两点来表示起坡的基点和方向即可。命令完成后，节点的 X、Y 坐标不变，Z 坐标按起坡的基点和方向改变。例如图 5.1.6 中，选择所有节点后，先点取 P1 作为起坡的基点，再点取 P2，使起坡方向定为 P1P2，这样命令即完成。

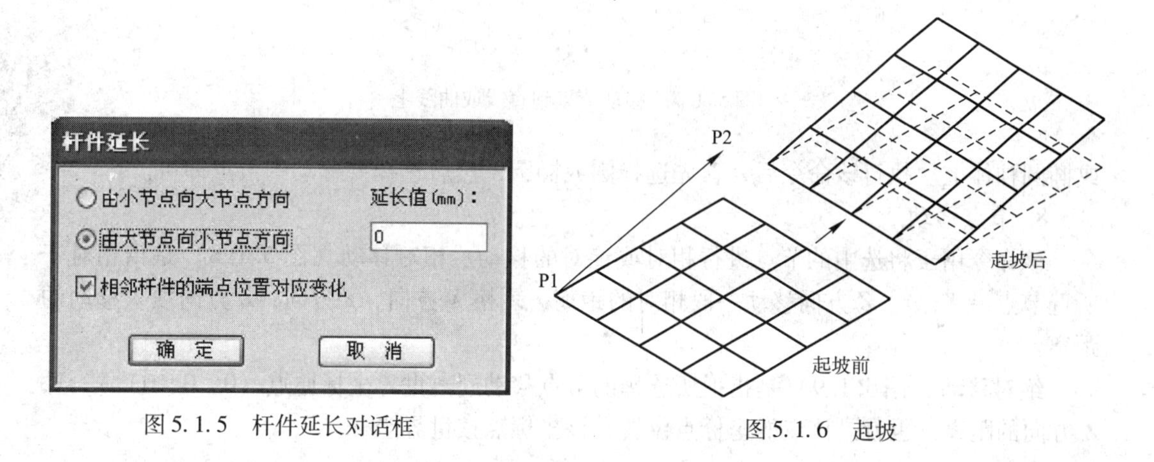

图 5.1.5 杆件延长对话框

图 5.1.6 起坡

6. 移动节点到直线或曲线上

该命令用于将选中的节点按指定方向移动到指定直线或曲线所代表的视平面上。执行该命令后，首先选择一直线、圆、椭圆、圆弧或 SPLINE，然后选择要移动的节点，最后通过输入两个点来指定移动的方向。命令完成后，节点移动到所选择到的直线或曲线与屏幕视图法线所定的平面上。

例如图 5.1.7 中，图 1 为一榀直桁架；在图 2 中我们画了两条 SPLINE 线，要求将桁架上下弦分别移动到这两条曲线所代表的曲面上；在图 3 中，我们先选择上方的曲线，再选择上弦节点，然后分别点取 P1、P2 将 P1P2 作为节点移动方向后，桁架形状变为图 3 中形状；在图 4 中，我们先选择下方的曲线，再选择下弦节点，然后分别点取 P1、P2 将 P1P2 作为节点移动方向后，桁架形状变为图 4 中形状；图 5 为命令完成后的桁架轴测图。

7. 沿径向移动节点到圆、椭圆上

该命令用于将选中的节点沿所选择圆或椭圆的径向移动到该圆或椭圆所代表的圆柱体

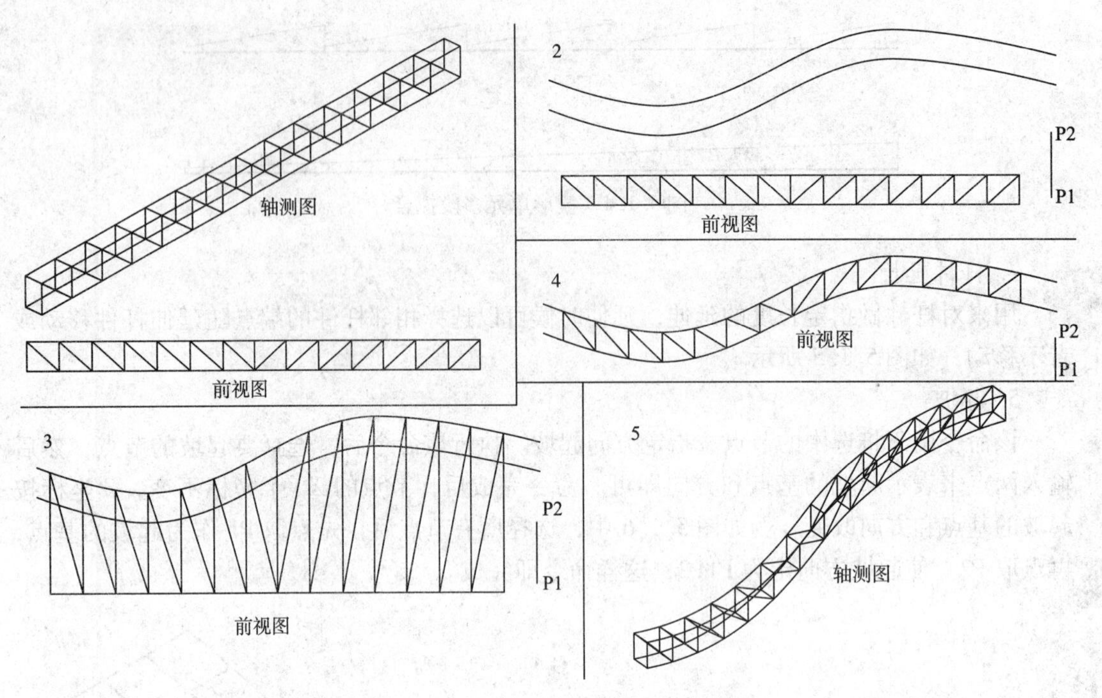

图 5.1.7　移动节点到直线或曲线上

或椭圆柱体上。执行该命令后，首先选择圆或椭圆，然后选择要移动的节点即可。

8. 节点移动

该命令用于将选中的节点进行相对或绝对的移动。相对移动（图 5.1.8）是指相对于所选节点沿 *X*，*Y*，*Z* 方向移动一段相对的距离，表格 *X* 方向，*Y* 方向，*Z* 方向填入移动的距离。

绝对移动（图5.1.9）是指把所选择的节点移动到离世界坐标原点（0，0，0）*X*，*Y*，*Z* 方向的距离，也就是该点的坐标点位置，该坐标点按世界坐标。

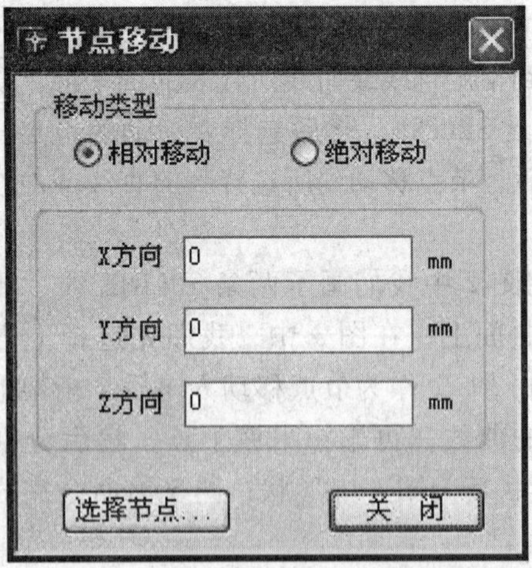

图 5.1.8　相对移动对话框

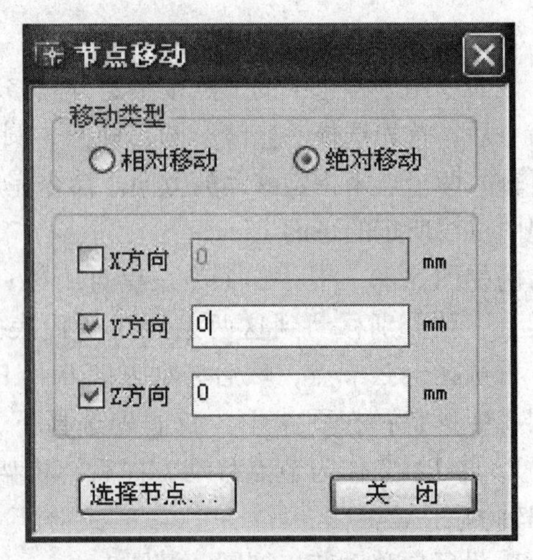

图 5.1.9　绝对移动对话框

绝对移动先要勾选要移动的方向，然后输入移动点相对世界坐标原点的距离，然后选择需要移动的节点进行绝对移动的操作。

9. 比例缩放

该命令用于沿某一方向进行模型比例的缩放，操作步骤（图 5.1.10）：先点取基点坐标，则在右侧 X_c，Y_c，Z_c 右边的空白框中显示该节点的坐标。填入该方向要缩放的比例，并选择要进行缩放的节点，完成缩放。

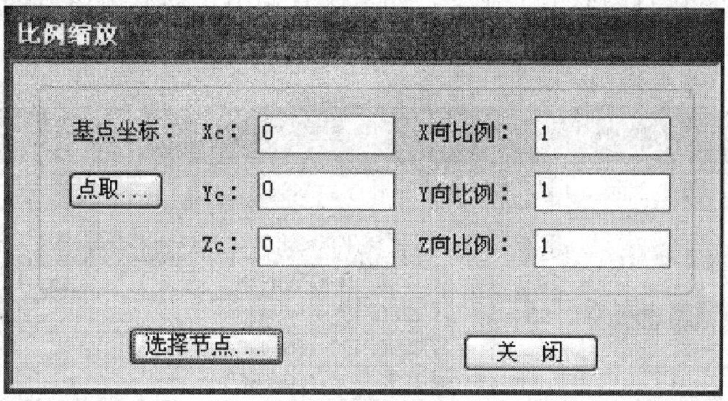

图 5.1.10 比例缩放对话框

10. 删除重复单元节点

该命令用于将重复的单元或节点删除，删除的精度由显示参数中的“建模允许误差值”控制，若两节点间距小于建模允许误差值，则认为是重复节点。重复节点的存在会影响内力计算及导荷载等和构件有关的操作，所以一般建模完成后至少执行一次该命令以删除重复单元节点，在进行结构编辑过程中也应该多次执行该命令。

11. 由单元得到对应直线、面域

该命令用于把 3D3S 的模型对象保存到另外一个文件，并且转换成 ACAD 的模型。通过该命令也可以选择膜三角单元，将其变为实体，保存在另外一个文件，用于做膜结构的效果图用。

12. 结构体系

点击该命令后弹出如图 5.1.11 所示对话框供用户选择结构体系：

桁架表示所有节点都为铰接，框架表示所有节点都为刚接。

平面桁架：若定义所设计计算的结构为平面桁架，软件将自动处理平面桁架的面外位移约束和单元两端边界释放，典型的平面桁架比如普通钢屋架；

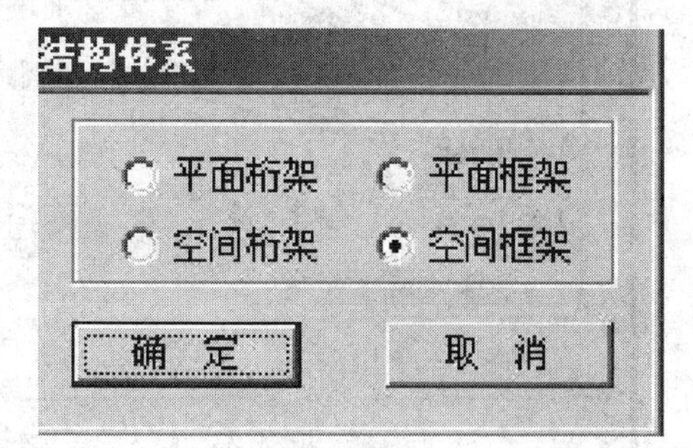

图 5.1.11 结构体系对话框

平面刚架：若定义所设计计算的结构为平面框架，软件将自动处理平面框架的面外位移约束，典型的平面刚架如门式刚架、厂房横向排架。

若结构部分刚接、部分铰接，则需先把结构体系选择为框架，然后使用“构件属性 - >单元释放”进行部分铰接的定义。

5.1.2　构件属性菜单应用

1. 建立截面库

1）软件对截面的定义由两个步骤组成

其一是选择工程需要采用的截面类型，可在截面库的对话框中用鼠标选择需要的截面，截面型号的数量在右侧数量中显示，如果没有显示，则双击该截面类型进行添加。则右侧数量栏中会显示增加后的截面型号数量。如图 5.1.12 所示。

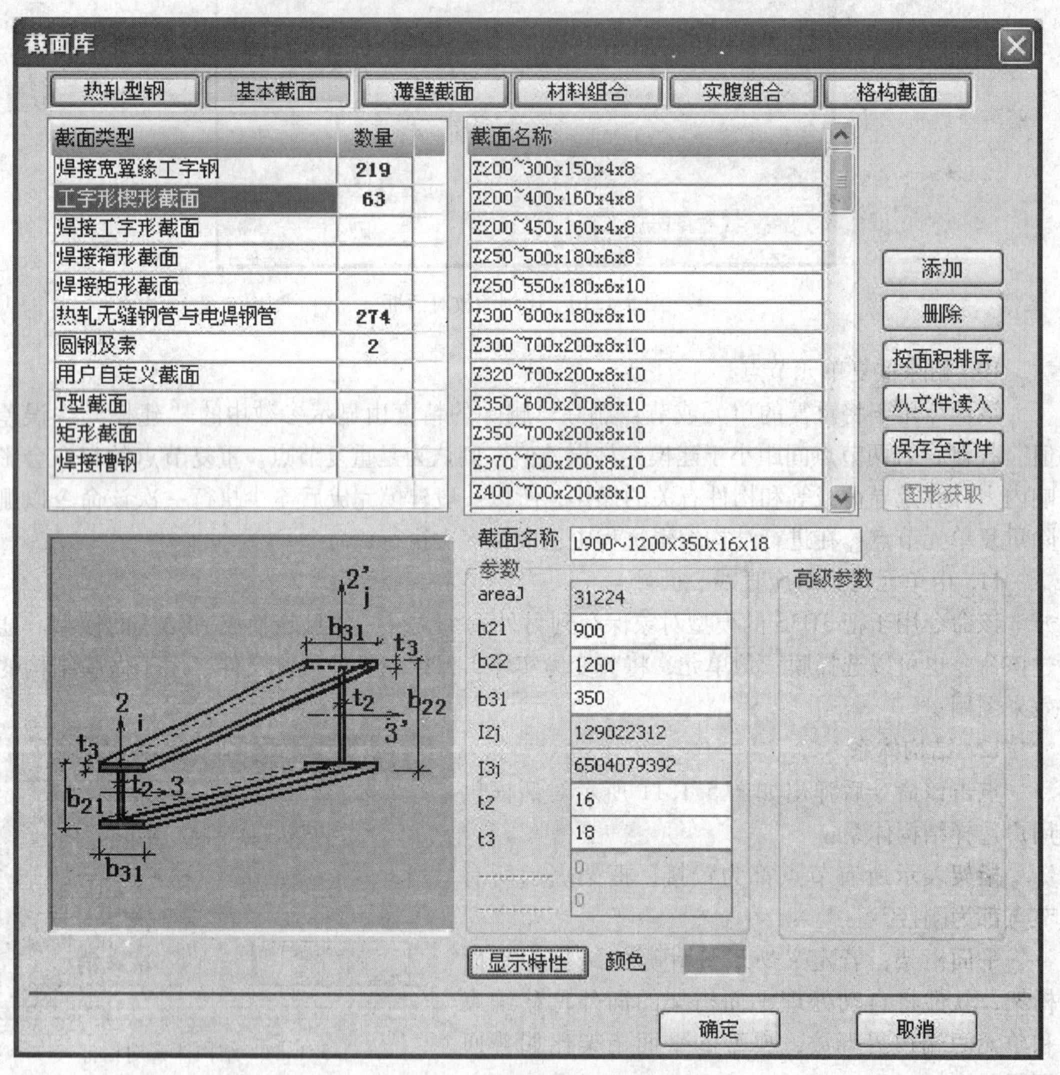

图 5.1.12　截面库的对话框

选择对话框上方某一大类，选择左上方某一截面类型名称，在右侧选择一个界面规格，则显示该截面的截面特性，如图 5.1.13 所示。

其二是选择单元，定义单元截面，如图 5.1.14 所示。

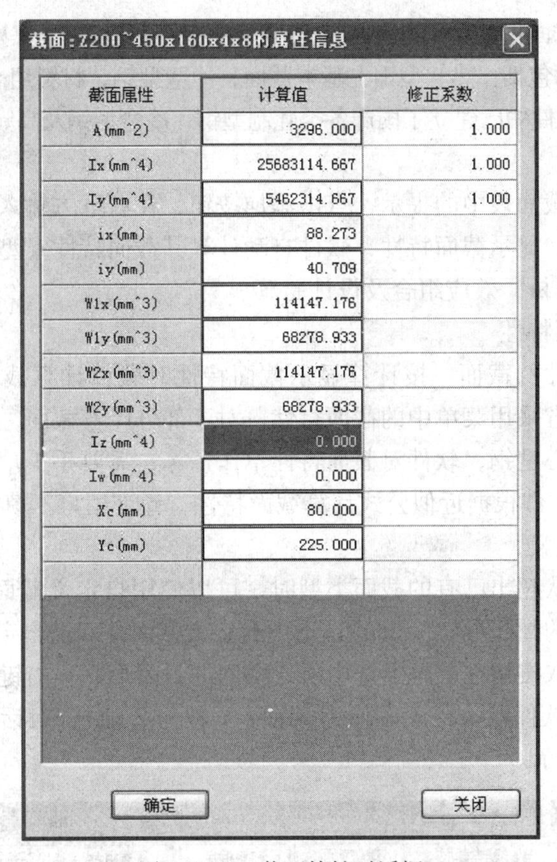

图 5.1.13 截面特性对话框

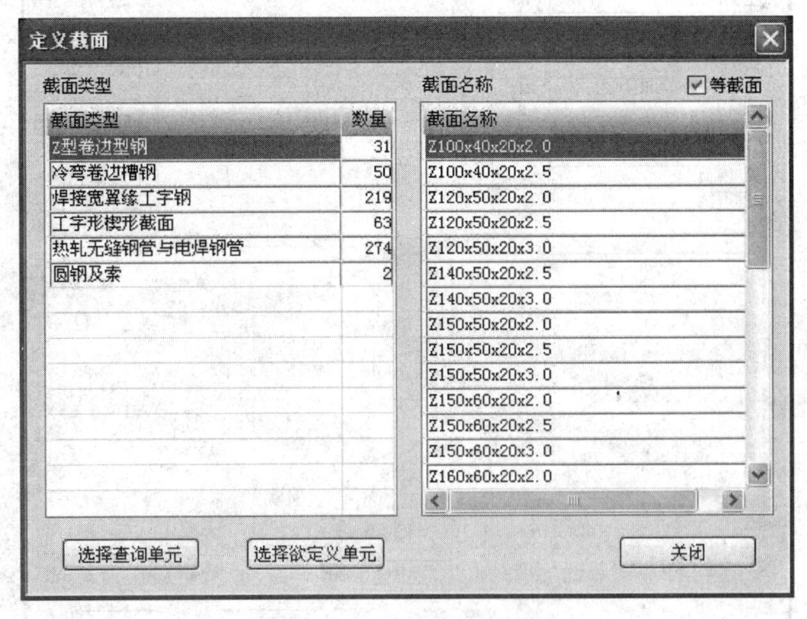

图 5.1.14 定义截面对话框

2）软件附带的截面库

软件附带的截面库包括：热轧型钢，基本截面，薄壁型钢，材料组合，实腹组合，格构截面等六大类。其中，软件中已建立了国产各类轧制型钢，冷弯型钢及高频焊接型钢的截面表。

3）添加

根据对话框右侧截面表中的提示，点击添加按钮，在右下方输入截面尺寸，添加截面名称及详细尺寸信息，显示截面特性，软件自动计算其截面特性（型钢截面不考虑圆角的影响），并用于内力分析，效应组合及设计验算。

4）计算显示截面特性

对于仅有截面尺寸的截面，按计算显示截面特性时软件计算截面特性并显示在菜单中。软件计算时，缺省采用菜单中的截面特性。对于部分冷弯截面，包括冷弯 C 型钢、方形空心型钢、矩形空心型钢，软件对截面特性不作计算，需要手工填写；对于冷弯卷边槽钢、Z 型冷弯型钢，软件根据近似公式计算截面特性，允许用户不填写截面特性。

5）自定义截面定义

当用户的截面形状超出已有的截面类型时，可以使用自定义截面。首先在 $X-Y$ 平面内画出所需要的截面的封闭形状（line），选中自定义截面，双击自定义截面加载截面，给截面命名，按图形获取按钮在屏幕上选中所绘截面的封闭形状，右键结束，在对话框左下方显示出截面形状（软件默认将 X 轴作为 3 轴、Y 轴为 2 轴），对话框右下显示出截面的参数，如图 5.1.15 所示。

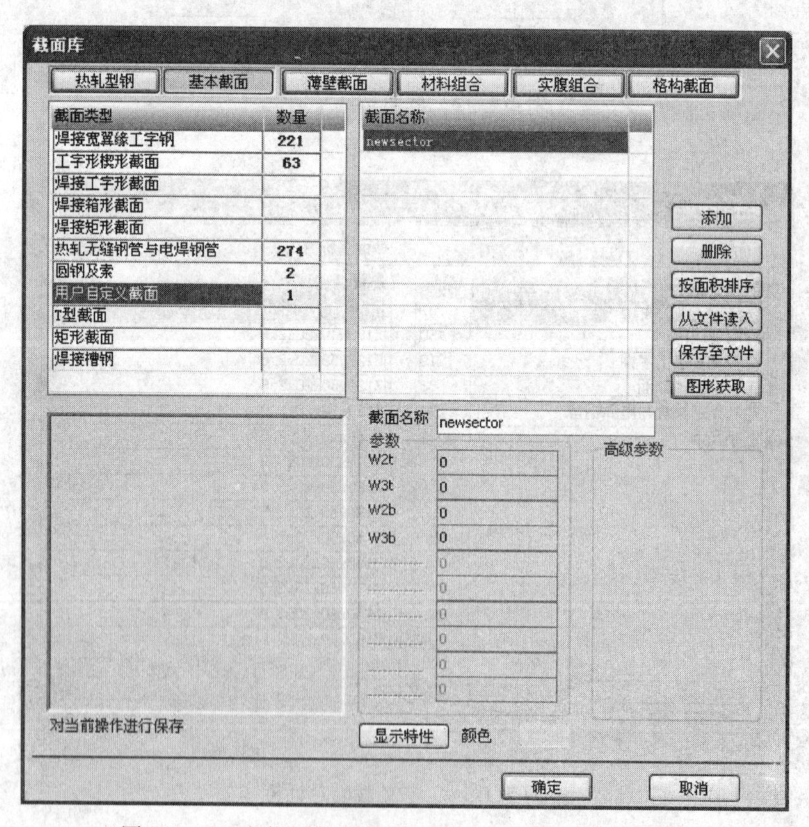

图 5.1.15 在截面库中选取“用户自定义截面”对话框

2. 定义截面

定义截面步骤如下：

1）定义单元截面

（1）对话框左侧列出所有截面库中的截面形式，选择欲定义的截面类型；

（2）选中在建立截面库中激活的截面类型时，对话框右侧出现经增加或删除以后的截面名称系列，选择欲定义的截面名称，并在调色板内选择任意颜色表示所选择的截面；

（3）按“选择欲定义单元”按钮，对话框隐去，用鼠标在屏幕上选欲定义截面的杆件；

（4）按鼠标右键表示选择结束，对话框重新弹出，可按步骤（1）（2）（3）再对其单元进行截面定义或查询；

（5）双击显示的颜色框可改变默认的截面显示颜色；

（6）按“确定”按钮，则命令结束。

2）查询单元截面

（1）按“选择欲查询单元”按钮，对话框隐去，用鼠标在屏幕上选取欲查询的杆件。

（2）按鼠标右键表示选择结束，对话框重新弹出，对话框内显示截面类型及名称为所查询单元的截面，然后可再对其单元进行截面定义或查询。

（3）按“确定”按钮，则命令结束。

3）修改截面参数

双击右面截面列表中的截面可对相应截面的参数进行修改。如果在将来的单元设计中要求软件进行优选设计，软件将按单元在截面选择对话框右侧的截面名称系列中顺序进行优化，即软件认为截面表从小到大排列，截面优选时是在截面表中从上往下逐个挑选截面的。

3. 定义材性

定义材性步骤如下：

1）添加新材性（图 5.1.16）

在列表内“…”处双击，弹出增加材性对话框。

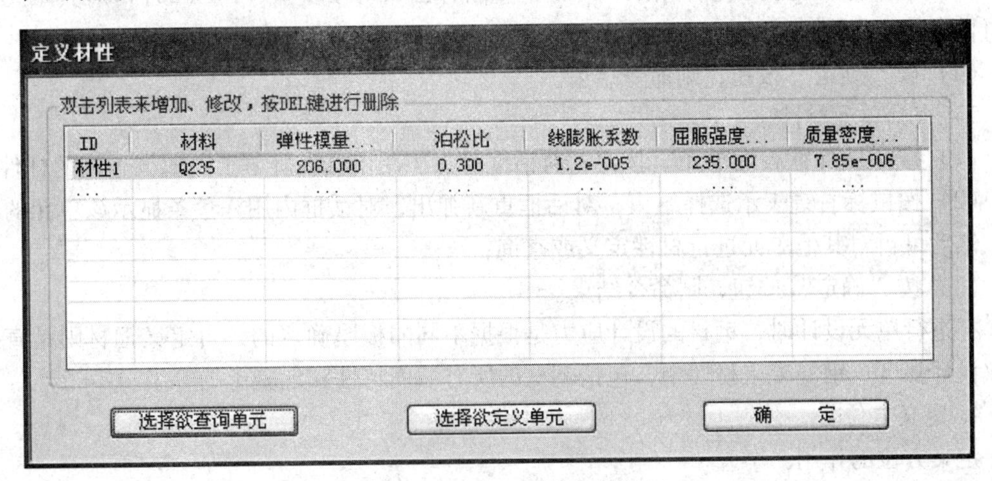

图 5.1.16　定义材性对话框

如图 5.1.17 所示，材料共分钢、混凝土、钢砼、不锈钢四类，（方）钢管混凝土截面、型钢混凝土截面属于钢砼材性。在右下角“材料”下拉表中选择材料。对常用的钢号或混凝土，软件自动弹出相应参数，注意：软件自动根据材料的板厚得到设计强度，因此不需要填入设计强度值。对钢材中的自定义钢号，必须逐个填入所有参数，尤其是弹性模量和设计强度。

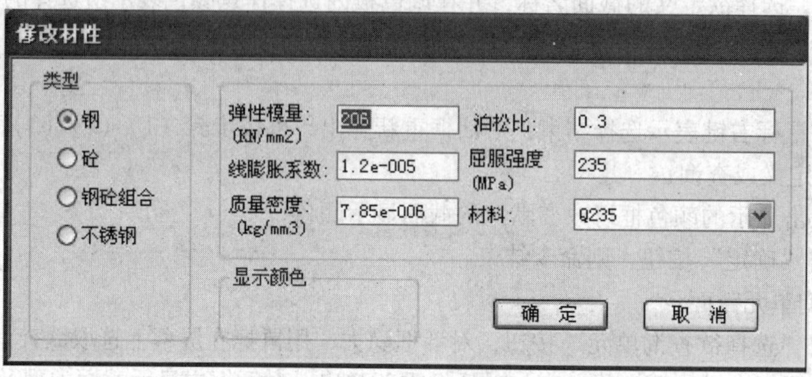

图 5.1.17 修改材性对话框

在左下角显示颜色调色板内选择任意颜色来表示所选择的材性。

2）修改材性

在列表内双击要修改的材性，弹出修改材性对话框让用户对该种材性进行修改。

3）删除材性

在列表内选中要删除的材性后按 DEL 键。

4）定义单元材性

（1）在列表内选中要定义的材性；

（2）按“选择欲定义单元”按钮，对话框隐去，用鼠标在屏幕上选取欲定义材性的杆件；

（3）按鼠标右键表示选择结束，对话框重新弹出，可按步骤（1）（2）再对其单元进行材性定义或查询；

（4）按“确定”按钮，则命令结束。

5）查询单元材性

（1）按“选择欲查询单元”按钮，对话框隐去，用鼠标在屏幕上选取欲查询的杆件；

（2）按鼠标右键表示选择结束，对话框重新弹出，对话框内用深色条显示该单元的材性，然后可再对其他单元进行材性定义或查询；

（3）按“确定”按钮，则命令结束。

在进行单元设计时，钢材的设计应力是根据不同的板厚确定的，自定义钢材则是直接读取设计强度；钢混凝土材性中，包括钢材的所有截面特性和混凝土的等级。

4. 定义方位

定义方位的作用：

相当于定义了构件的局部坐标（在构件信息显示中，可以选择显示构件局部坐标）；

定义方位（图 5.1.18）指定义 k 节点坐标，从而确定由单元两端的 i、j 节点与 k 节点这三个节点所构成的平面在空间的位置（对工字型钢来说是确定了腹板平面），进而确定单元的摆放。

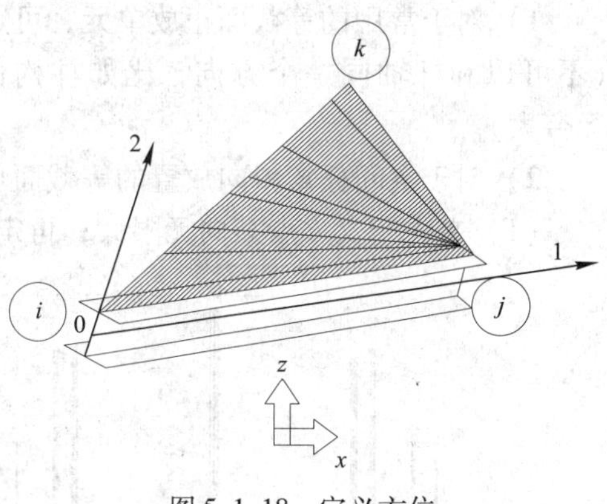

图 5.1.18 定义方位

对于中心对称截面，比如圆管截面，如果是轴力构件（比如桁架杆件），可以不定义方位或者随便定义，不影响计算内力和截面验算；如果是压（拉）弯构件，比如圆管柱，要求明确定义方位（定义了方位后等于指定了构件受力的主方向），这样软件会在主方向内进行构件的长细比计算、内力计算、截面验算等。

定义方位步骤如下：

1）定义单元方位（图 5.1.19）

（1）输入方位数据；

（2）按“选择欲定义单元”按钮，对话框隐去，用鼠标在屏幕上选欲定义方位的杆件；

（3）按鼠标右键表示选择结束，对话框重新弹出，可按步骤（1）（2）再对其他单元进行方位定义或查询；

（4）按“关闭”按钮，则命令结束。

2）查询单元方位

（1）按“选择欲查询单元”按钮，对话框隐去，用鼠标在屏幕上选取欲查询的杆件；

（2）按鼠标右键表示选择结束，对话框重新弹出，对话框内显示该单元的方位，然后可再对其他单元进行方位定义或查询；

（3）按“关闭”按钮，则命令结束。

定义 k 节点的方法（图 5.1.20）：

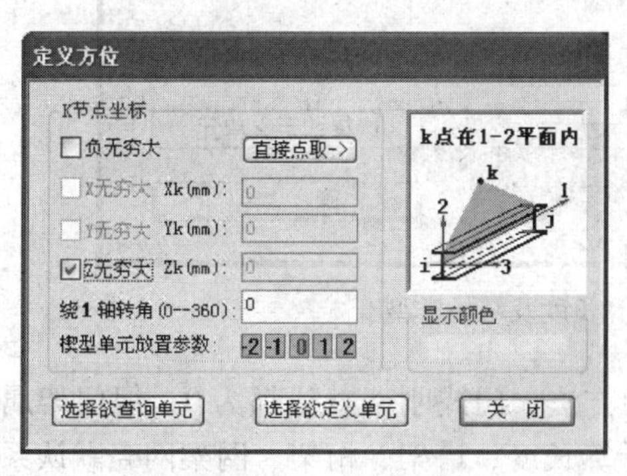

图 5.1.19 定义方位对话框

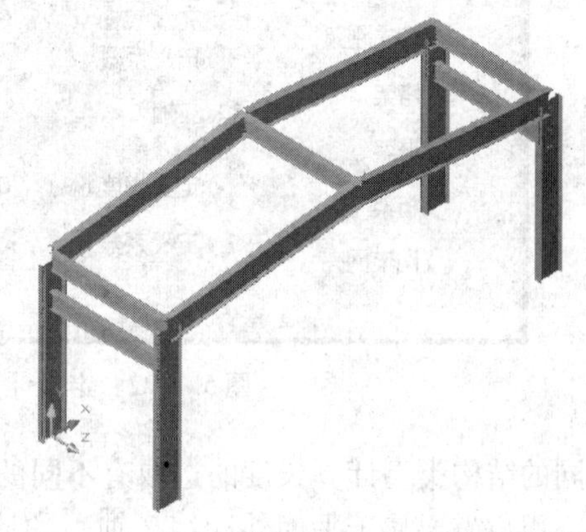

图 5.1.20 构件方位示意图

1）对于常用的等截面正放单元，可定义 k 点 X 向无限大，Y 向无限大或 Z 向无限大（不可以和杆轴同一个方向，比如柱构件是 Z 方向的，那么柱的 k 节点只能是 X 或 Y 无穷大）。

2）对于空间任意斜向放置的等截面单元，有两种定义方式（图 5.1.21）：

（1）首先定义 k 点某向无限大，再定义绕 1 轴（自身轴）转角值；

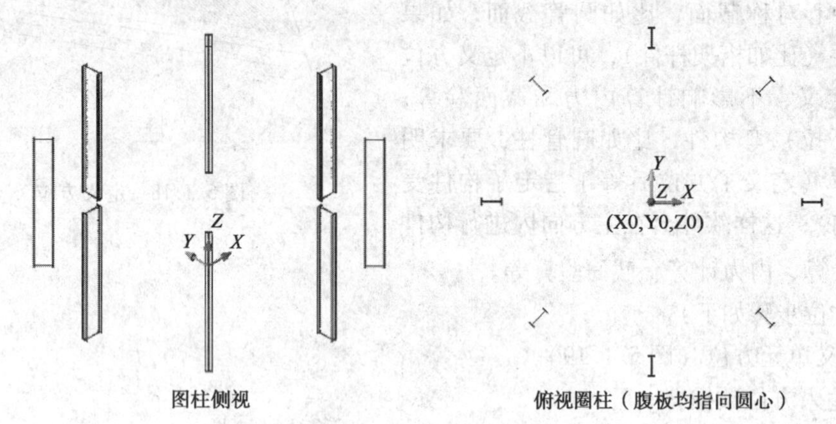

图 5.1.21 杆件方位示意图

（2）直接定义 k 点三向坐标值。

5. 定义计算长度及结构类型

图 5.1.22 对话框的左侧的所属结构类型中列出了几种常见的结构类型；如果是通过各个结构菜单中的表格方式快速建立的模型，该结构的构件会自动标明其所属类型；比如通过网架网壳菜单中的新建网架建立的网架结构，模型中的每一根杆件在定义计算长度对话框中的所属结构类型都会自动停在网架网壳选项。

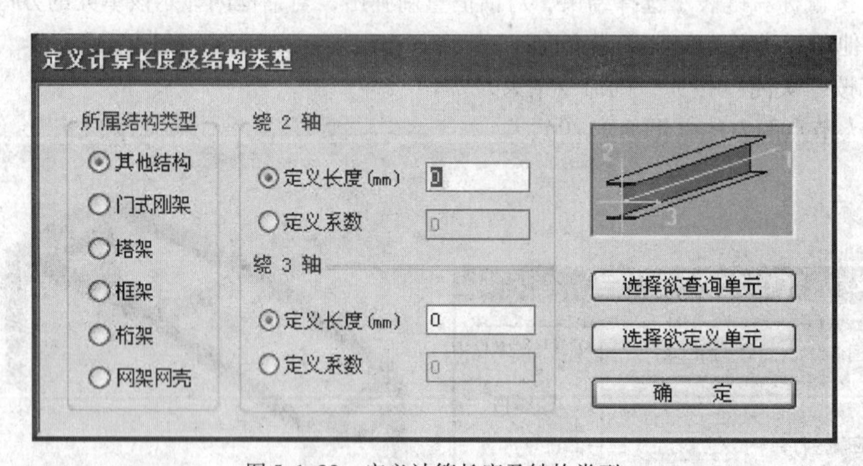

图 5.1.22 定义计算长度及结构类型

不同的结构类型计算长度的选取有不同的方法：门式刚架默认都为 0，但门架属于平面结构，用户需要属于平面外（绕 2 轴）的计算长度；塔架、桁架、网架网壳默认系数都是 1，但如果是平面结构，仍需要用户自己判断和输入面外实际的计算长度；框架默认都为0，但如果属于平面结构，用户需要属于平面外的计算长度。

计算长度的概念详见钢结构设计理论中有关钢结构稳定设计的内容。

有两种输入方法：定义长度表示直接输入计算长度，量纲为毫米；定义系数表示输入无量纲的系数，该系数乘以单元的几何长度作为计算长度。在定义了长度后，相应的系数必须为0，同样定义了系数后，相应的长度为0，软件只识别一个值。

定义计算长度步骤如下：

1）定义单元计算长度

（1）选定义计算长度命令，屏幕弹出定义计算长度对话框。按要求填入数据。

（2）按"选择欲定义单元"按钮，对话框隐去，用鼠标在屏幕上选取欲定义计算长度的杆件。

（3）按鼠标右键表示选择结束，对话框重新弹出，可按步骤（1）（2）再对其单元进行计算长度定义或查询。

（4）按"确定"按钮，则命令结束。

2）查询单元计算长度

（1）按"选择欲查询单元"按钮，对话框隐去，用鼠标在屏幕上选取欲查询的杆件；

（2）按鼠标右键表示选择结束，对话框重新弹出，对话框内显示该单元的计算长度，然后可再对其单元进行计算长度定义或查询；

（3）按"确定"按钮，则命令结束。

3）注意事项

（1）0表示让软件自动寻找计算长度；软件对空间框架结构自动寻找无支撑长度并按规范自动计算两个方向的计算长度。对普通钢屋架定义了常见的平面内外计算长度。对平面框架的平面内计算长度（绕3轴）将按规范求取，需要用户输入平面外（绕2轴）计算长度，因为平面外结构的有效的最不利侧向支撑长度的信息需要用户提供给软件，否则取几何长度计算。

（2）绕2轴，绕3轴与平面内、外：首先，用户需确定输入的是平面内，还是平面外计算长度；其次，根据结构单元的方位定义，确定平面（内）外转动是绕2轴还是绕3轴；最后，确定是输入绕2轴亦或绕3轴计算长度。

（3）在某些空间框架的简化情况中，由于忽略次梁和楼板的作用，软件按主梁自动寻找的梁单元绕2轴长细比将比实际情况偏大，用户应注意到这些情况：比如对于图5.1.23中，主梁和次梁的支承长度如果让软件自动取（在定义计算长度的对话框中绕2轴绕3轴都是0）；对于主梁的b-4，4-9，9-c三个单元，绕3轴（工字截面的强轴）都是b-c的长度，绕2轴（工字截面的弱轴）分别是b-4，4-9，9-c本身的长度（因为有次梁的支撑）。

对于次梁3-4单元，如果该单元两端没有杆件铰接，那么绕3轴（工字截面的强轴）为1-5的长度；如果该单元两端杆件铰接，那么绕3轴（工字截面的强轴）为3-4的长度（单元本身长度）（2003年3月后得到软件或补丁的单位，在之前的则不分是否杆件铰接）；绕2轴（工字截面的弱轴）3-4本身的长度（因为有主梁的支撑）；软件对柱的支承长度的判断和梁是一样的。对于一些计算长度有特别清楚规定的结构，比如桁架，用户最好自行定义一下，这样计算速度快一些；对于平面结构，必须定义平面外的计算长度

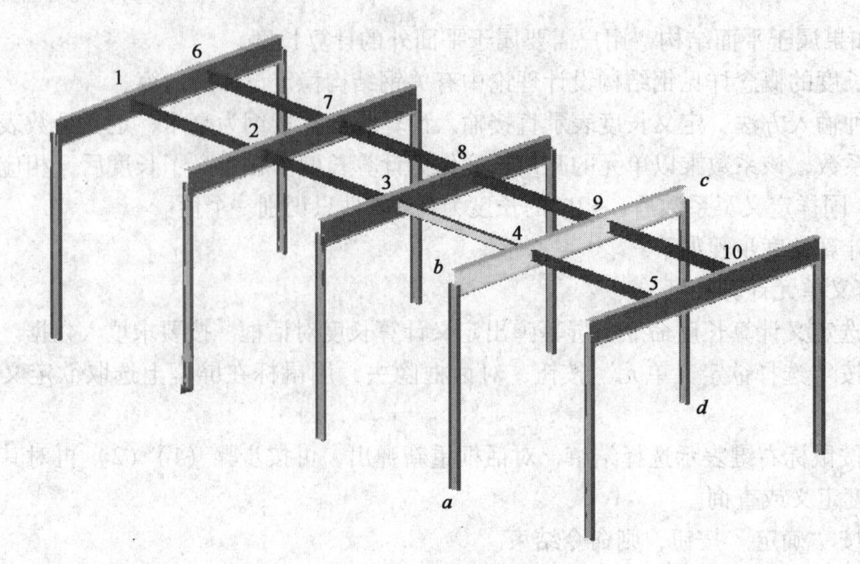

图 5.1.23　空间框架示意图

（或直接定义计算长度、或定义系数，把该系数乘以单元的长度即为计算长度）。

6. 直接编辑截面

选择一单元，对该单元所属截面类型参数进行编辑（改变截面尺寸后必须把截面的性质，如面积惯矩等置 0 后按“显示截面特性”按钮来重新计算截面惯矩等）。

7. 定义层面和轴线号

通过桁架菜单建立的桁架模型自动定义了杆件的上、下弦、腹杆的弦杆类型，手工建立的桁架模型或者手工添加的杆件需要手工定义弦杆类型。定义层面号的步骤如下：

1）定义单元层面和轴线号

（1）选定义层面和轴线号命令，屏幕弹出定义层面和轴线号对话框。在对话框内输入层面序号，或横轴线号，或纵轴线号。

（2）按“选择欲定义单元”按钮，对话框隐去，用鼠标在屏幕上选取欲定义的杆件。

（3）按鼠标右键表示选择结束，对话框重新弹出，可按步骤（1）（2）再对其单元进行定义或查询。

（4）按“确定”按钮，则命令结束。

2）查询单元层面和轴线号

（1）按“选择欲查询单元”按钮，对话框隐去，用鼠标在屏幕上选取欲查询的杆件。

（2）按鼠标右键表示选择结束，对话框重新弹出，对话框内显示该单元的层面和轴线号，然后可再对其单元进行定义或查询。

（3）按“确定”按钮，则命令结束。

8. 支座边界

1）一般支座边界

包含刚性约束、弹性约束、支座位移三种选择。

（1）X、Y、Z 表示沿 X、Y、Z 向的平动约束；R_x、R_y、R_z 表示绕 X、Y、Z 向的转动约束。

（2）支座边界是限制结构运动的装置。实际结构中的节点约束一般都位于支座处。另外，对于平面结构，在用有限元计算时，需要阻止平面外的位移，可以灵活运用支座边界约束节点面外自由度。

（3）一般梁梁节点是铰接点，梁柱节点是刚节点，但不是节点约束，不能设支座边界。因为该刚节点是有节点位移的，该点的运动并没有被限制。

2）定义支座边界的步骤

（1）首先在对话框内选择约束情况，若为弹性约束、支座位移或斜边界还应填入相应数值；

（2）按“选择受约束节点”按钮，对话框自动隐去，用鼠标在屏幕上选择所要定义的节点，按鼠标右键表示选择结束，对话框自动弹出，可按步骤（1）、（2）继续定义节点约束或查询节点约束；

（3）按“关闭”按钮表示结束。

查询约束可按“查询节点约束”按钮，对话框自动隐去，用鼠标在屏幕上选择所要查询的节点，按鼠标右键表示选择结束，对话框自动弹出，对话框内显示所查询节点所受的节点约束情况。接下来可继续定义节点约束或查询节点约束；按“关闭”按钮表示结束。

9. 单元释放

用于刚接体系中存在铰接节点的结构。增加了两种定义方式，现在有按节点大小，选择一端，按坐标三种定义方式。如图 5.1.24 所示。

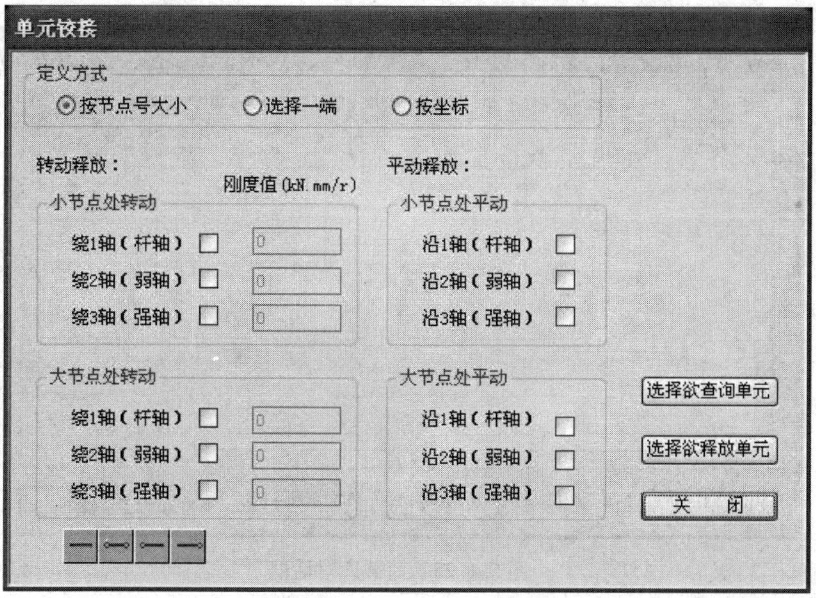

图 5.1.24　单元释放对话框

单元释放步骤如下：

（1）定义方式

按坐标定义。

（2）选择释放选项；其中对话框内的“小号节点”和“大号节点”分别指单元左右

节点号较小的一端和较大的一端；转动释放绕某轴选中时表示绕该轴铰接，一般情况不选择绕1轴释放；对一般结构不选择平动释放，除非构件端部允许相对的滑移。

(3) 选择欲释放的单元。

5.1.3 荷载编辑

输入并修改结构节点及单元的恒、活、风载，地震、吊车、温度、支座位移等七种工况作用，进行各工况下的导荷载，其中只有恒、活、风载这三种工况是用工况号（0，1，2，…）区分的。软件对一般恒、活、风载的节点、单元荷载输入按两种方法实现：

方法一：

首先，建立荷载库，该工程将有何节点、单元荷载，统统按工况性质（恒、活、风）和荷载性质（节点、单元）建立成荷载表单；然后，选择节点或单元，将荷载库中的荷载加到节点或单元上。

方法二：

选中一批单元（必须是封闭区域），由软件根据输入的面荷载或风载体型系数等自动导荷载。荷载可导到单元上，也可导到节点上。

1. 荷载库

按此命令后弹出如图5.1.25所示对话框：

图5.1.25 荷载库对话框

在荷载库内可分别添加节点荷载、单元荷载、板面荷载、杆件导荷载、膜面导荷载，桁架中用的比较多的是节点荷载、单元荷载、杆件导荷载三种。

(1) 添加新荷载：双击列表内“…”处即会弹出添加新荷载对话框。

(2) 修改荷载：双击列表内要修改的荷载即会弹出荷载修改对话框。

(3) 删除荷载：选中列表内要删除的荷载后按DEL键即可。

1）工况号

恒载的工况号为0；活载的工况号为非零的自然数，活载可以占据不同的工况号，表示不同时作用的活载。风载的工况号为非零的自然数，但不能和活载已经占有的工况号重合，风载可以占据不同的工况号，表示不同时作用的风载。

2）节点荷载

每一节点荷载包括六个数值，如图5.1.26所示。

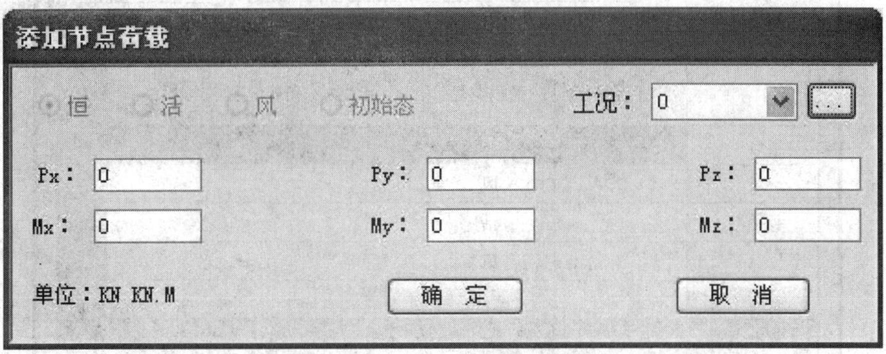

图5.1.26 节点荷载对话框

P_x，P_y，P_z，M_x，M_y，M_z，在整体坐标系下描述；P_x，P_y，P_z 表示沿 X、Y、Z 向的力，M_x，M_y，M_z 表示绕 X、Y、Z 轴的弯矩。

点击添加节点荷载工况右侧的按钮，弹出如图5.1.27所示对话框，用户可以在这个对话框中添加、编辑、删除荷载工况，也可以把这些荷载工况按工况号排序，在施加节点荷载时只需选择工况号即可。

3）单元荷载（图5.1.28）

（1）单元荷载组包括六种荷载类型，分别表示分布荷载、单元内集中荷载、单元内集中弯矩、分布弯矩、三角形荷载和梯形荷载。

（2）方向 X、Y、Z 是整体坐标系下的，不与整体坐标系平行的荷载需要分解成 X、Y、Z 三个分量；比如：竖直向下的荷载需要输 Z 方向的负值。方向1－1轴、2－2轴、3－3轴：表示沿杆件的局部坐标方向。沿 X 轴投影、沿 Y 轴投影、沿 Z 轴投影：表示荷载作用在杆件沿整体坐标 X、Y、Z 轴投影后的长度上。

（3）Q_1，Q_2 正负号根据其与 X、Y、Z 三轴正向的关系而定，对2，3，5种情况只需输入 Q_1。

（4）X_1，X_2 表示从小号节点到荷载作用点的沿单元距离。$X_1=X_2=0$ 表示满布荷载；当 X_1 不等于0时，X_2 也不可以为0。

（5）力的方向是沿整体坐标方向，即 AutoCAD 的世界坐标。

点击添加单元荷载工况右侧的按钮，弹出如图5.1.29所示对话框，用户可以在这个对话框中添加、编辑、删除荷载工况，也可以把这些荷载工况按工况号排序，在施加节点荷载时只需选择工况号即可。

荷载工况

静态

荷载工况： 0

荷载类型： 恒

荷载说明：

添加 编辑 删除 按工况号排序

	工况号	荷载类型	荷载说明
1	0	恒	
2	2	风	
3	1	活	
4	3	风	

确定 取消

图 5.1.27 荷载工况对话框

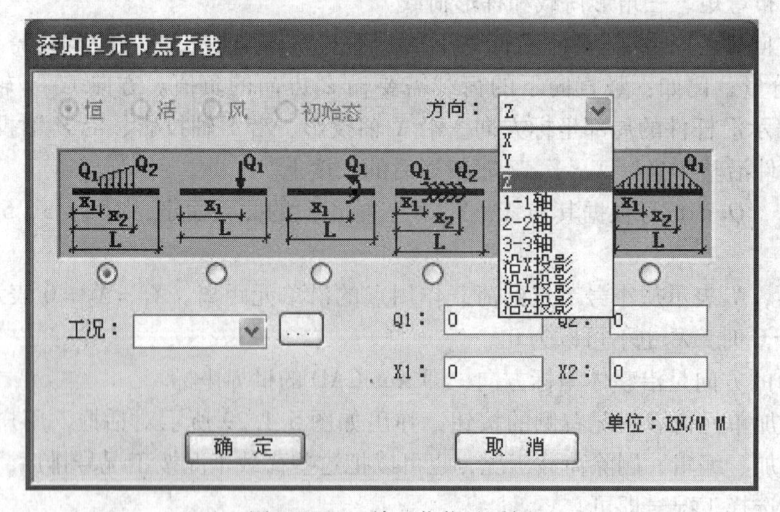

图 5.1.28 单元荷载对话框

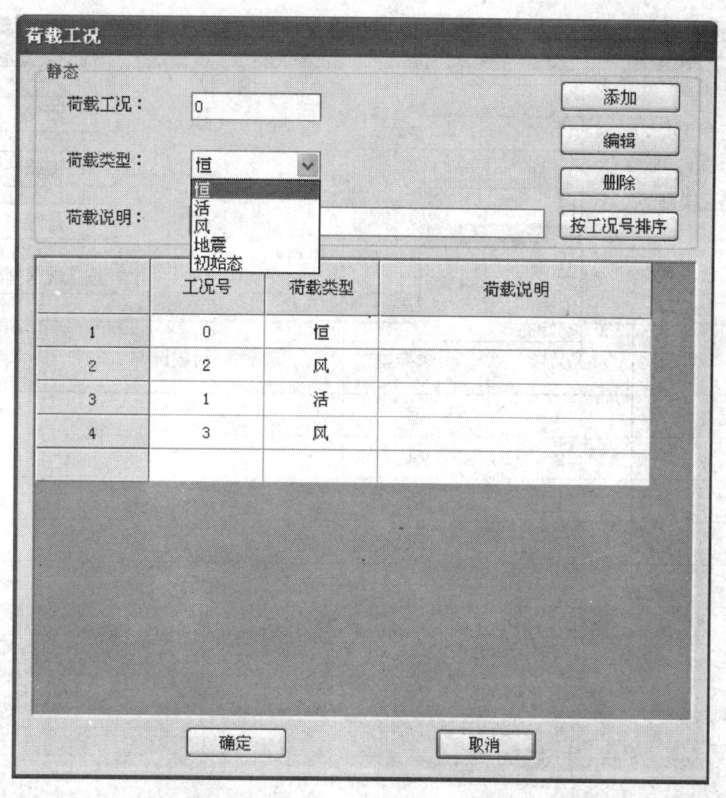

图 5.1.29 定义荷载工况

4）杆件导恒活荷载（图 5.1.30）

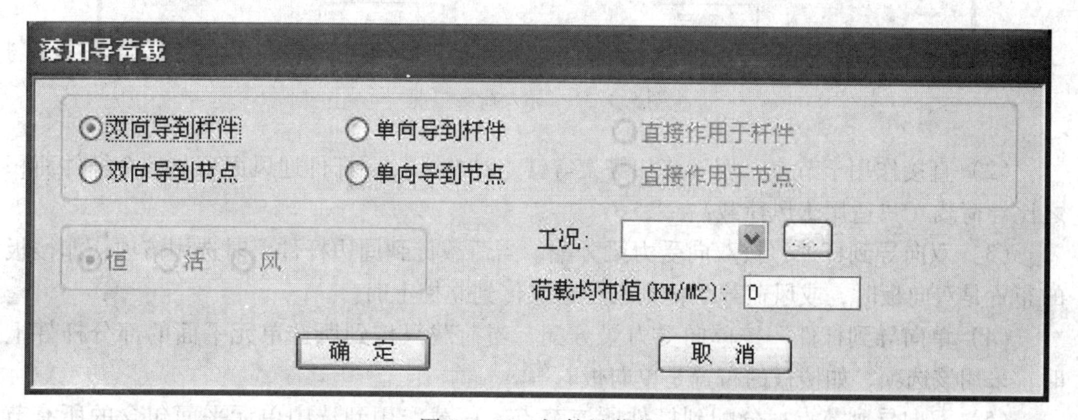

图 5.1.30 杆件导荷载

点击添加导荷载工况右侧的按钮，弹出如图 5.1.31 所示对话框，用户可以在这个对话框中添加、编辑、删除荷载工况，也可以把这些荷载工况按工况号排序，在施加节点荷载时只需选择工况号即可。

荷载分配方法：

（1）直接作用于杆件：用于诸如塔架等镂空结构，按照杆件迎风面积与整个杆件面积之比导荷载（只适用于风荷载）。

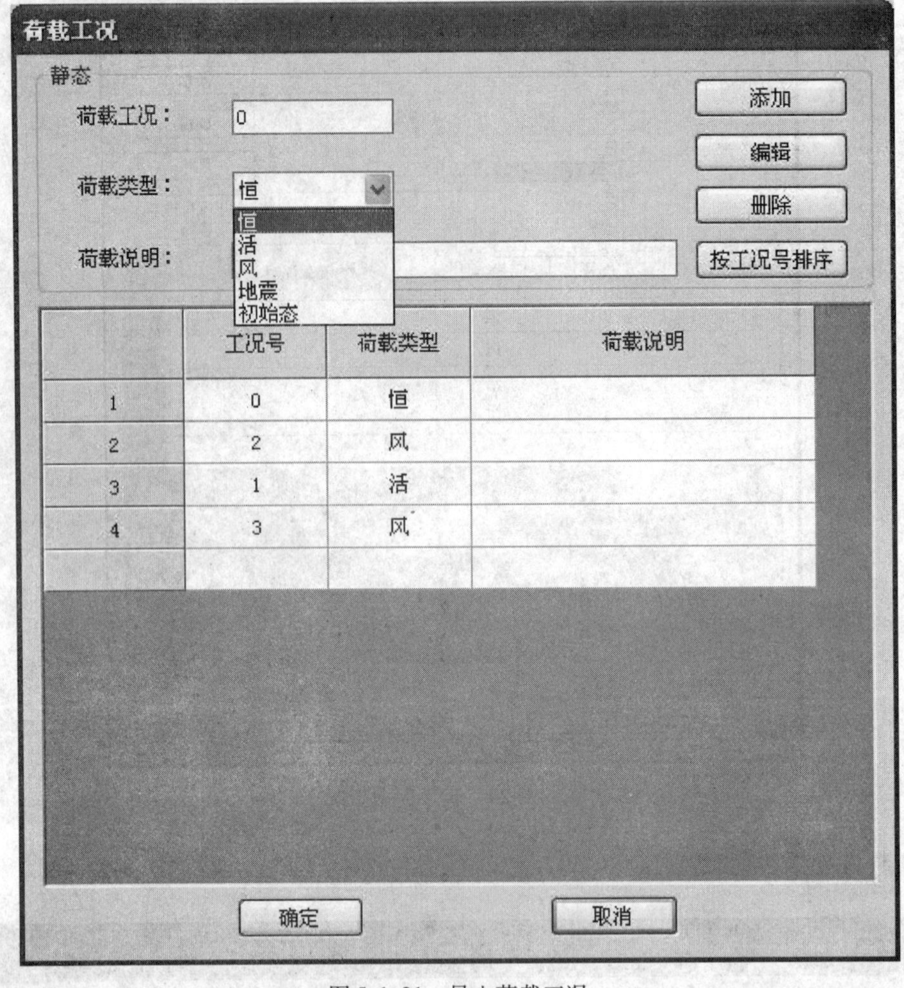

图 5.1.31　导入荷载工况

(2) 直接作用于节点：用于诸如塔架等镂空结构，按照杆件迎风面积与整个杆件面积之比导荷载（只适用于风荷载）。

(3) 双向导到杆件：按双向受力梁分配，当荷载传到周边杆件上时选用该项，如楼板的布置是双向板时，或风荷载既传到梁上，又传到立柱上时。

(4) 单向导到杆件：按单向受力梁分配，当荷载只传到所选单元平面的部分杆件上时，采用该选项，如楼板的布置是单向板时等。

(5) 双向导到节点：分配到杆件所连节点，荷载作用到选中单元平面包含的所有节点上。

(6) 单向导到节点：分配到所选节点，荷载作用到用户选中的节点上。荷载分配到节点常用于空间桁架等大型网架网壳结构中，将荷载简化到节点上。

荷载均布值一律为正数，恒、活载自动导得的荷载作用方向一律向下，即指向 -Z 方向。对恒荷载，荷载总值为均布值乘以层面的实际面积，对活荷载，荷载总值为均布值乘以层面在 *XY* 平面上的投影面积。

5）杆件导风荷载

点击添加导荷载工况右侧的按钮，弹出如图 5.1.32 所示对话框，用户可以在这个对话框中添加、编辑、删除荷载工况，也可以把这些荷载工况按工况号排序，在施加节点荷载时只需选择工况号即可。

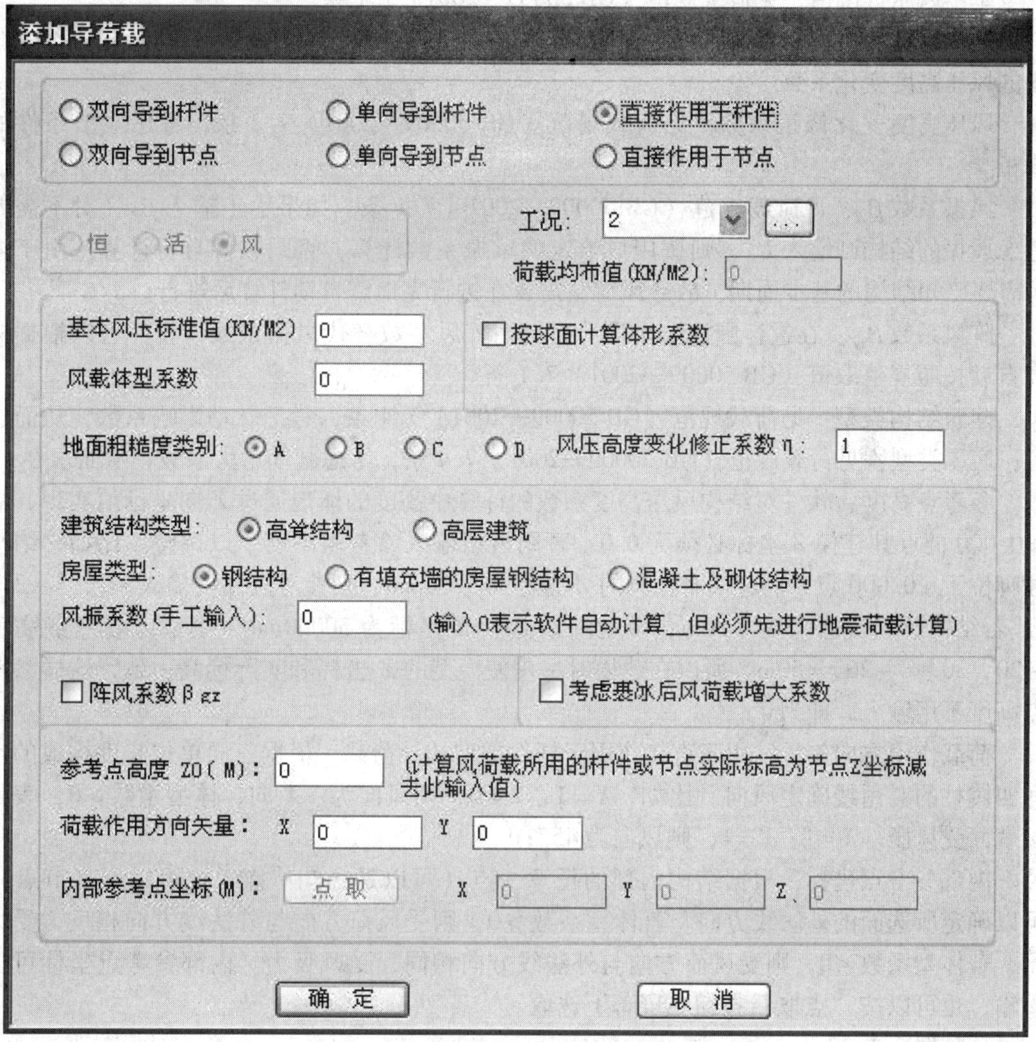

图 5.1.32 添加风荷载工况

参数定义：

工况：可以任意输入，但不能为 0，也不能与已知活载工况号重号。不同时作用的风应该输入不同的工况号。不同层面导风荷若工况号相同表示其同时作用，比如结构中存在迎风面与背风面是同时受风的，工况号应相同；但左风，右风不同时作用，这时定义的荷载应为不同工况号。

荷载分配方法：同上导恒活荷载，其中直接作用于杆件的导荷载是指类似铁塔、烟囱之类无外围护，结构构件直接承受风荷载的结构形式，软件自动根据荷载方向作用矢量和构件的挡风面积计算荷载承受的风荷载的单元荷载。

风载体型系数：一般结构的体型系数见《建筑结构荷载规范》(GB 50009—2001) 7.3条。特种结构的体型系数见各相应规程，比如高耸塔桅结构的体型系数见高耸结构规范GBJ 135—90 3.2.6条。一些重要的结构的体型系数应根据风洞实验实际测定得到。

基本风压标准值：见荷载规范（GB 50009—2001）7.1条。

地面粗糙度类别：见荷载规范（GB 50009—2001）7.2条。由结构标高及此值确定结构的风压高度变化系数。

风压高度变化修正系数：见荷载规范（GB 50009—2001）7.2条，考虑地形条件的修正。

风振系数β_Z：见荷载规范（GB 50009—2001）7.4条。如果手工输入β_Z（对不需要考虑风振的结构则输入1），则按用户给定的风振系数计算，否则软件自行计算。由于求β_Z需要已知结构的基本周期，故导风荷载需要在进行完地震自动计算后进行。

阵风系数β_{gZ}：在进行围护结构设计时，用阵风系数替代风振系数，软件可以根据标高自动按照规范取值（GB 50009—2001）7.1条。

建筑结构类型：见荷载规范（GB 50009—2001）7.4条，考虑脉动影响系数，从而求β_Z；房屋类型：见荷载规范（GB 50009—2001）7.4条，考虑脉动增大系数，从而求β_Z。

参考点高度：软件对结构风压高度系数的计算中高度的体现通过Z向坐标值实现，故±0.000的点其建模Z坐标必须为0.0，否则可以输入参考点高度予以调整。比如，结构柱脚位于±0.000点，而建模时柱脚的Z坐标为3000mm，则参考点高度输入+3，$3-3=0$；若结构最低点标高为+50m，模型的最低点Z坐标为30000mm，则输入参考点高度−20，$30-(-20)=50$m。所以在建模时尽量使模型的Z坐标和实际标高一致，这样参考点高度不用输入，即为0。

荷载作用方向矢量：用于直接作用于杆件类型的导荷载，根据三向单位长度构成的空间四棱柱的对角线确定风向。比如，$X=1$，$Y=0$，则风向为$+X$向，体型系数>0，表示该表面受风压。$X=1$，$Y=1$，则风向为45°；

内部参考点坐标：根据结构内部的任意一点（可以是已知节点，也可以不是节点），可以确定所选面的外法线方向。若体型系数>0，则受风荷方向与外法线方向相反，受风压；若体型系数<0，则受风荷方向与外法线方向相同，受风吸力。内部参考点坐标可以手输，也可以按“点取”按钮在屏幕上选取。

比如图5.1.33：

对由封闭四边形1，2，3，4组成的区域，存在风压力（方向如箭头所示）；事先输入的风载体型系数为正数0.8，表示对1，2，3，4区域为压力，这时软件就需要内部参考点来判断压力荷载是朝什么方向的。点取p点来指定建筑物内部的一点，那么软件可以自动导得正确的荷载方向。

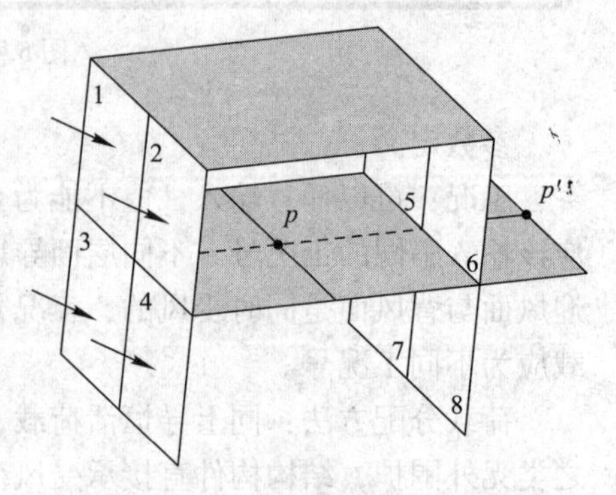

图5.1.33　风荷载作用面示意图

如果点取了p'点，虽然p'不在建筑物内部，对1，2，3，4的区域导风荷载的结果是一样的，结果也是对的；但对5，6，7，8的区域导风荷载的方向就不对了，即填入体系系数为0.8，导出来的风荷载却是吸力。

2. 杆件导荷载

1）添加导荷载虚杆

本命令用于生成导荷载的封闭区域，解决了未围成封闭区域构件的导荷载问题，如图5.1.34所示楼面平面存在五根悬挑梁，但梁端不存在边梁，这种情况下可以在梁端添加四根虚杆后进行封闭面的生成和自动导荷载；

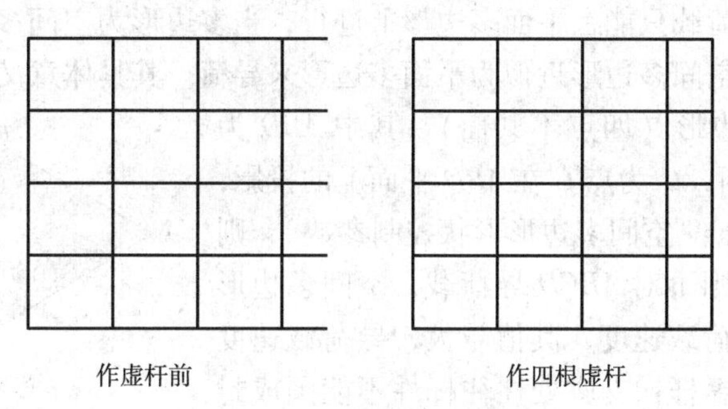

图5.1.34 添加导荷载虚杆

虚杆上不分配封闭面的荷载；添加导荷载可以在添加虚杆前或者添加虚杆后进行，结果相同，但是在添加虚杆后进行添加导荷载的操作比较直观。

2）生成导荷载封闭面

导荷载是将由杆件或者虚杆围成的封闭区域的面荷载按照一定原则分配到杆件或节点上成为单元荷载或节点荷载，因此封闭面的自动生成是分配荷载的前提；弹出的对话框如图5.1.35所示。

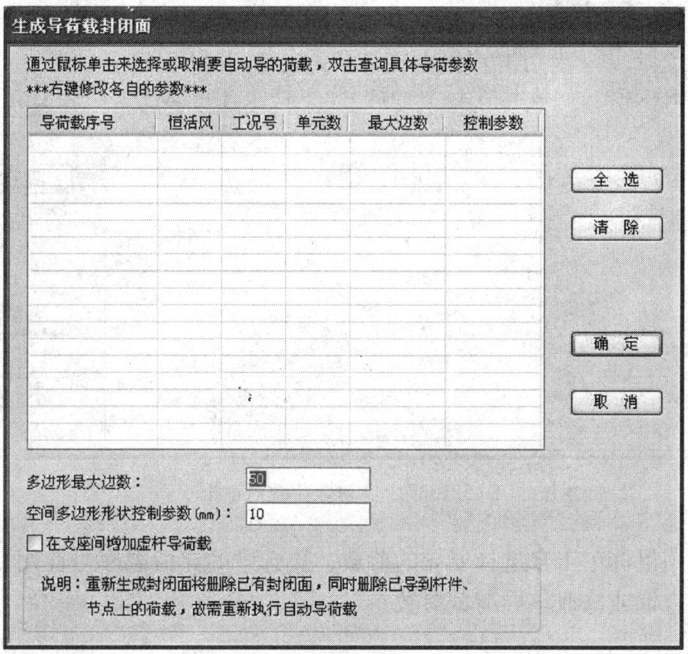

生成导荷载封闭面

通过鼠标单击来选择或取消要自动导的荷载，双击查询具体导荷参数

右键修改各自的参数

导荷载序号	恒活风	工况号	单元数	最大边数	控制参数

全 选

清 除

确 定

取 消

多边形最大边数： 50

空间多边形形状控制参数(mm)： 10

在支座间增加虚杆导荷载

说明：重新生成封闭面将删除已有封闭面，同时删除已导到杆件、节点上的荷载，故需重新执行自动导荷载

图5.1.35 生成导荷载封闭面

在列表框内用鼠标单击来选择要导的荷载，被选中的导荷载序号前用打勾表示，双击某一导荷载可以查询或修改该导荷载参数。右键改变当前选择的导荷载参数。

参数说明：

多边形最大边数：导荷载时软件会自动找封闭区域，该参数用于控制封闭区域多边形的最大边数，这里的边数是指形成封闭区域的杆件数。当形成封闭区域的杆件数小于等于“多边形最大边数”时对该区域进行导荷载，否则不对该区域导荷载。空间多边形形状控制参数：理论上，导荷载只能在平面多边形上进行，当多边形为空间多边形时，软件通过该参数来控制是否把空间多边形近似为平面多边形来导荷。其具体意义如图 5.1.36 所示。

ABCD 为空间多边形（四点不共面），其中 *ABD* 为 *AB*、*AD* 所确定的平面，*C′*为点 *C* 在 *ABD* 平面上的投影，若 *CC′*长度小于或等于“空间多边形形状控制参数”，则对 *ABCD* 导荷载，否则不对 *ABCD* 导荷载，空间多边形形状控制参数影响导荷载速度，其值越大，导荷载速度越慢。在支座间添加虚杆：支座处往往杆件不能围成封闭区域，需要添加虚杆进行导荷载。

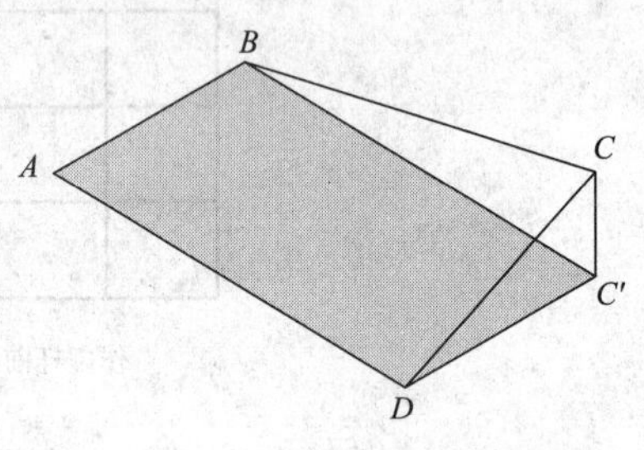

图 5.1.36　空间多边形导荷示意图

3）自动导荷载

将输入的杆件导荷载和膜面导荷载导到杆件或节点上。

在输入了杆件导荷载或膜面导荷载后，必须使用本命令才能把导荷载参数中的面荷载值转化为节点荷载或单元荷载。执行该命令后，弹出如图 5.1.37 所示对话框。

自动导荷载

通过鼠标单击来选择或取消要自动导的荷载，双击查询具体导荷参数

右键修改各自的参数

导荷载序号	恒活风	工况号	单元数	最大边数	控制参数
√导杆件荷载1	恒	0	178	50	10
√导杆件荷载2	活	1	178	50	10

全　选
清　除
确　定
取　消

图 5.1.37　自动导荷载对话框

在列表框内用鼠标单击来选择要导的荷载，被选中的导荷载序号前用打勾表示，双击某一导荷载可以查询或修改该导荷载参数。

4）荷载组合

软件内置了常用于普通钢框架、门式刚架的 8 种一般组合系数，用户可以根据结构类

型的不同，修改或人工添加或删除组合；在一般组合中，不同工况号的同一类荷载均是互斥地参加组合计算的；如存在恒载0，活载1，活载2，左风3，右风4 五类荷载；一个一般组合为：恒 +0.9 活 +0.5 风，其实际考虑如下4 种组合：

（1）恒0 +0.9 活1 +0.5 风3；

（2）恒0 +0.9 活1 +0.5 风4；

（3）恒0 +0.9 活2 +0.5 风3；

（4）恒0 +0.9 活2 +0.5 风4。

在完成一次内力分析后，软件会自动删除多余的组合情况，并以特殊组合的形式显示出当前实际存在的组合；比如存在恒载0，活载1，风载2，风载3 三类荷载，在组合中输入了3 个一般组合：

（1）恒 + 活 + 风；

（2）恒 + 活 + 吊车；

（3）恒 + 地震。

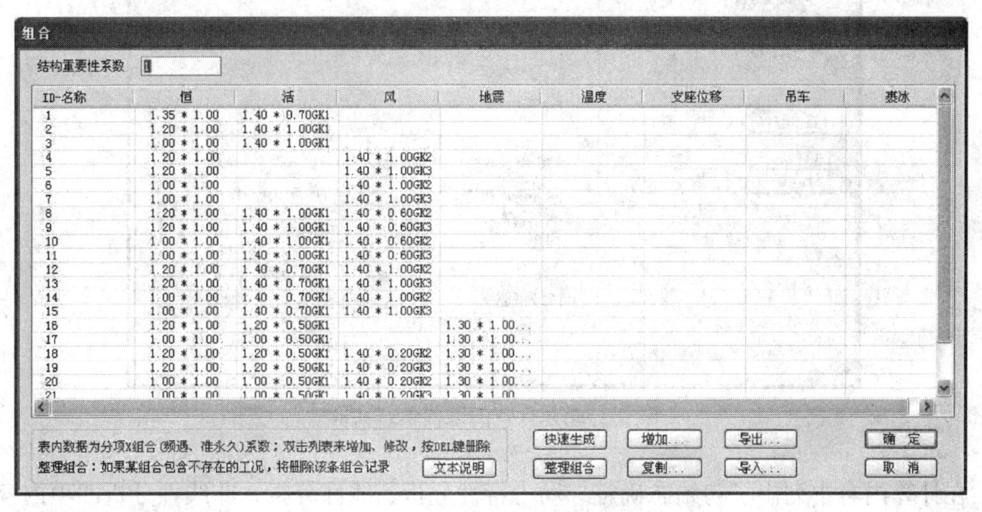

图 5.1.38 荷载组合对话框

那么在内力分析完成后，由于吊车和地震工况不存在，组合2、3 被删除，只保留实际存在的两个特殊组合：恒0 + 活1 + 风2；恒0 + 活1 + 风3；如果有已知支座位移，支座位移作为单独工况参与组合，其组合系数可在对话框（图5.1.38）内输入；这里采用分项系数×组合系数的方式，即第一个空白框中填分项系数1.2，1.4；第二个空白框中填组合系数（或频遇、永久系数）；对结构荷载比较复杂的情况。需要用户控制组合形式，输入合适的系数；用户可以通过双击列表内“…”或使用添加一般组合按钮处来增加新的一般组合；用户可以按 DEL 键来删除列表内选中的组合。

5.1.4 内力线性及非线性分析

1. 模型检查

按此功能块后，软件对模型做初步的检查，判断是否存在建模问题；检查的内容包括：截面、材性、方位是否定义、所有相交构件是否打断、是否存在特别短或特别长的单元等；其中判断可能是机构的点的依据如图 5.1.39 所示，平面内相交的四根构件在相交点都做单元释放的话，软件判断其为机构。

2. 带宽优化

带宽优化命令用于对结构节点进行重新编号以达到加快计算速度的目的，该命令相对独立，不影响模型的其他操作；对大型杆系结构带宽优化对计算速度的加快作用比较明显。

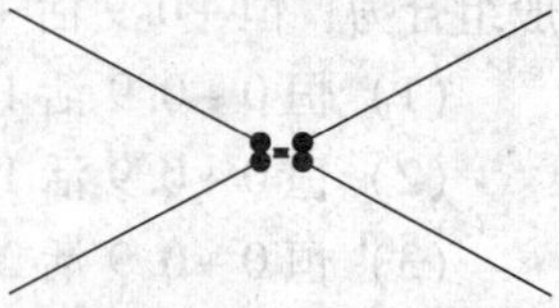

图 5.1.39 机构

3. 计算内容选择及计算（图 5.1.40）

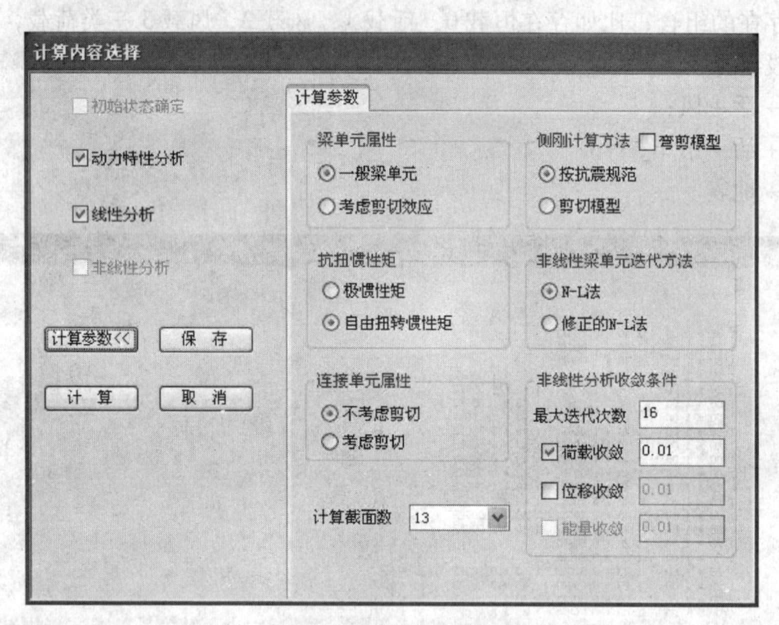

图 5.1.40 计算内容选择对话框

在计算内容中列出了初始态确定、动力特性分析、线性分析、非线性分析四项内容。

5.1.5 设计验算

1. 选择规范

桁架及钢结构构件选择普通钢结构规范。

2. 定义优选分组

对构件进行验算组的定义（图 5.1.41），定义了相同组号的构件在进行优选验算的时候优选为按相同的截面。点击选择预查询单元，可以对已定义的单元进行组号的查询。

3. 单元验算（图 5.1.42）

校核：仅验算杆件是否满足规范要求，杆件截面不改变；截面放大：如杆件截面不够则改选增大的截面，截面放大则该单元的截面颜色随之改变；截面优选：对过大的杆件截面调小，对过小的截面调大，截面改变伴随着单元的截面颜色随之改变；截面优化：只针对宽翼缘工字钢、焊接工字形截面、工字形楔形截面、焊接矩形截、焊接箱形、焊接矩

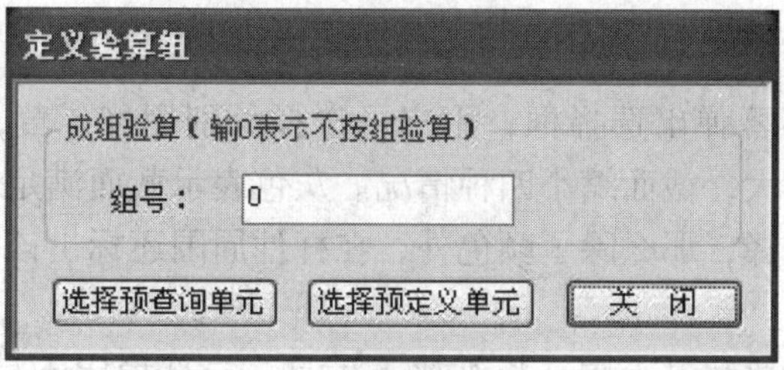

图 5.1.41 定义验算组对话框

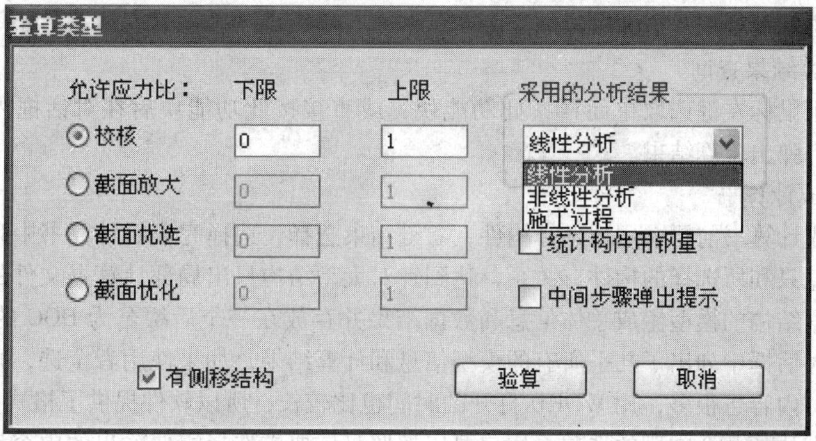

图 5.1.42 单元验算对话框

形，圆钢管、T 形截面八类截面，优化前只需在相应的截面类型中任选一个截面尺寸即可，优选后的截面为新加截面，放在截面库的末尾；如果用户同时选定了其他类型的截面实行优化，软件会自动把其他类型进行优选。

下限、上限：判断截面过大或过小的标准。下限是指杆件的应力（包括强度应力、稳定应力）与材料设计强度的比值应该大于该值，认为截面合理，否则截面过大；上限是指杆件的应力与材料设计强度的比值应小于该值，否则认为截面过小。

有侧移结构：针对钢规列出了有侧移框架柱和无侧移框架柱的计算长度系数。用户根据框架支撑设置的情况自行判断其是否是有侧移框架。对于已经定义了计算长度的构件，该选项没有作用。

统计用钢量：初步计算主刚架梁柱用钢量，不含节点和附属结构。

通过桁架菜单快速建立的桁架模型，弦杆的所有构件已经自动被分为同一组构件；可以通过构件属性—定义截面—选择欲查询单元按钮来查询已被定义组号的构件，可以查出弦杆已经被定义为 1、2 等不同的组号，也可以通过按层面显示，选择不同的组号进行显示软件默认的截面组号；因此在截面优选过程中，同一个组号的弦杆始终保持相同的截面；手工添加的桁架构件需要在定义截面中定义组号以便优选。

4. 验算结果按颜色显示

可以用颜色显示不同的验算数值结果，还能用文本的形式按验算项的大小统计查询验算结果。

5. 验算结果显示

选择单元组后，屏幕弹出选择框，用户可选择分别用红，黄，绿，蓝色表示截面不足，截面过大，截面增大，截面缩小四种情况。灰色表示截面满足或截面无变化。显示验算数值结果项一旦被选择，那么除了颜色外，在杆件周围还标出该构件的强度、稳定应力比和两个方向的长细比。

截面不足是指应力比超过上限、长细比不满足，局部稳定不满足、单元挠度不满足；截面过大是指应力比小于下限。在选择规范时没有被选中的单元及满足设计要求的单元，其颜色将不变化。一般结构软件是不控制结构整体位移的，需要用户通过查询最大位移后除以相应跨度得到相对值加以控制。

6. 验算结果查询

可先用鼠标左键选取单元再按此功能块，或直接按此功能块后在对话框内输入单元号，屏幕将弹出验算结果。

7. 生成计算书

在生成计算书前要求用户选择构件，右键结束选择，选择完成后计算书中列出的构件和节点信息只和所选择的构件有关系，达到针对大型结构只出局部计算书文件的效果。软件能够根据结构的模型生成总体信息和数据结果并存放在一个后缀名为 DOC 的 WORD 文件。两个对话框中列出了几乎所有的模型信息和计算结果，如果使用者全选，则生成的文件会很大，内容也很多，用 WORD 打开的时间也比较长，所以软件提供了格式 1 和格式 2 的选项，默认了几个常用的选项，用户可以按照具体要求选择需要输出的内容，一般不要全选。

5.2 塔吊标准节支撑架设计案例

5.2.1 工程概况

江苏省徐州市某体育馆项目为管桁架结构屋面（图 5.2.1），采用履带吊场内吊装（图 5.2.2），由于其主桁架为分两段现场拼装及吊装，需要在主桁架跨中布置一榀塔吊标准节作为支撑架（图 5.2.3）。已知 GHJ1 下弦跨中节点标高为 21.000m，GHJ1 总重 104.4kN，现场租用塔吊标准节长、宽、高均为 2m，信息如表 5.2.1 所示，试验算此塔吊标准节支撑架是否满足要求。

管桁架详细信息表　　表 5.2.1

编号	杆件名称	杆件规格	面积（mm^2）	绕 2 轴惯性矩（$\times10^4mm^4$）	绕 3 轴惯性矩（$\times10^4mm^4$）
1	竖向杆	角 160×16	4907	1866	485
2	底层竖向杆	角 160×16	4907	1866	485
3	其余杆	角 110×10	1064	384	100

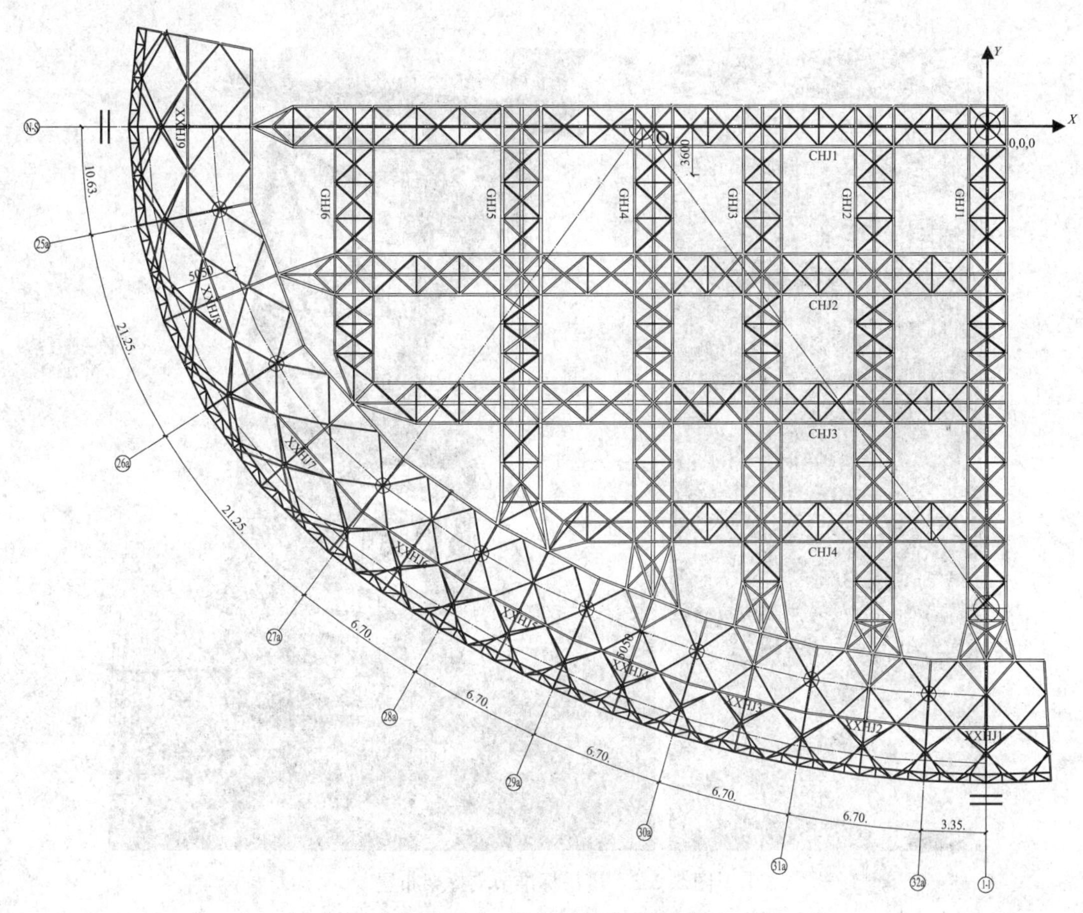

图 5.2.1 管桁架结构布置图

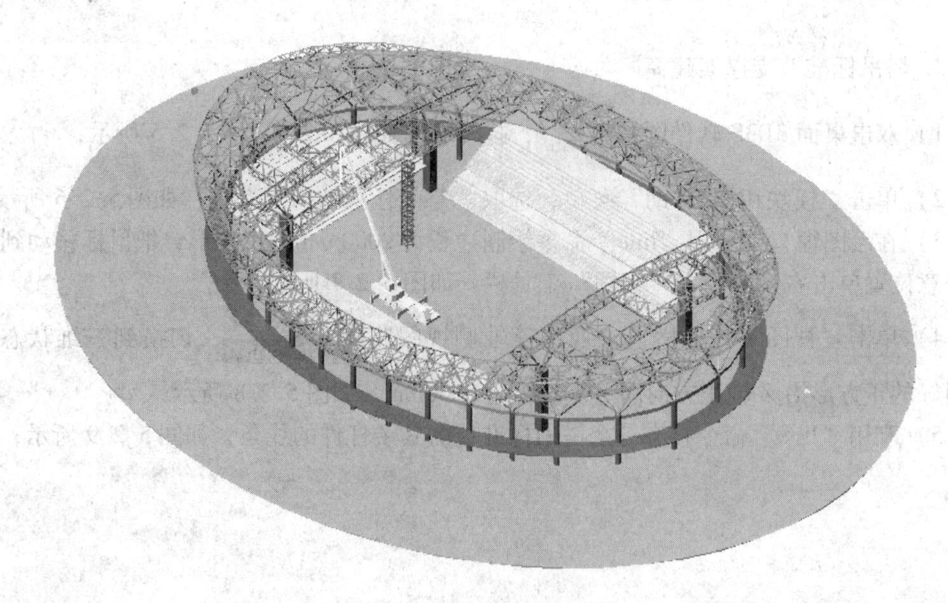

图 5.2.2 管桁架吊装示意图

图5.2.3 塔吊标准节支撑架布置

5.2.2 塔吊标准节支撑架设计过程

1. 塔吊标准节支撑架建模

1）双击桌面3D3S软件图标，打开软件如图5.2.4、图5.2.5所示；

2）单击“模块切换/帮助”菜单，选取“空间任意结构”菜单，如图5.2.6所示；

3）在绘图窗口中利用“line”命令绘制边长为2000mm的正方形，把鼠标移动到工具栏任意位置单击右键，调入“视图”工具栏，如图5.2.7所示；

4）单击“视图”工具栏上“西南等轴侧视图”，切换到三维状态，将绘制好的正方形沿Z轴正方向向上复制距离2000mm，如图5.2.8所示；

5）利用“line”命令补齐一个塔吊标准节的其余杆件的线条，如图5.2.9所示；

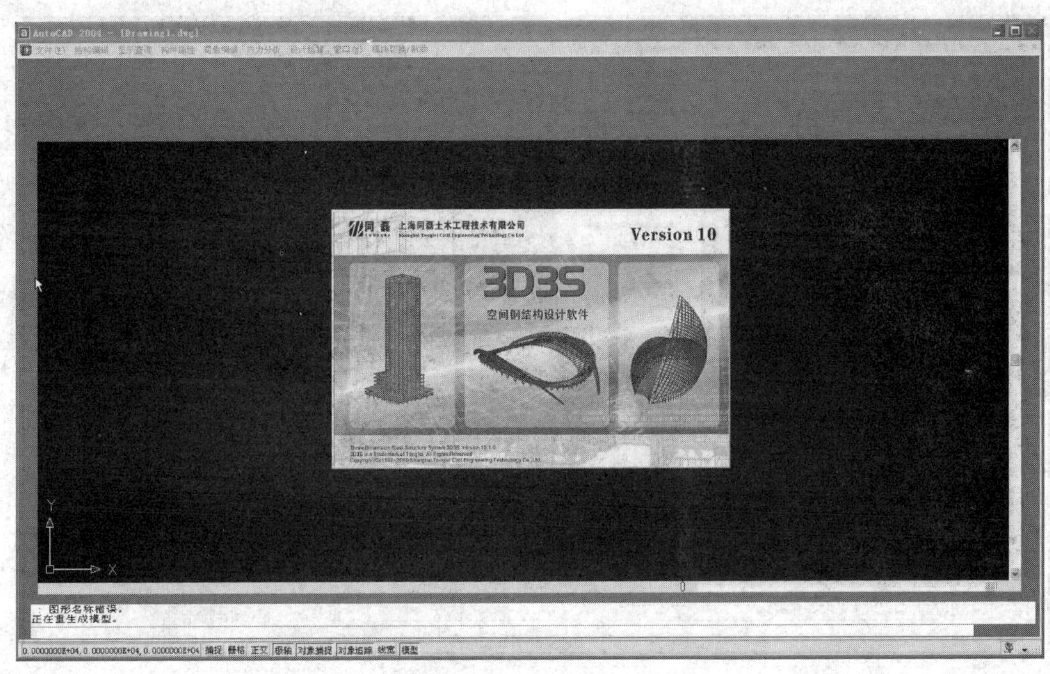

图 5.2.4 启动 3D3S 软件

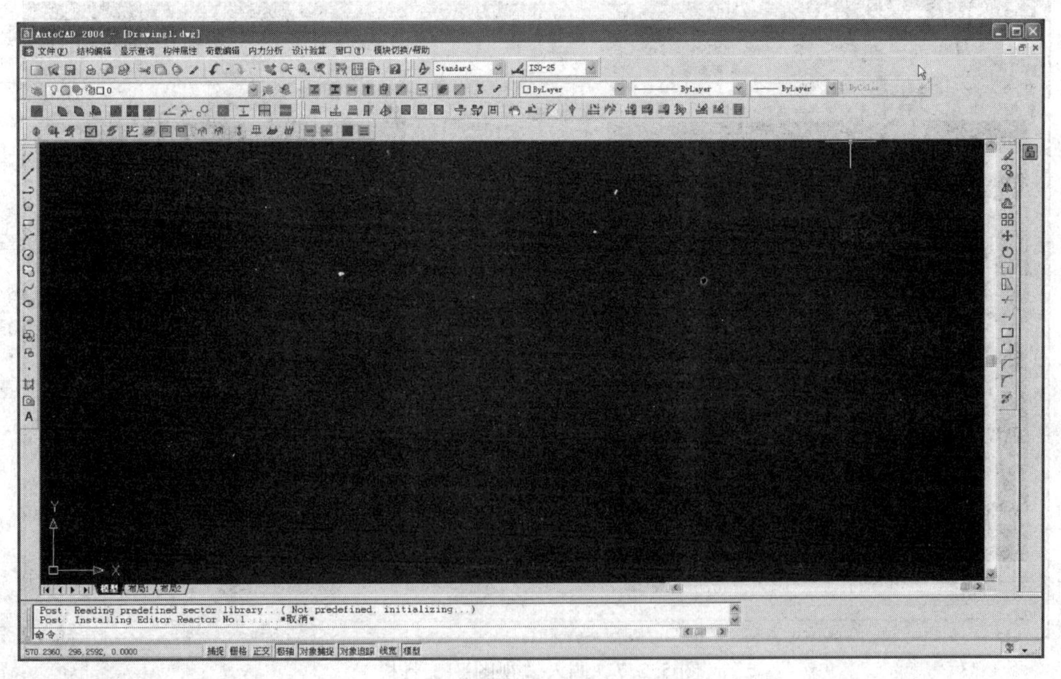

图 5.2.5 3D3S 软件界面

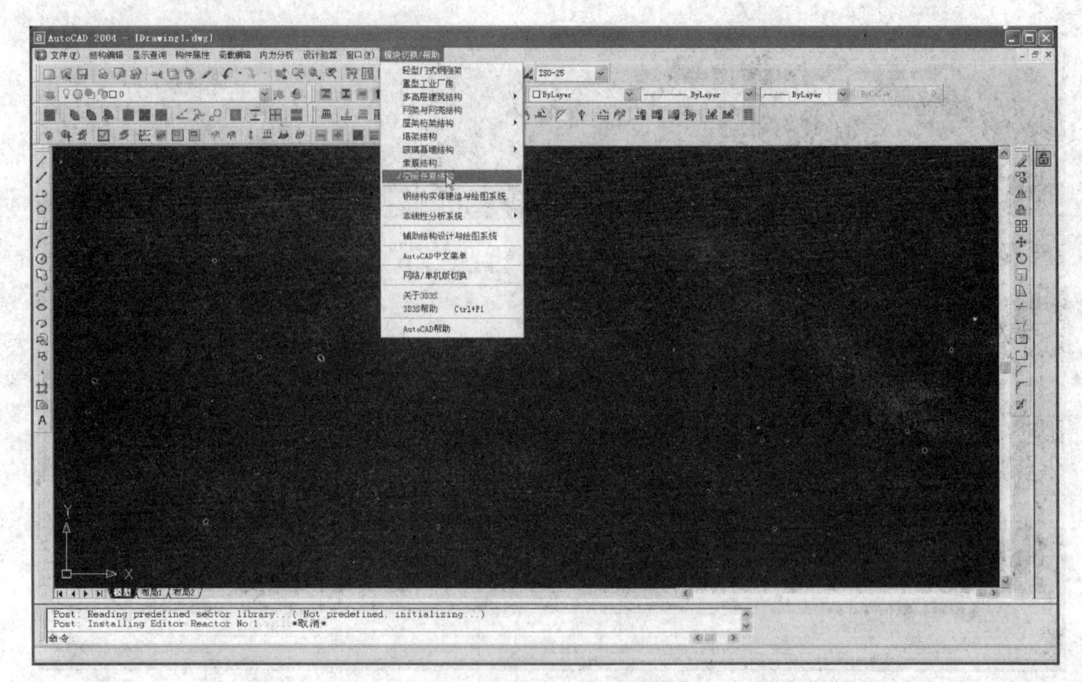

图 5.2.6 任意结构模块

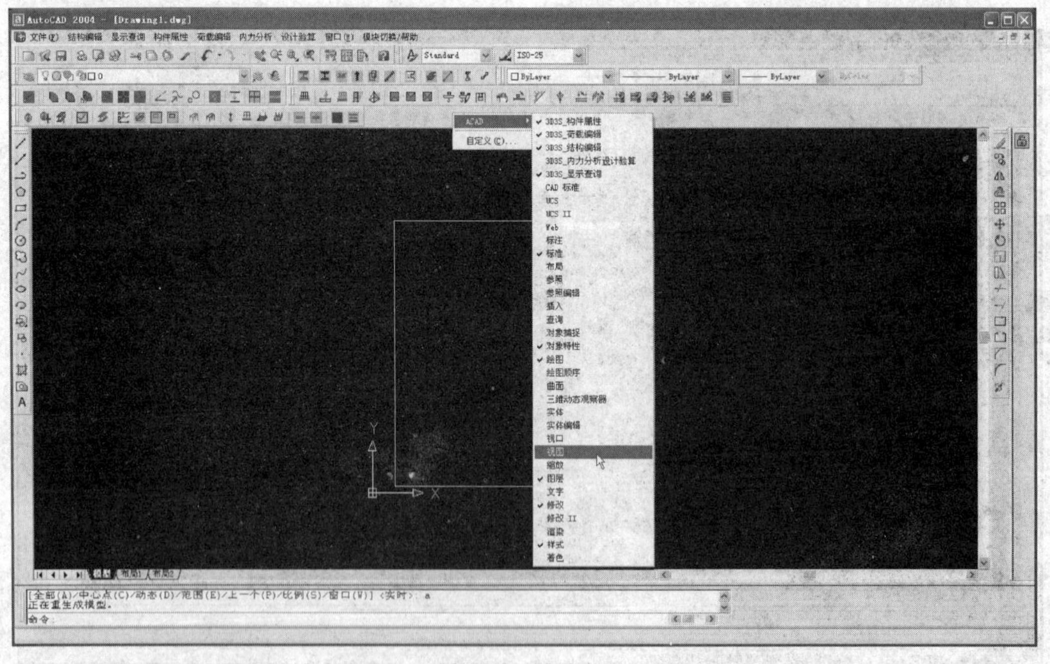

图 5.2.7 调入“视图”工具栏

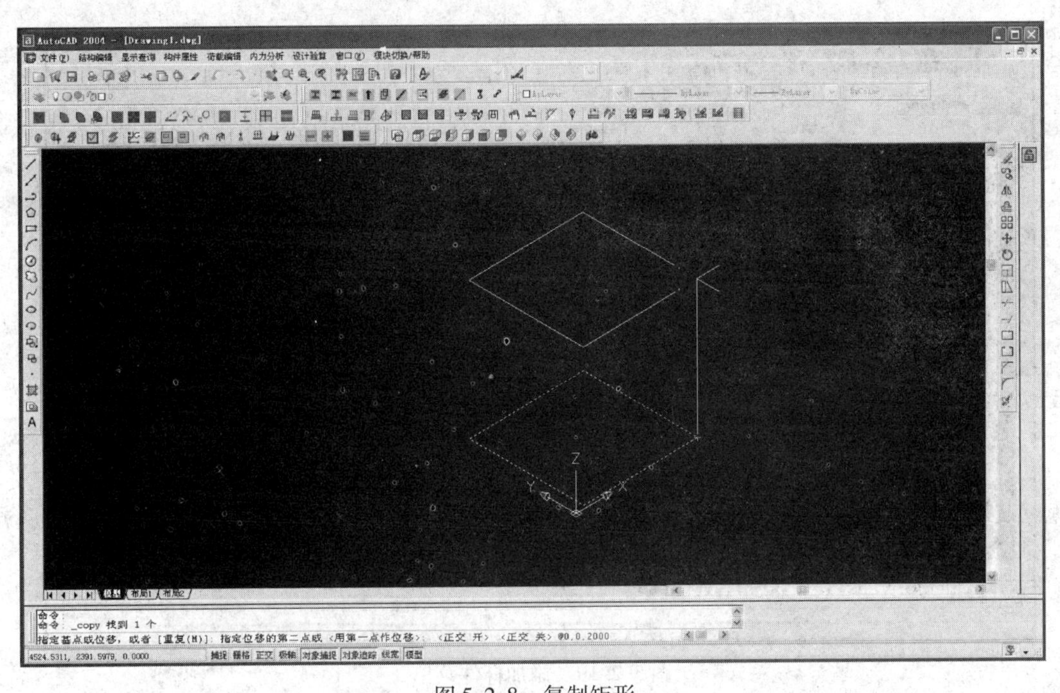

图 5.2.8 复制矩形

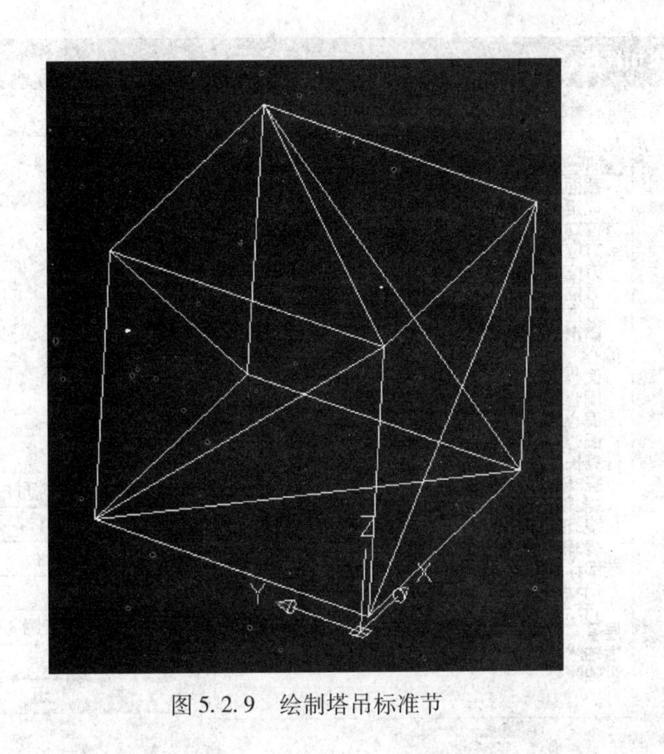

图 5.2.9 绘制塔吊标准节

6）单击“结构编辑”菜单中“添加杆件”子菜单，如图 5.2.10 所示；

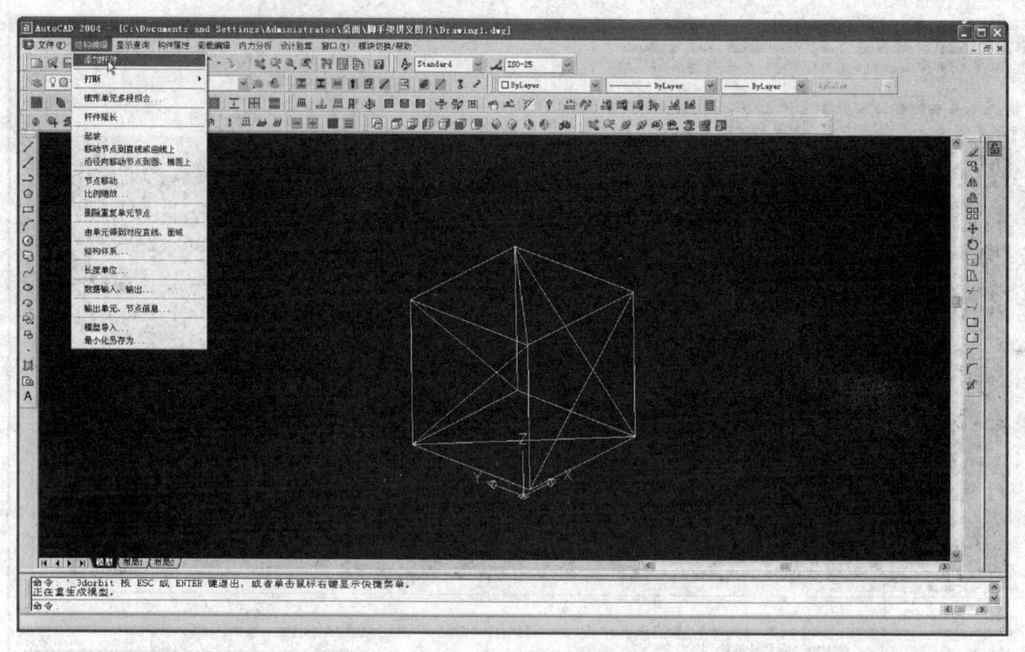

图 5.2.10　添加杆件菜单

弹出“添加杆件”对话框，如图 5.2.11 所示；

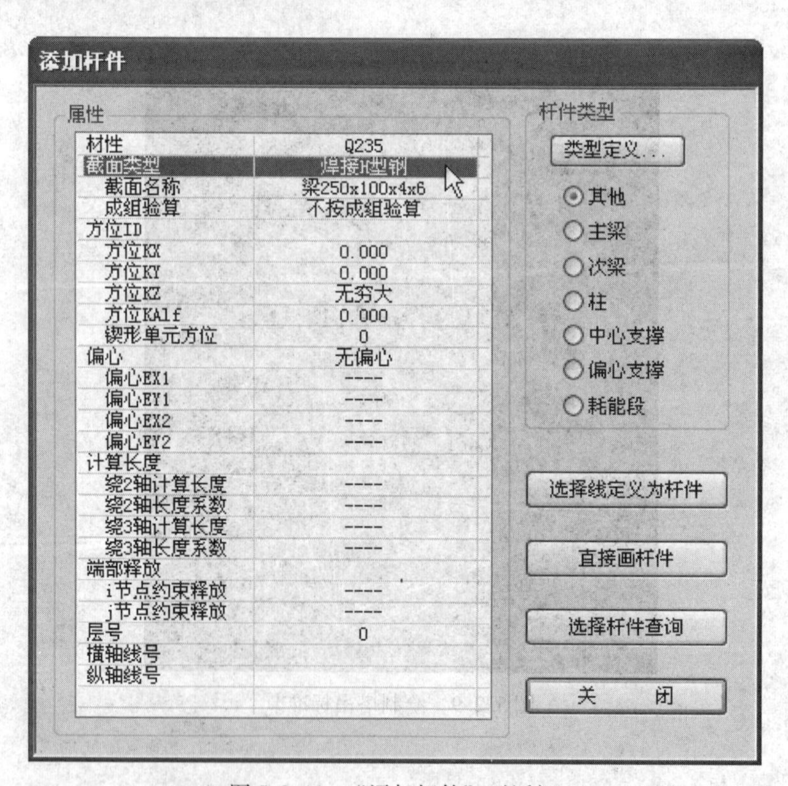

图 5.2.11　“添加杆件”对话框

双击“焊接 H 型钢”，弹出定义截面对话框，如图 5.2.12 所示；

定义截面

截面类型

截面类型	数量
焊接H型钢	219

截面名称

截面名称
柱880x380x10x16
柱900x400x12x20
柱940x400x12x20
柱950x400x12x20
柱980x420x12x20
柱1000x440x14x20
柱1200x480x14x22
柱bottom
宽工_梁top
梁200x100x3x5
梁220x100x3x5
梁240x100x3x5
梁250x100x4x6
梁260x120x4x6

截面库... 确定 取消

图 5.2.12 定义截面对话框

单击“截面库”按钮，调出“截面库”对话框，选择角 160×16，如图 5.2.13 所示；

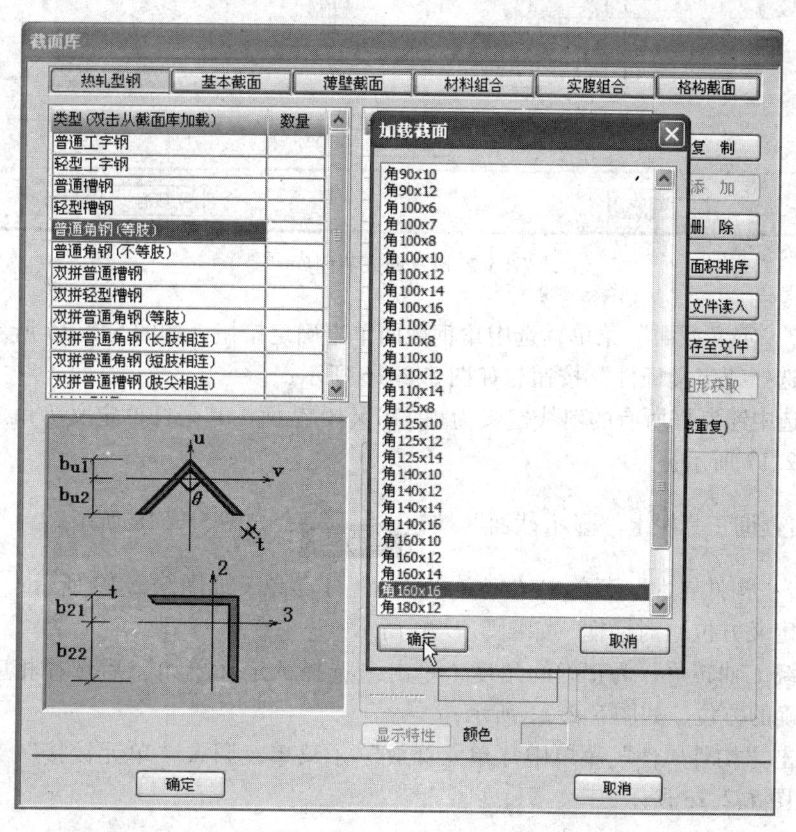

图 5.2.13 选择钢截面

按住“Ctrl”再选择角110×10，单击确定按钮将两种截面调入截面库，如图5.2.14所示；

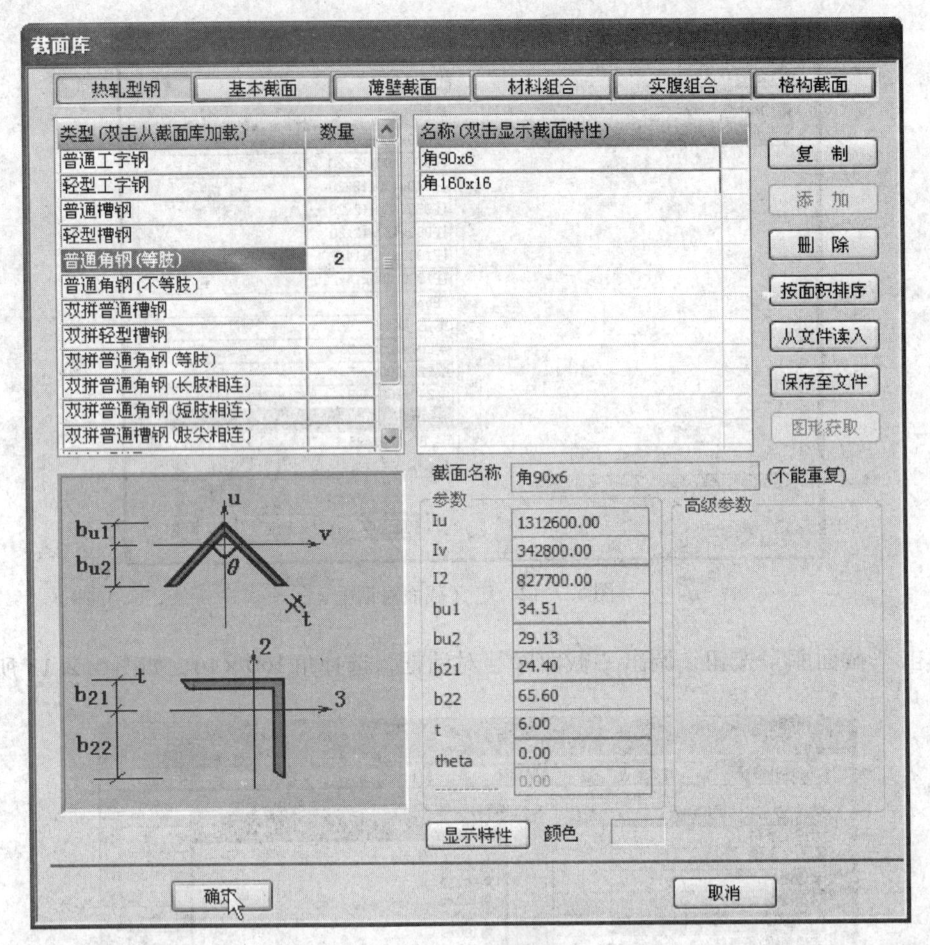

图5.2.14　调入截面库

7）单击“定义截面”菜单，选中角钢截面单击确定按钮，如图5.2.15所示；

单击“选择线定义杆件”按钮，如图5.2.16所示；

用鼠标选中绘制好所有的斜线定义为角110×10截面，其余杆件定义为角160×16截面，如图5.2.17所示；

8）单击查询工具栏上“显示截面”按钮，如图5.2.18所示；

9）单击“构件属性”菜单中“定义方位…”子菜单，如图5.2.19所示；

弹出“定义方位”对话框，如图5.2.20所示；

调整“绕1轴转角”为正确的角度，单击“选择欲定义单元”后选择相应杆件，将其调整为正确的方位，如图5.2.21所示；

10）单击“构件属性”菜单中“单元释放”子菜单，调入“单元铰接”对话框，如图5.2.22、图5.2.23所示；

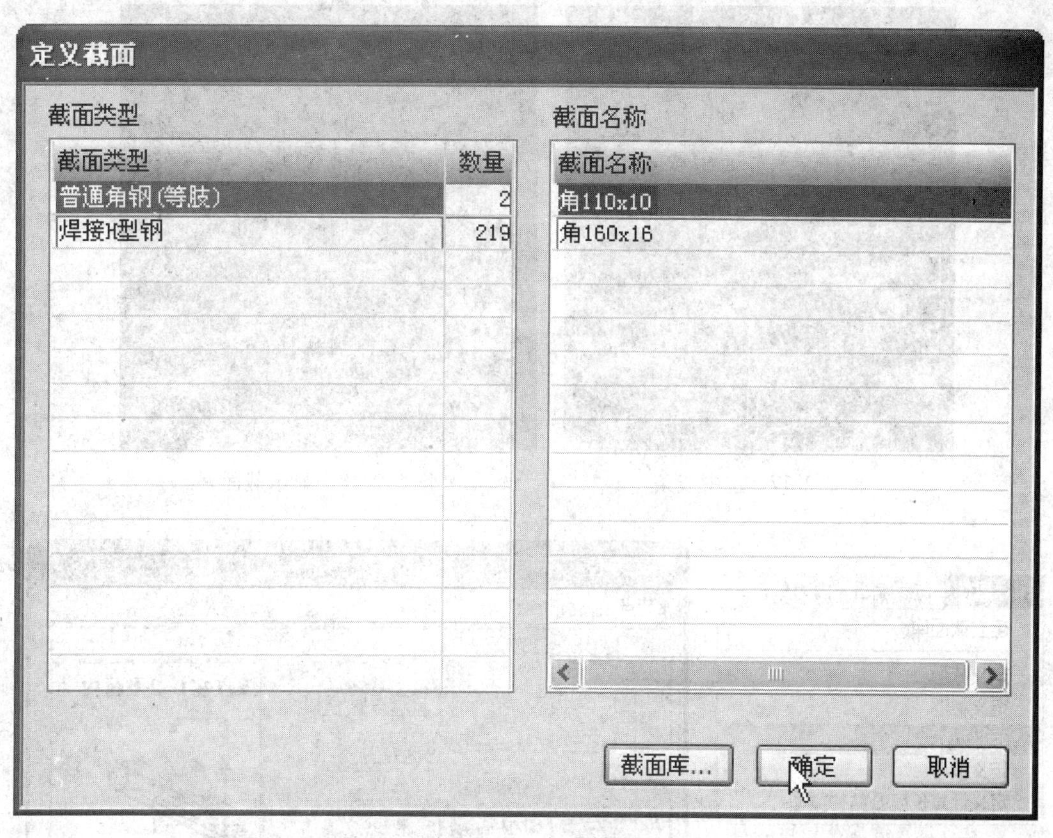

图 5.2.15 定义截面

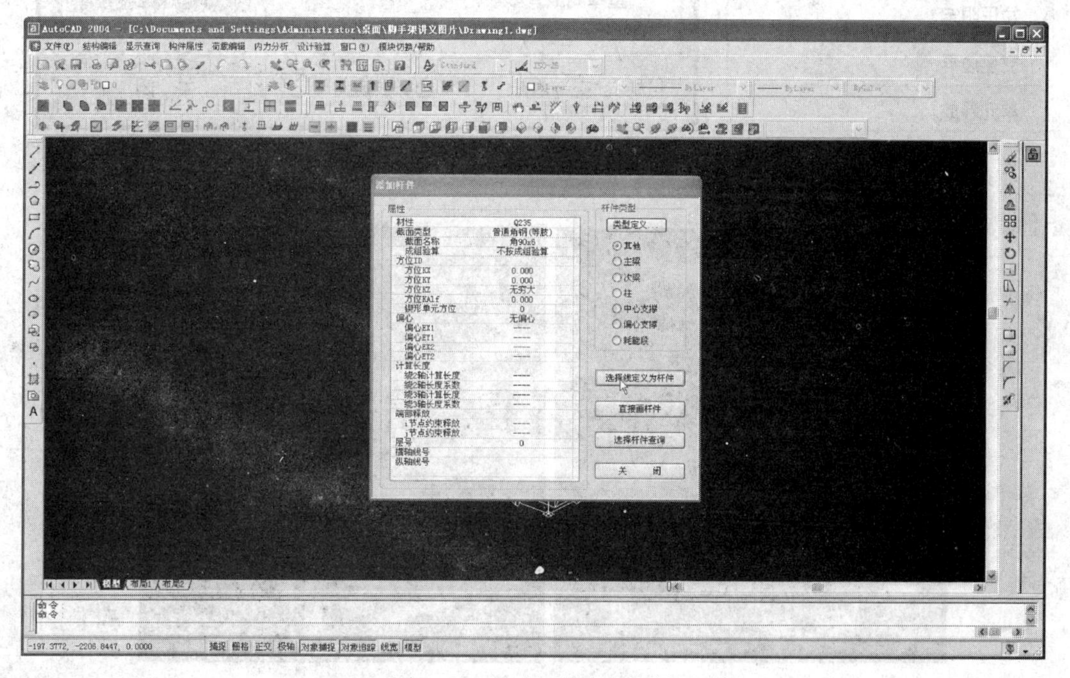

图 5.2.16 选择线定义杆件

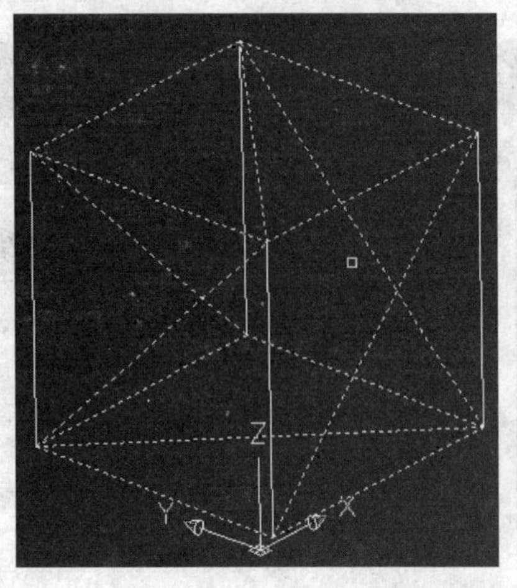

图 5.2.17　选中线条

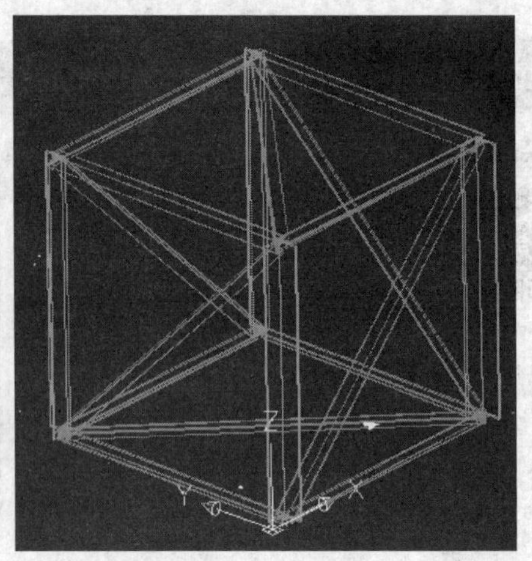

图 5.2.18　显示截面

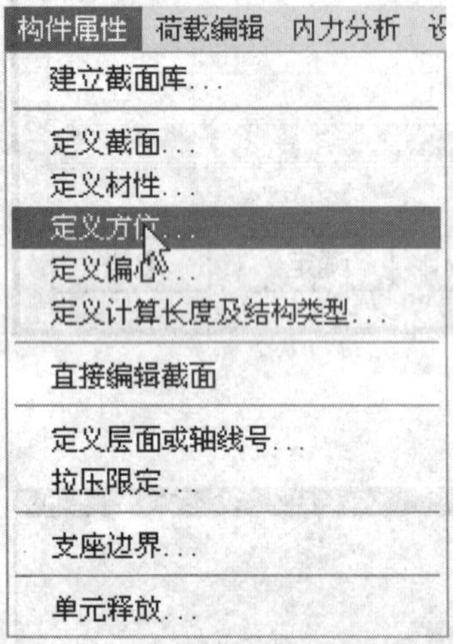

构件属性　荷载编辑　内力分析　设

建立截面库...

定义截面...

定义材性...

定义方位...

定义偏心...

定义计算长度及结构类型...

直接编辑截面

定义层面或轴线号...

拉压限定...

支座边界...

单元释放...

图 5.2.19　定义方位菜单

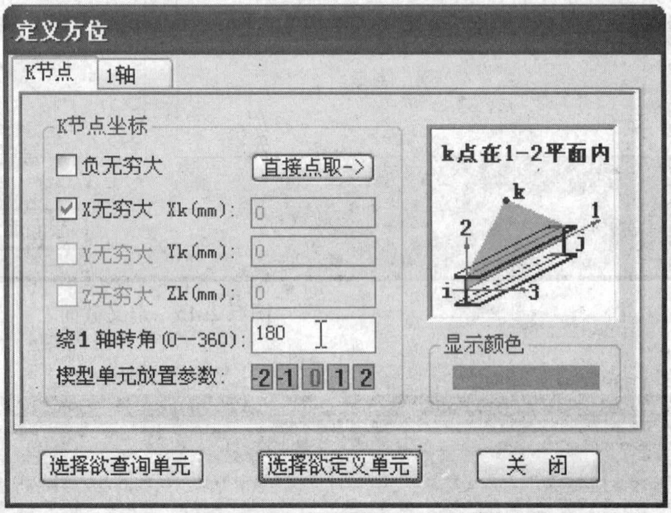

定义方位

K节点　1轴

K节点坐标

负无穷大　直接点取->

X无穷大　Xk(mm): 0

Y无穷大　Yk(mm): 0

Z无穷大　Zk(mm): 0

绕1轴转角(0--360): 180

楔型单元放置参数: -2 -1 0 1 2

k点在1-2平面内

显示颜色

选择欲查询单元　选择欲定义单元　关　闭

图 5.2.20　“定义方位”对话框

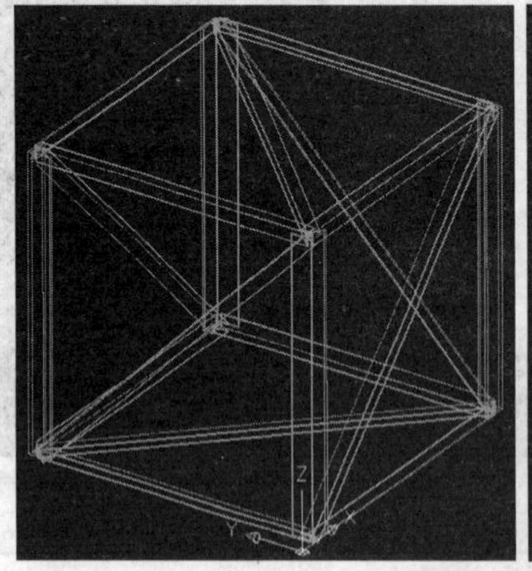

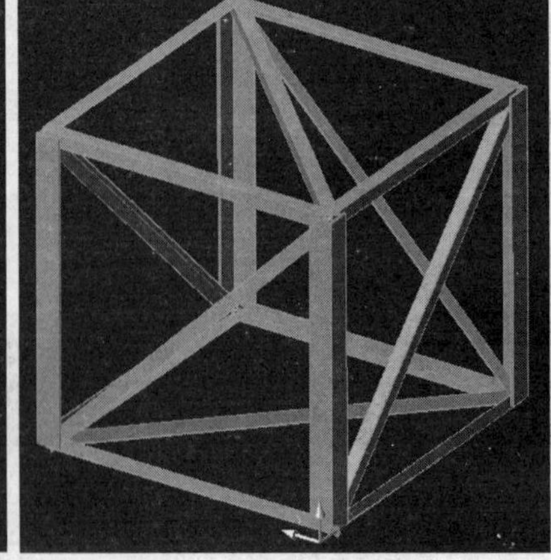

图 5.2.21　标准节模型

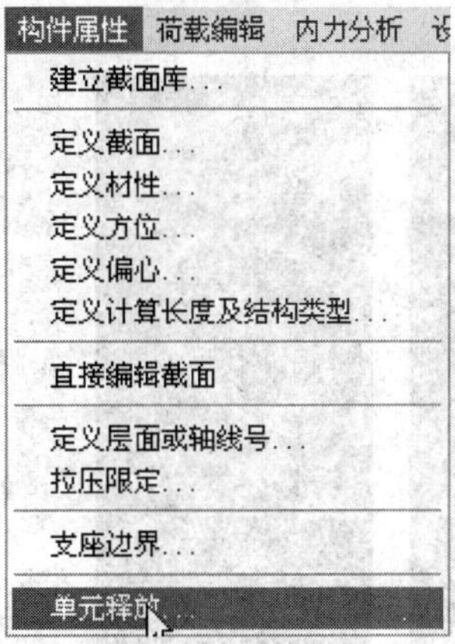

构件属性 荷载编辑 内力分析 设
建立截面库...
定义截面...
定义材性...
定义方位...
定义偏心...
定义计算长度及结构类型...
直接编辑截面
定义层面或轴线号...
拉压限定...
支座边界...
单元释放...

图 5.2.22 单元释放菜单

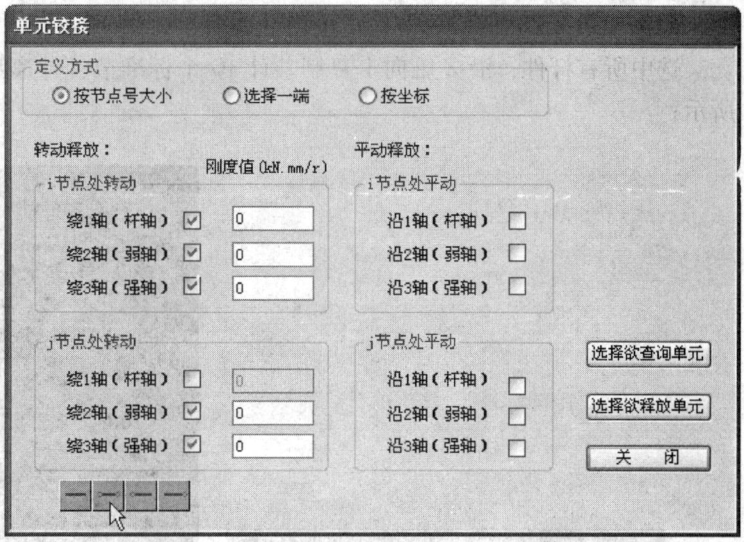

单元铰接
定义方式
按节点号大小 选择一端 按坐标
转动释放：
刚度值(kN.mm/r)
i节点处转动
绕1轴（杆轴） 0
绕2轴（弱轴） 0
绕3轴（强轴） 0
j节点处转动
绕1轴（杆轴） 0
绕2轴（弱轴） 0
绕3轴（强轴） 0
平动释放：
i节点处平动
沿1轴（杆轴）
沿2轴（弱轴）
沿3轴（强轴）
j节点处平动
沿1轴（杆轴）
沿2轴（弱轴）
沿3轴（强轴）
选择欲查询单元
选择欲释放单元
关 闭

图 5.2.23 “单元铰接”对话框

单击“两端铰接”按钮，选中所有斜向腹杆，进行单元释放，单击“显示查询”菜单“构件信息显示”子菜单，如图 5.2.24、图 5.2.25 所示；

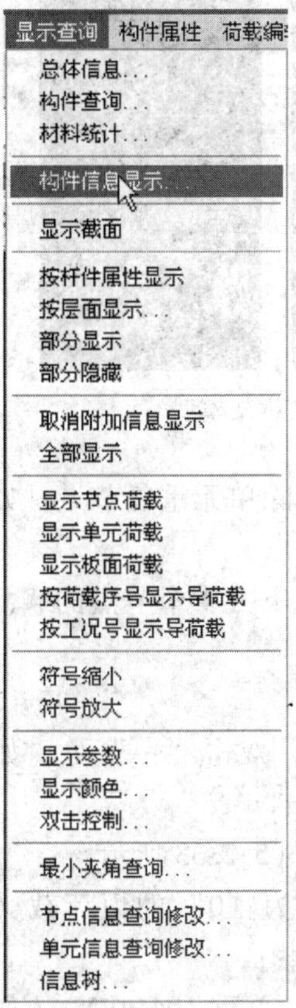

显示查询 构件属性 荷载编
总体信息...
构件查询...
材料统计...
构件信息显示...
显示截面
按杆件属性显示
按层面显示...
部分显示
部分隐藏
取消附加信息显示
全部显示
显示节点荷载
显示单元荷载
显示板面荷载
按荷载序号显示导荷载
按工况号显示导荷载
符号缩小
符号放大
显示参数...
显示颜色...
双击控制...
最小夹角查询...
节点信息查询修改...
单元信息查询修改...
信息树...

图 5.2.24 显示查询

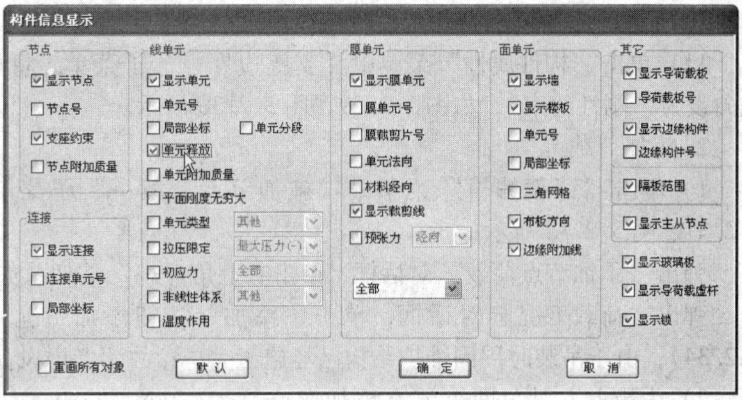

构件信息显示
节点
显示节点
节点号
支座约束
节点附加质量
连接
显示连接
连接单元号
局部坐标
线单元
显示单元
单元号
局部坐标
单元分段
单元释放
单元附加质量
平面刚度无穷大
单元类型 其他
拉压限定 最大压力(-)
初应力 全部
非线性体系 其他
温度作用
膜单元
显示膜单元
膜单元号
膜裁剪片号
单元法向
材料经向
显示裁剪线
预张力 经向
全部
面单元
显示墙
显示楼板
单元号
局部坐标
三角网格
布板方向
边缘附加线
其它
显示导荷载板
导荷载板号
显示边缘构件
边缘构件号
隔板范围
显示主从节点
显示玻璃板
显示导荷载虚杆
显示锁
重画所有对象
默 认
确 定
取 消

图 5.2.25 构件信息显示

勾选“单元释放”，单击确定按钮，如图 5.2.26 所示；

选中所有杆件，沿 Z 轴向上复制共计 10 个标准节，计离地高度为 20m，如图 5.2.27 所示；

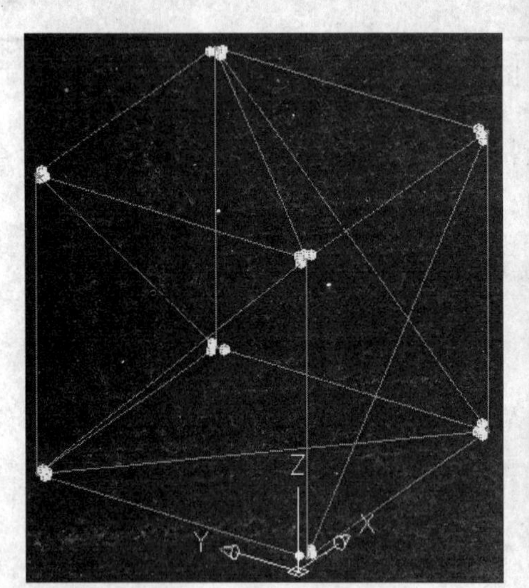

图 5.2.26　单元释放情况

图 5.2.27　支撑架模型

单击“结构编辑”菜单中“删除单元重复节点”子菜单，删除单元重复节点，如图 5.2.28 所示；

11）单击“构件属性”菜单中“支座边界…”子菜单，将最下方 4 个节点的 X、Y、Z 向设为“刚性约束”，如图 5.2.29、图 5.2.30 所示。

2. 施加荷载

1）单击“荷载编辑”菜单中“施加节点荷载…”子菜单，双击“…”处，如图 5.2.31、图 5.2.32 所示；

弹出“添加节点荷载”对话框，单击右上角“…”按钮，如图 5.2.33 所示；

弹出“荷载工况”对话框，单击“添加”按钮添加工况号为“0”的恒荷载（图 5.2.34），由于吊装时周围维护结构已经施工完毕，故不考虑风荷载；

2）为最上方对角两个节点添加 $P_Z = -52.2\text{kN}$（已知 GHJ1 总重 104.4kN），如图 5.2.35、图 5.2.36 所示；

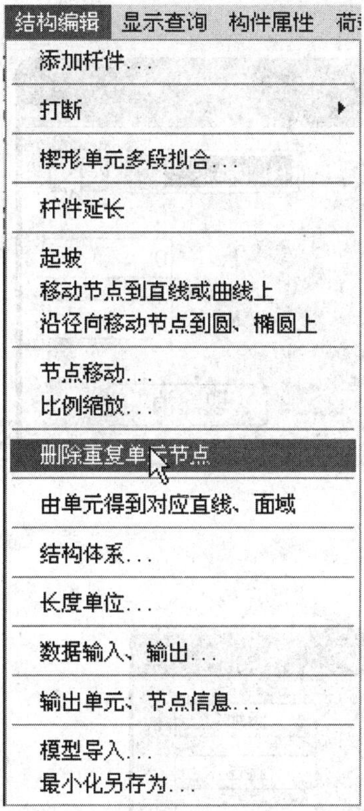

图 5.2.28 删除单元重复节点

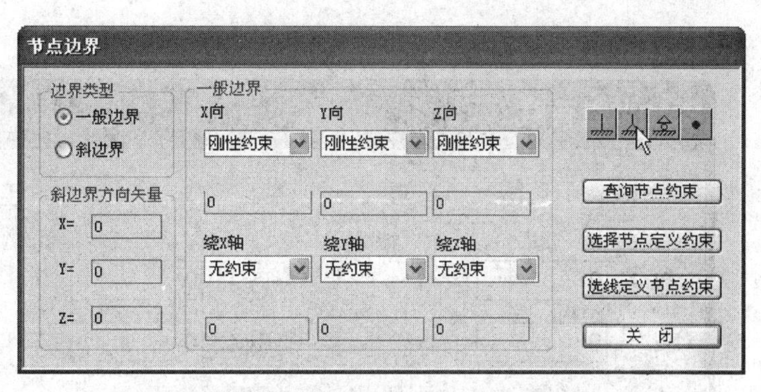

图 5.2.29 支座边界设置

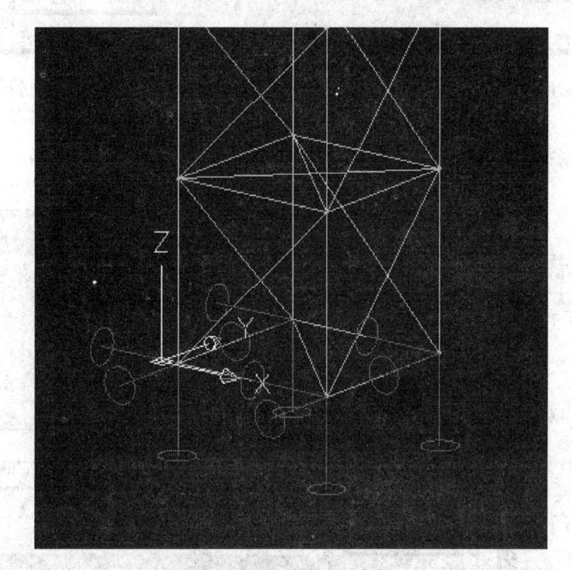

图 5.2.30 支座约束情况

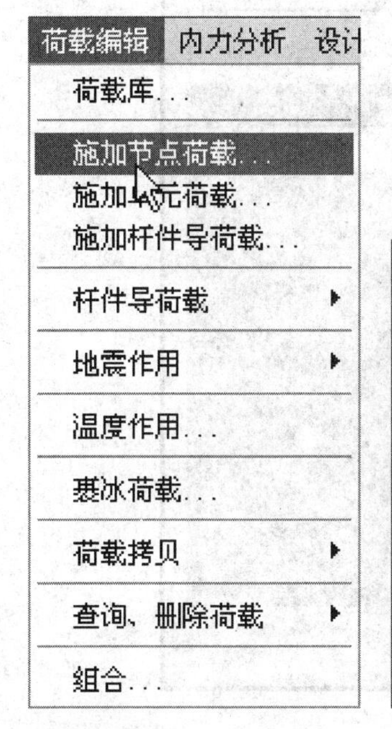

图 5.2.31 荷载编辑

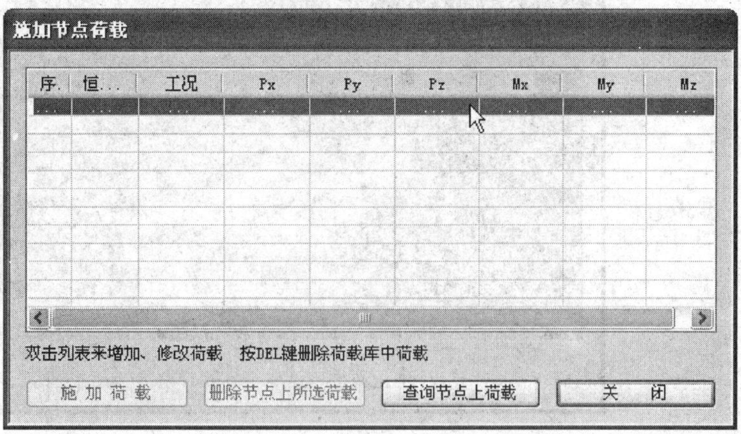

图 5.2.32 施加节点荷载对话框

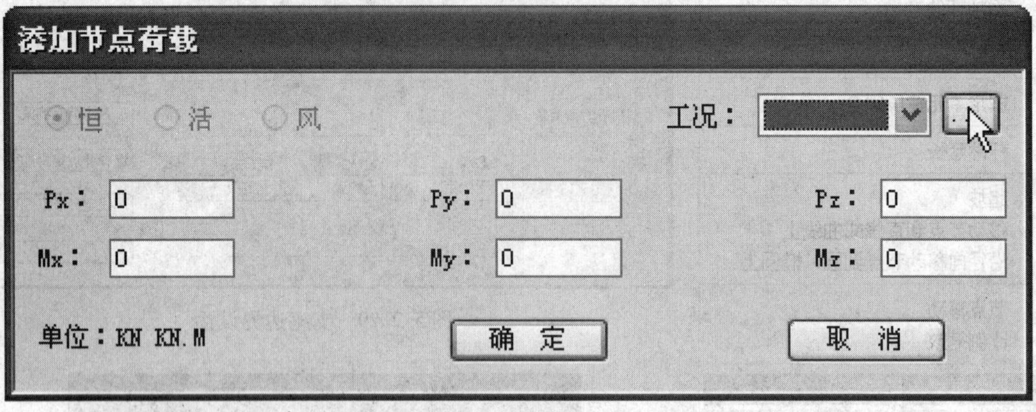

图 5.2.33 “添加节点荷载”对话框

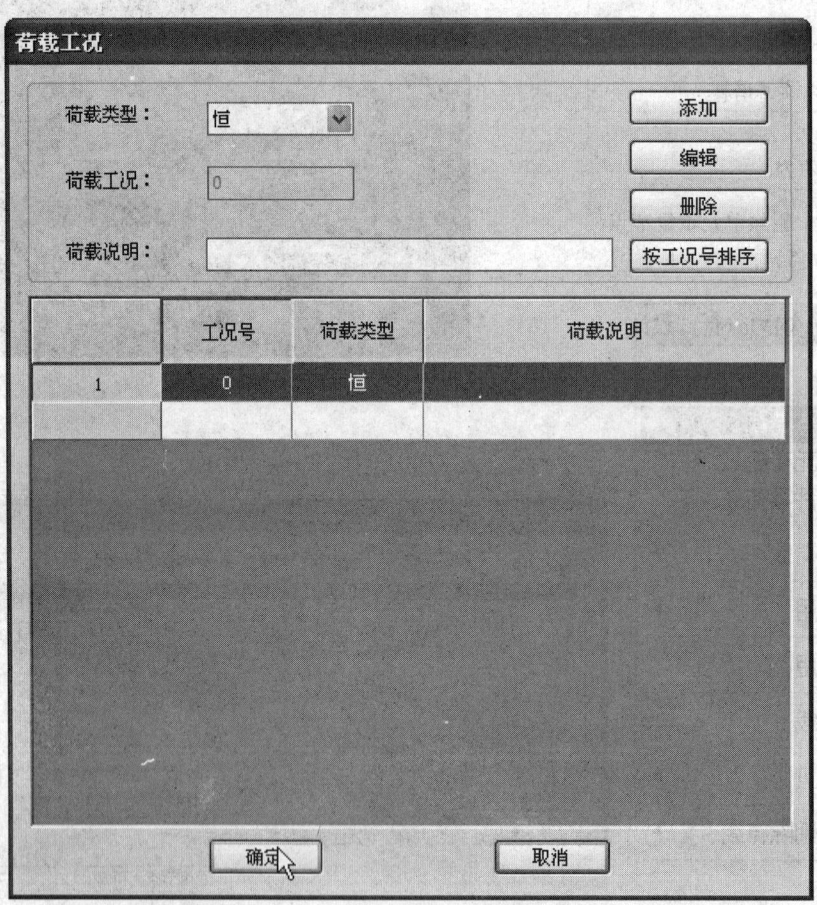

图 5.2.34 添加恒载工况

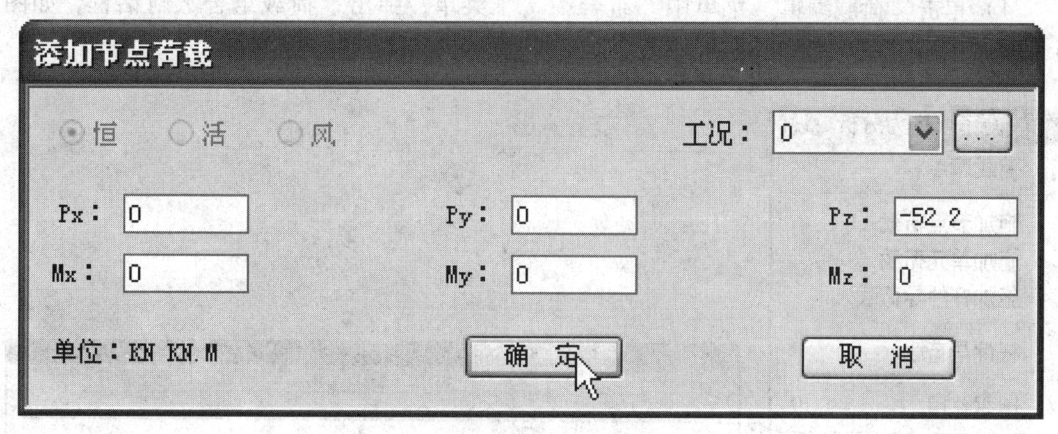

图 5.2.35 添加节点荷载对话框

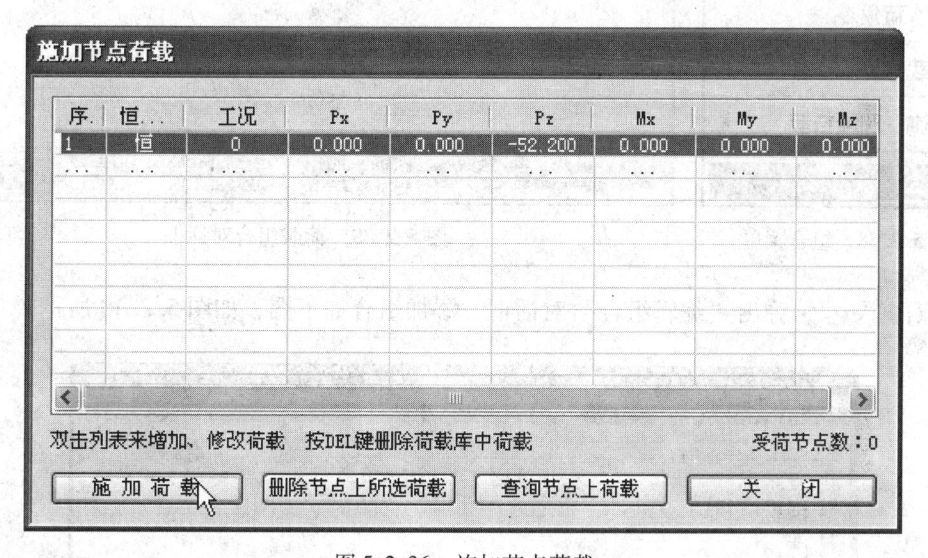

图 5.2.36 施加节点荷载

3）单击“显示查询”工具栏上“显示节点荷载”按钮，查看施加荷载，如图 5.2.37 所示；

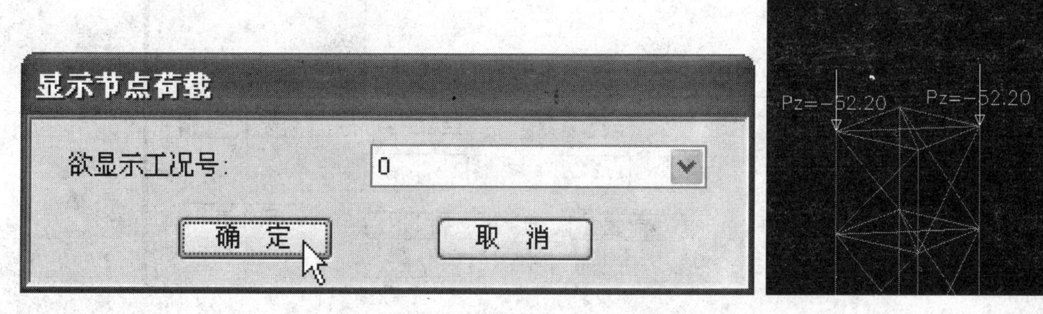

图 5.2.37 显示节点荷载

4）单击“荷载编辑”菜单中“组合…”子菜单，弹出“荷载组合”对话框，如图5.2.38、图5.2.39所示；

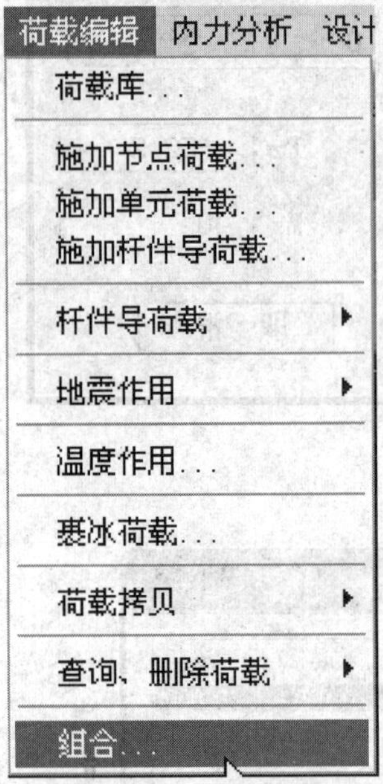

图5.2.38 组合菜单

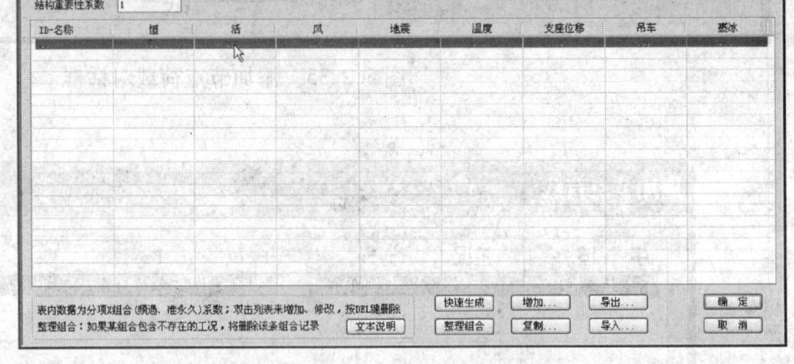

图5.2.39 荷载组合对话框

双击“…”，弹出“编辑组合”对话框，添加组合如下图，如图5.2.40所示。

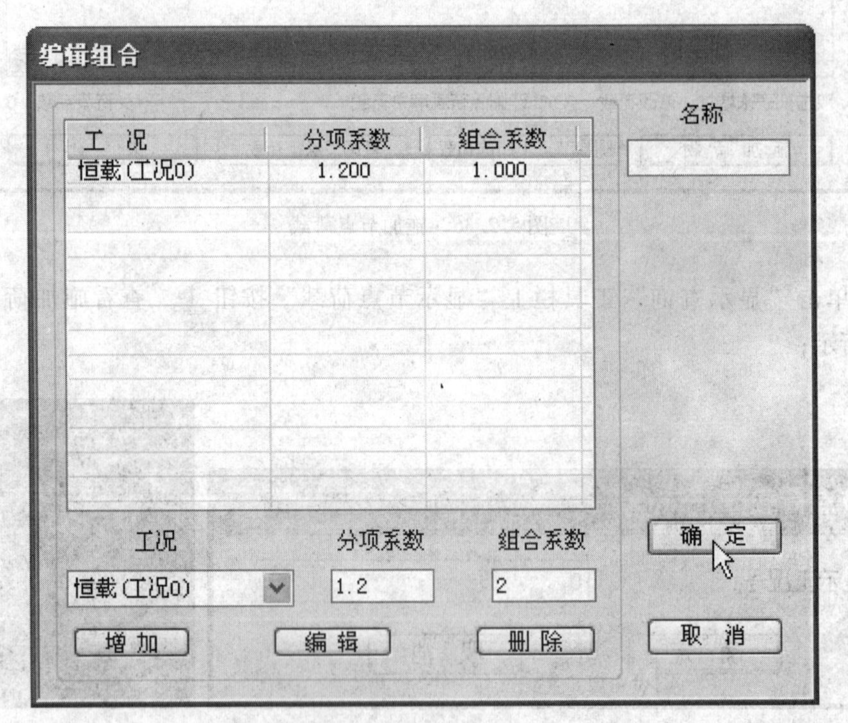

图5.2.40 编辑组合对话框

3. 内力分析

1）单击“内力分析”菜单中“模型检查…”子菜单，查看检查结果，如图 5.2.41 所示；

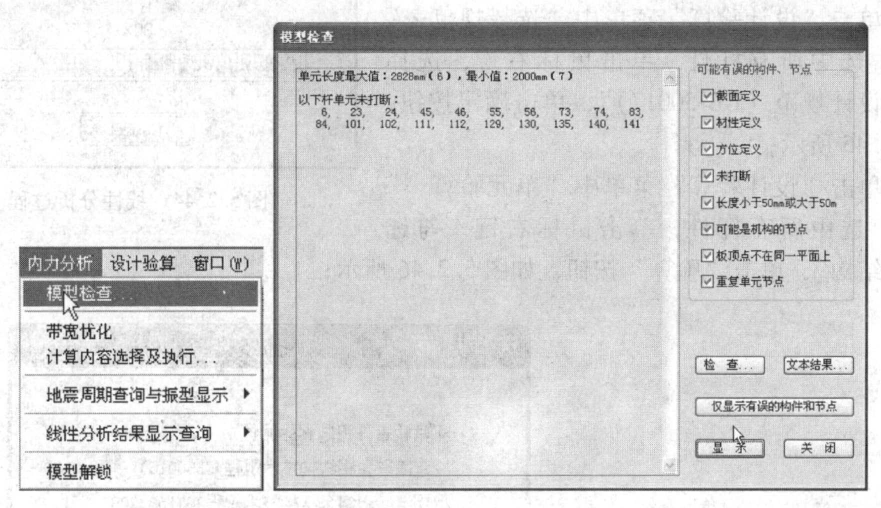

图 5.2.41 模型检查

2）查看未打断杆件（图中红色杆件，即对角线水平杆件），如图 5.2.42 所示；

3）单击“内力分析”菜单中“计算内容选择及执行…”子菜单，勾选线性分析，如图 5.2.43 所示；

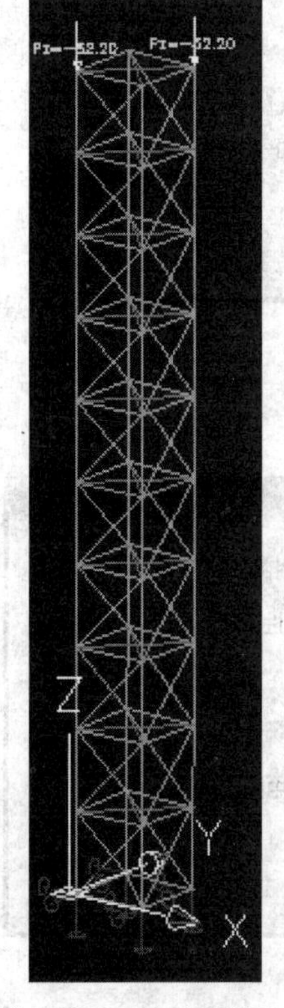

图 5.2.42 未打断杆件

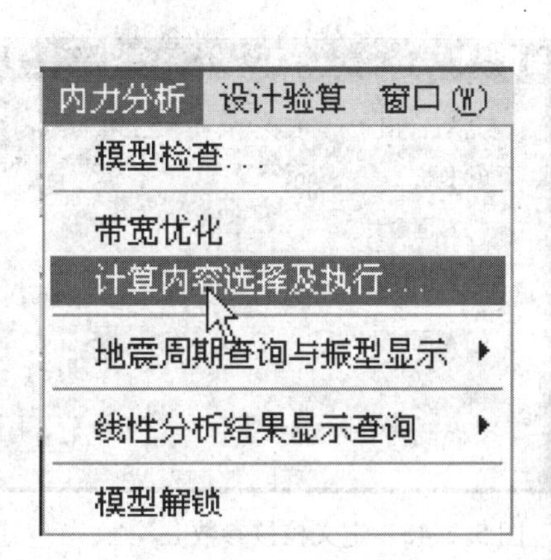

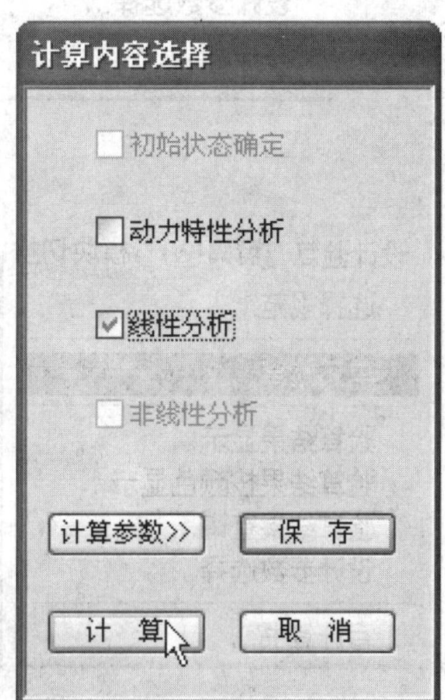

图 5.2.43 选择线性分析

单击“计算”按钮，如图 5. 2. 44 所示。

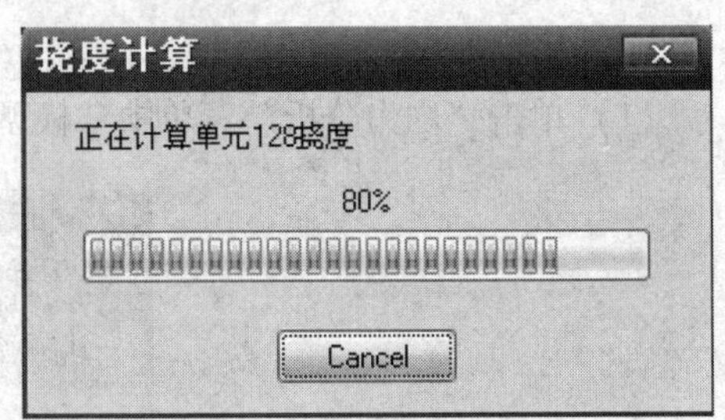

图 5. 2. 44　线性分析过程

4. 设计验算

1）单击“设计验算”菜单中“选择规范…”子菜单，选中所有杆件，单击鼠标右键，选择“钢结构设计规范（GB 50017）”，单击确定按钮，如图 5. 2. 45 所示；

2）单击“设计验算”菜单中“单元验算…”子菜单，选中所有杆件，单击鼠标右键，勾选“有侧移结构”，单击“验算”按钮，如图 5. 2. 46 所示；

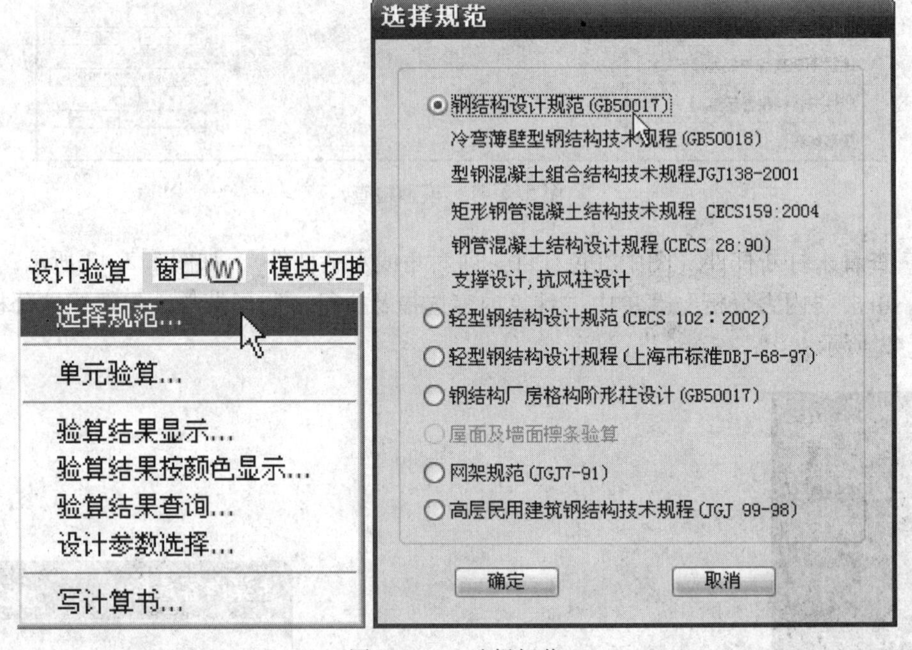

图 5. 2. 45　选择规范

图 5. 2. 46　定义校核参数

3）单击“设计验算”菜单中“验算结果显示…”子菜单，选中所有杆件，单击鼠标右键，勾选“截面不足”和“截面过大”，单击确定按钮，如图 5.2.47 所示；

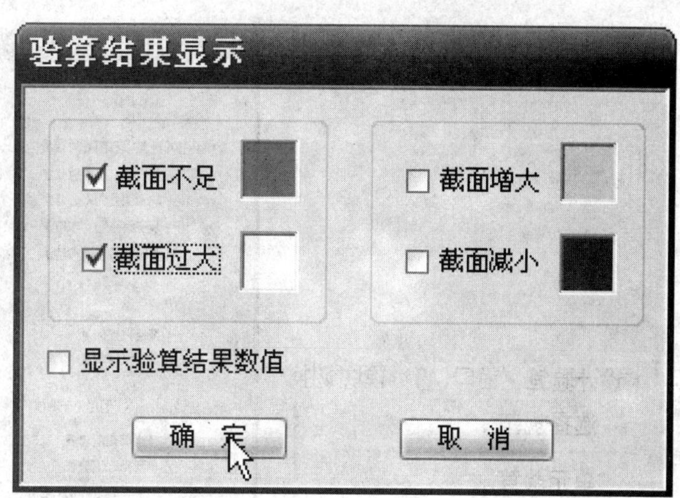

图 5.2.47 查询验算结果

所有杆件显示为灰色，无不满足要求的杆件，双击任意杆件可以显示其计算结果，如图 5.2.48 所示；

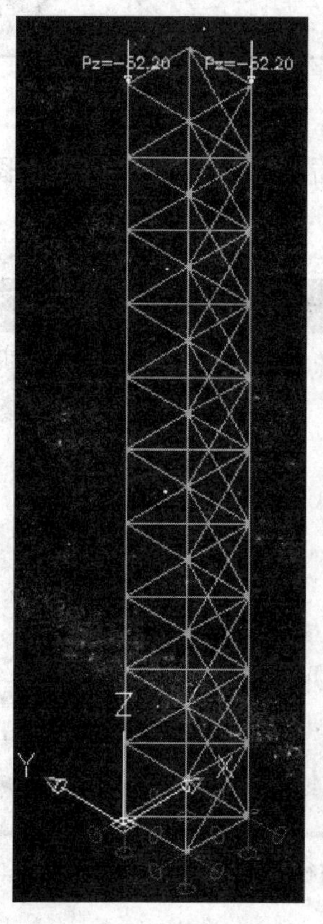

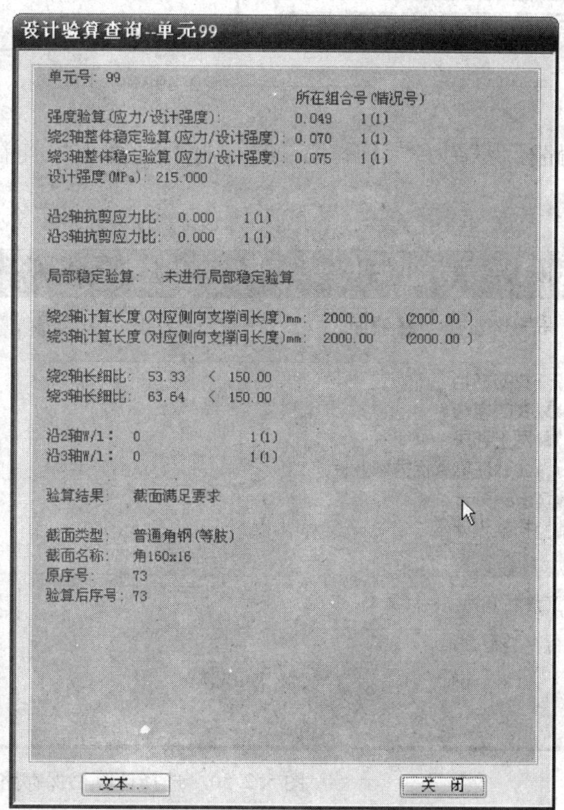

图 5.2.48 验算结果显示

4）单击“设计验算”菜单中“写计算书…”子菜单，选中所有杆件，单击鼠标右键，选中格式一（常用），勾选需要的计算结果，单击确定按钮，如图5.2.49所示；

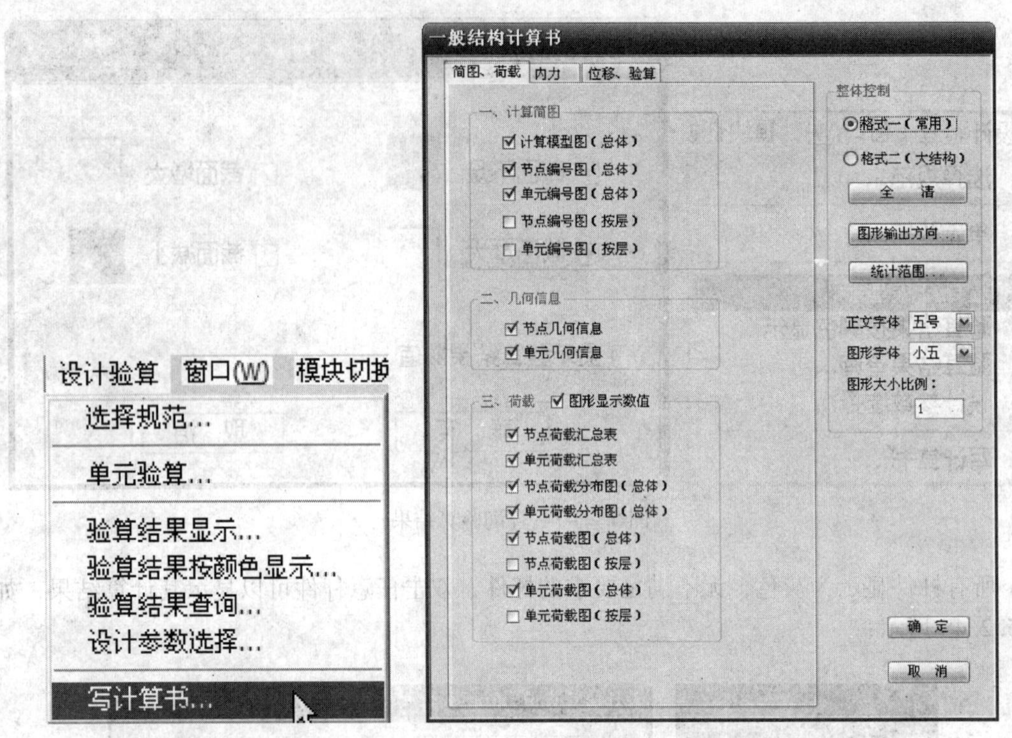

图5.2.49　写计算书

选择路径保存为“计算书.rtf”，打开计算书，查看结果，如图5.2.50、图5.2.51所示。

图5.2.50　选择计算书保存路径

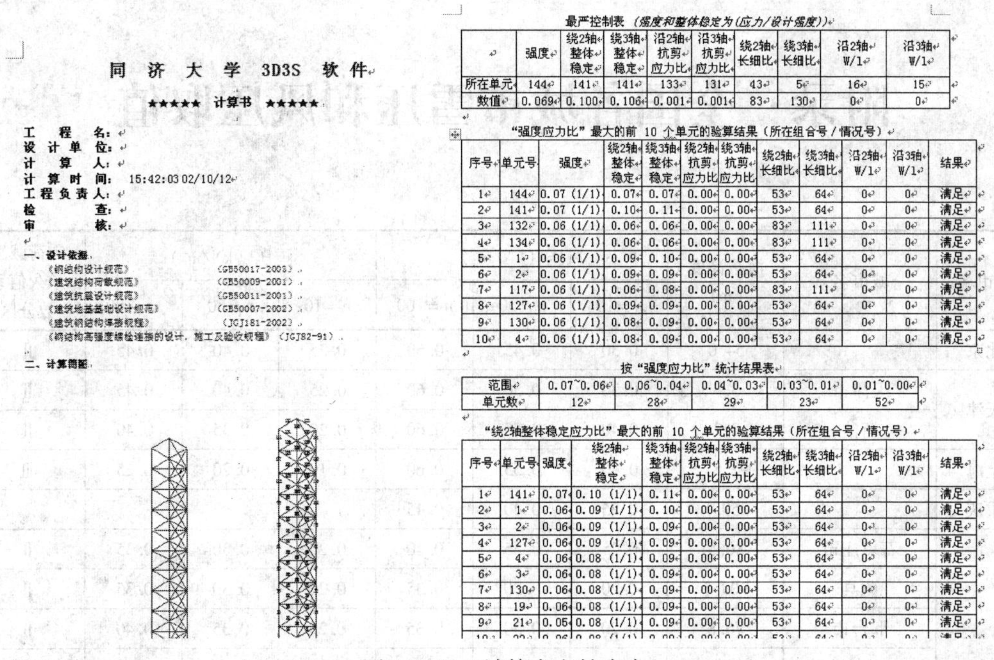

同 济 大 学 3D3S 软 件

★★★★★ 计算书 ★★★★★

工 程 名：
设 计 单 位：
计 算 人：
计 算 时 间： 15:42:03 02/10/12
工 程 负 责 人：
检 查：
审 核：

一、设计依据

《钢结构设计规范》 (GB50017-2003)
《建筑结构荷载规范》 (GB50009-2001)
《建筑抗震设计规范》 (GB50011-2001)
《建筑地基基础设计规范》 (GB50007-2002)
《建筑钢结构焊接规程》 (JGJ181-2002)
《钢结构高强度螺栓连接的设计，施工及验收规程》 (JGJ82-91)

二、计算简图

最严控制表 (强度和整体稳定为(应力/设计强度))

	强度	绕2轴整体稳定	绕3轴整体稳定	沿2轴抗剪应力比	沿3轴抗剪应力比	绕2轴长细比	绕3轴长细比	沿2轴 W/1	沿3轴 W/1
所在单元	144	141	141	133	131	43	5	16	15
数值	0.069	0.100	0.106	0.001	0.001	83	130	0	0

"强度应力比"最大的前 10 个单元的验算结果（所在组合号/情况号）

序号	单元号	强度	绕2轴整体稳定	绕3轴整体稳定	绕2轴抗剪应力比	绕3轴抗剪应力比	绕2轴长细比	绕3轴长细比	沿2轴 W/1	沿3轴 W/1	结果
1	144	0.07 (1/1)	0.07	0.07	0.00	0.00	53	64	0	0	满足
2	141	0.07 (1/1)	0.10	0.11	0.00	0.00	53	64	0	0	满足
3	132	0.06 (1/1)	0.06	0.06	0.00	0.00	83	111	0	0	满足
4	134	0.06 (1/1)	0.06	0.06	0.00	0.00	83	111	0	0	满足
5	1	0.06 (1/1)	0.09	0.10	0.00	0.00	53	64	0	0	满足
6	2	0.06 (1/1)	0.09	0.09	0.00	0.00	53	64	0	0	满足
7	117	0.06 (1/1)	0.06	0.08	0.00	0.00	83	111	0	0	满足
8	127	0.06 (1/1)	0.09	0.09	0.00	0.00	53	64	0	0	满足
9	130	0.06 (1/1)	0.08	0.09	0.00	0.00	53	64	0	0	满足
10	4	0.06 (1/1)	0.08	0.09	0.00	0.00	53	64	0	0	满足

按"强度应力比"统计结果表

范围	0.07~0.06	0.06~0.04	0.04~0.03	0.03~0.01	0.01~0.00
单元数	12	28	29	23	52

"绕2轴整体稳定应力比"最大的前 10 个单元的验算结果（所在组合号/情况号）

序号	单元号	强度	绕2轴整体稳定	绕3轴整体稳定	绕2轴抗剪应力比	绕3轴抗剪应力比	绕2轴长细比	绕3轴长细比	沿2轴 W/1	沿3轴 W/1	结果
1	141	0.07	0.10 (1/1)	0.11	0.00	0.00	53	64	0	0	满足
2	1	0.06	0.09 (1/1)	0.10	0.00	0.00	53	64	0	0	满足
3	2	0.06	0.09 (1/1)	0.09	0.00	0.00	53	64	0	0	满足
4	127	0.06	0.09 (1/1)	0.09	0.00	0.00	53	64	0	0	满足
5	4	0.06	0.08 (1/1)	0.09	0.00	0.00	53	64	0	0	满足
6	3	0.06	0.08 (1/1)	0.09	0.00	0.00	53	64	0	0	满足
7	130	0.06	0.08 (1/1)	0.09	0.00	0.00	53	64	0	0	满足
8	19	0.06	0.08 (1/1)	0.09	0.00	0.00	53	64	0	0	满足
9	21	0.05	0.08 (1/1)	0.09	0.00	0.00	53	64	0	0	满足

图 5.2.51 计算书文档内容

5. 结论

经设计计算，所有杆件均满足要求，所选择的塔吊标准节满足要求。

附录：全国各城市雪压和风压取值

省市名	城市名	海拔高度（m）	风压（kN/m^2）			雪压（kN/m^2）			雪荷载准永久值系数分区
			$n=10$	$n=50$	$n=100$	$n=10$	$n=50$	$n=100$	
北京		54.0	0.30	0.45	0.50	0.25	0.40	0.45	Ⅱ
天津	天津市	3.3	0.30	0.50	0.60	0.25	0.40	0.45	Ⅱ
	塘沽	3.2	0.40	0.55	0.60	0.20	0.35	0.40	Ⅱ
上海		2.8	0.40	0.55	0.60	0.10	0.20	0.25	Ⅲ
重庆		259.1	0.25	0.40	0.45				
河北	石家庄市	80.5	0.25	0.35	0.40	0.20	0.30	0.35	Ⅱ
	蔚县	909.5	0.20	0.30	0.35	0.20	0.30	0.35	Ⅱ
	邢台市	76.8	0.20	0.30	0.35	0.25	0.35	0.40	Ⅱ
	丰宁	659.7	0.30	0.40	0.45	0.15	0.25	0.30	Ⅱ
	围场	842.8	0.35	0.45	0.50	0.20	0.30	0.35	Ⅱ
	张家口市	724.2	0.35	0.55	0.60	0.15	0.25	0.30	Ⅱ
	怀来	536.8	0.25	0.35	0.40	0.15	0.20	0.25	Ⅱ
	承德市	377.2	0.30	0.40	0.45	0.20	0.30	0.35	Ⅱ
	遵化	54.9	0.30	0.40	0.45	0.25	0.40	0.50	Ⅱ
	青龙	227.2	0.25	0.30	0.35	0.25	0.40	0.45	Ⅱ
	秦皇岛市	2.1	0.35	0.45	0.50	0.15	0.25	0.30	Ⅱ
	霸县	9.0	0.25	0.40	0.45	0.20	0.30	0.35	Ⅱ
	唐山市	27.8	0.30	0.40	0.45	0.20	0.35	0.40	Ⅱ
	乐亭	10.5	0.30	0.40	0.45	0.25	0.40	0.45	Ⅱ
	保定市	17.2	0.30	0.40	0.45	0.20	0.35	0.40	Ⅱ
	饶阳	18.9	0.30	0.35	0.40	0.20	0.30	0.35	Ⅱ
	沧州市	9.6	0.30	0.40	0.45	0.20	0.30	0.35	Ⅱ
	黄骅	6.6	0.30	0.40	0.45	0.20	0.30	0.35	Ⅱ
	南宫市	27.4	0.25	0.35	0.40	0.15	0.25	0.30	Ⅱ
山西	太原市	778.3	0.30	0.40	0.45	0.25	0.35	0.40	Ⅱ
	右玉	1345.8				0.20	0.30	0.35	Ⅱ
	大同市	1067.2	0.35	0.55	0.65	0.15	0.25	0.30	Ⅱ
	河曲	861.5	0.30	0.50	0.60	0.20	0.30	0.35	Ⅱ
	五寨	1401.0	0.30	0.40	0.45	0.20	0.25	0.30	Ⅱ
	兴县	1012.6	0.25	0.45	0.55	0.20	0.25	0.30	Ⅱ
	原平	828.2	0.30	0.60	0.60	0.20	0.30	0.35	Ⅱ

续表

省市名	城市名	海拔高度（m）	风压（kN/m²）			雪压（kN/m²）			雪荷载准永久值系数分区
			$n=10$	$n=50$	$n=100$	$n=10$	$n=50$	$n=100$	
山西	离石	950.8	0.30	0.45	0.50	0.20	0.30	0.35	Ⅱ
	阳泉市	741.9	0.30	0.40	0.45	0.20	0.35	0.40	Ⅱ
	榆社	1041.4	0.20	0.30	0.35	0.20	0.30	0.35	Ⅱ
	隰县	1052.7	0.25	0.35	0.40	0.20	0.30	0.35	Ⅱ
	介休	743.9	0.25	0.40	0.45	0.20	0.30	0.35	Ⅱ
	临汾市	449.5	0.25	0.40	0.45	0.15	0.25	0.30	Ⅱ
	长治县	991.8	0.30	0.50	0.60				
	运城市	376.0	0.30	0.40	0.45	0.15	0.25	0.30	Ⅱ
	阳城	659.5	0.30	0.45	0.50	0.20	0.30	0.35	Ⅱ
内蒙古	呼和浩特市	1063.0	0.35	0.55	0.60	0.25	0.40	0.45	Ⅱ
	额右旗拉布达林	581.4	0.35	0.50	0.60	0.35	0.45	0.50	Ⅰ
	牙克石市图里河	732.6	0.30	0.40	0.45	0.40	0.60	0.70	Ⅰ
	满洲里市	661.7	0.50	0.65	0.70	0.20	0.30	0.35	Ⅰ
	海拉尔市	610.2	0.45	0.65	0.75	0.35	0.45	0.50	Ⅰ
	鄂伦春小二沟	286.1	0.30	0.40	0.45	0.35	0.50	0.55	Ⅰ
	新巴尔虎右旗	554.2	0.45	0.60	0.65	0.25	0.40	0.45	Ⅰ
	新巴尔虎左旗阿木古朗	642.0	0.40	0.55	0.60	0.25	0.35	0.40	Ⅰ
	牙克石市博克图	739.7	0.40	0.55	0.60	0.35	0.55	0.65	Ⅰ
	扎兰屯市	306.5	0.30	0.40	0.45	0.35	0.55	0.65	Ⅰ
	科右翼前旗阿尔山	1027.4	0.35	0.50	0.55	0.45	0.60	0.70	Ⅰ
	科右翼前旗索伦	501.8	0.45	0.55	0.60	0.25	0.35	0.40	Ⅰ
	乌兰浩特市	274.7	0.40	0.55	0.60	0.20	0.30	0.35	Ⅰ
	东乌珠穆沁旗	838.7	0.35	0.55	0.65	0.20	0.30	0.35	Ⅰ
	额济纳旗	940.50	0.40	0.60	0.70	0.05	0.10	0.15	Ⅱ
	额济纳旗拐子湖	960.0	0.45	0.55	0.60	0.05	0.10	0.10	Ⅱ
	阿左旗巴彦毛道	1328.1	0.40	0.55	0.60	0.05	0.10	0.15	Ⅱ
	阿拉善右旗	1510.1	0.45	0.55	0.60	0.05	0.10	0.10	Ⅱ
	二连浩特市	964.7	0.55	0.65	0.70	0.15	0.25	0.30	Ⅱ
	那仁宝力格	1181.6	0.40	0.55	0.60	0.20	0.30	0.35	Ⅰ

续表

省市名	城市名	海拔高度（m）	风压（kN/m²）			雪压（kN/m²）			雪荷载准永久值系数分区
			$n=10$	$n=50$	$n=100$	$n=10$	$n=50$	$n=100$	
内蒙古	达茂旗满都拉	1225.2	0.50	0.75	0.85	0.15	0.20	0.25	Ⅱ
	阿巴嘎旗	1126.1	0.35	0.50	0.55	0.25	0.35	0.40	Ⅰ
	苏尼特左旗	1111.4	0.40	0.50	0.55	0.25	0.35	0.40	Ⅰ
	乌拉特后旗海力素	1509.6	0.45	0.50	0.55	0.10	0.15	0.20	Ⅱ
	苏尼特右旗朱日和	1150.8	0.50	0.65	0.75	0.15	0.20	0.25	Ⅱ
	乌拉特中旗海流图	1288.0	0.45	0.60	0.65	0.20	0.30	0.35	Ⅱ
	百灵庙	1376.6	0.50	0.75	0.85	0.25	0.35	0.40	Ⅱ
	，四子王旗	1490.1	0.40	0.60	0.70	0.30	0.45	0.55	Ⅱ
	化德	1482.7	0.45	0.75	0.85	0.15	0.25	0.30	Ⅱ
	杭锦后旗陕坝	1056.7	0.30	0.45	0.50	0.15	0.20	0.25	Ⅱ
	包头市	1067.2	0.35	0.55	0.60	0.15	0.25	0.30	Ⅱ
	集宁市	1419.3	0.40	0.60	0.70	0.25	0.35	0.40	Ⅱ
	阿拉善左旗吉兰泰	1031.8	0.35	0.50	0.55	0.5	0.10	0.15	Ⅱ
	临河市	1039.3	0.30	0.50	0.60	0.15	0.25	0.30	Ⅱ
	鄂托克旗	1380.3	0.35	0.55	0.65	0.15	0.20	0.20	Ⅱ
	东胜市	1460.4	0.30	0.50	0.60	0.25	0.35	0.40	Ⅱ
	阿腾席连	1329.3	0.40	0.50	0.55	0.20	0.30	0.35	Ⅱ
	巴彦浩特	1561.4	0.40	0.60	0.70	0.15	0.20	0.25	Ⅱ
	西乌珠穆沁旗	995.9	0.45	0.55	0.60	0.30	0.40	0.45	Ⅰ
	扎鲁特鲁北	265.0	0.40	0.55	0.60	0.20	0.30	0.35	Ⅱ
	巴林左旗林东	484.4	0.40	0.55	0.60	0.20	0.30	0.35	Ⅱ
	锡林浩特市	989.5	0.40	0.55	0.60	0.25	0.40	0.45	Ⅰ
	林西	799.0	0.45	0.60	0.70	0.25	0.40	0.45	Ⅰ
	开鲁	241.0	0.40	0.55	0.60	0.20	0.30	0.35	Ⅱ
	通辽市	178.5	0.40	0.55	0.60	0.20	0.30	0.35	Ⅱ
	多伦	1245.4	0.40	0.55	0.60	0.20	0.30	0.35	Ⅰ
	翁牛特旗乌丹	631.8				0.20	0.30	0.35	Ⅱ
	赤峰市	571.1	0.30	0.55	0.65	0.20	0.30	0.35	Ⅱ
	敖汉旗宝国图	400.5	0.40	0.50	0.55	0.25	0.40	0.45	Ⅱ
辽宁	沈阳市	42.8	0.40	0.55	0.60	0.30	0.50	0.55	Ⅰ
	彰武	79.4	0.35	0.45	0.50	0.20	0.30	0.35	Ⅱ
	阜新市	144.0	0.40	0.60	0.70	0.25	0.40	0.45	Ⅱ

续表

省市名	城市名	海拔高度（m）	风压（kN/m²）			雪压（kN/m²）			雪荷载准永久值系数分区
			$n=10$	$n=50$	$n=100$	$n=10$	$n=50$	$n=100$	
辽宁	开原	98.2	0.30	0.45	0.50	0.30	0.40	0.45	Ⅰ
	清原	234.1	0.25	0.40	0.45	0.35	0.50	0.60	Ⅰ
	朝阳市	169.2	0.40	0.55	0.60	0.30	0.45	0.55	Ⅱ
	建平县叶柏寿	421.7	0.30	0.35	0.40	0.25	0.35	0.40	Ⅱ
	黑山	37.5	0.45	0.65	0.75	0.30	0.45	0.50	Ⅱ
	锦州市	65.9	0.40	0.60	0.70	0.30	0.40	0.45	Ⅱ
	鞍山市	77.3	0.30	0.50	0.60	0.30	0.40	0.45	Ⅱ
	本溪市	185.2	0.35	0.45	0.50	0.40	0.55	0.60	Ⅰ
	抚顺市章党	118.5	0.30	0.45	0.50	0.35	0.45	0.50	Ⅰ
	桓仁	240.3	0.25	0.30	0.35	0.35	0.50	0.55	Ⅰ
	绥中	15.3	0.25	0.40	0.45	0.25	0.35	0.40	Ⅱ
	兴城市	8.8	0.35	0.45	0.50	0.20	0.30	0.35	Ⅱ
	营口市	3.3	0.40	0.60	0.70	0.30	0.40	0.45	Ⅱ
	盖县熊岳	20.4	0.30	0.40	0.45	0.25	0.40	0.45	Ⅱ
	本溪县草河口	233.4	0.25	0.45	0.55	0.35	0.55	0.60	Ⅱ
	岫岩	79.3	0.30	0.45	0.50	0.35	0.50	0.55	Ⅱ
	宽甸	260.1	0.30	0.50	0.60	0.40	0.60	0.70	
	丹东市	15.1	0.35	0.55	0.65	0.30	0.40	0.45	Ⅱ
	瓦房店市	29.3	0.35	0.50	0.55	0.20	0.30	0.35	Ⅱ
	新金县皮口	43.2	0.35	0.50	0.55	0.20	0.30	0.35	Ⅱ
	庄河	34.8	0.35	0.50	0.55	0.25	0.35	0.40	Ⅱ
	大连市	91.5	0.40	0.65	0.75	0.25	0.40	0.45	Ⅱ
	长春市	236.8	0.45	0.65	0.75	0.25	0.35	0.40	Ⅰ
	白城市	155.4	0.45	0.65	0.75	0.15	0.20	0.25	Ⅱ
	乾安	146.3	0.35	0.45	0.50	0.15	0.20	0.25	Ⅱ
	前郭尔罗斯	134.7	0.30	0.45	0.50	0.15	0.25	0.30	Ⅱ
	通榆	149.5	0.35	0.50	0.55	0.15	0.20	0.25	Ⅱ
	长岭	189.3	0.30	0.45	0.50	0.15	0.20	0.25	Ⅱ
	扶余市三岔河	196.6	0.35	0.55	0.65	0.20	0.30	0.35	Ⅰ
	双辽	114.9	0.35	0.50	0.55	0.20	0.30	0.35	Ⅱ
	四平市	164.2	0.40	0.55	0.60	0.20	0.35	0.40	Ⅰ
	磐石县烟筒山	271.6	0.30	0.40	0.45	0.25	0.40	0.45	Ⅰ
吉林	吉林市	183.4	0.40	0.50	0.55	0.30	0.45	0.50	Ⅰ
	蛟河	295.0	0.30	0.45	0.50	0.40	0.65	0.75	Ⅰ
	敦化市	523.7	0.30	0.45	0.50	0.30	0.50	0.60	Ⅰ
	梅河口市	339.9	0.30	0.40	0.45	0.30	0.45	0.50	Ⅰ

续表

省市名	城市名	海拔高度（m）	风压（kN/m²）			雪压（kN/m²）			雪荷载准永久值系数分区
			$n=10$	$n=50$	$n=100$	$n=10$	$n=50$	$n=100$	
吉林	桦甸	263.8	0.30	0.40	0.45	0.40	0.65	0.76	Ⅰ
	靖宇	549.2	0.25	0.35	0.40	0.40	0.60	0.70	Ⅰ
	抚松县东岗	774.2	0.30	0.40	0.45	0.60	0.90	1.05	Ⅰ
	延吉市	176.8	0.35	0.50	0.55	0.35	0.55	0.65	Ⅰ
	通化市	402.9	0.30	0.50	0.60	0.50	0.80	0.90	Ⅰ
	浑江市临江	332.7	0.20	0.30	0.35	0.45	0.70	0.80	Ⅰ
	集安市	177.7	0.20	0.30	0.35	0.45	0.70	0.80	Ⅰ
	长白	1016.7	0.35	0.45	0.50	0.40	0.60	0.70	Ⅰ
黑龙江	哈尔滨市	142.3	0.35	0.55	0.65	0.30	0.45	0.50	Ⅰ
	漠河	296.0	0.25	0.35	0.40	0.50	0.65	0.70	Ⅰ
	塔河	357.4	0.25	0.30	0.35	0.45	0.60	0.66	Ⅰ
	新林	494.6	0.25	0.35	0.40	0.40	0.50	0.55	Ⅰ
	呼玛	177.4	0.30	0.50	0.60	0.35	0.45	0.50	Ⅰ
	加格达奇	371.7	0.25	0.35	0.40	0.40	0.55	0.60	Ⅰ
	黑河市	166.4	0.35	0.50	0.55	0.45	0.60	0.65	Ⅰ
	嫩江	242.2	0.40	0.55	0.60	0.40	0.55	0.60	Ⅰ
	孙吴	234.5	0.40	0.60	0.70	0.40	0.55	0.60	Ⅰ
	北安市	269.7	0.30	0.50	0.60	0.40	0.55	0.60	Ⅰ
	克山	234.6	0.30	0.45	0.50	0.30	0.50	0.55	Ⅰ
	富裕	162.4	0.30	0.40	0.45	0.25	0.35	0.40	Ⅰ
	齐齐哈尔市	145.9	0.35	0.45	0.50	0.25	0.40	0.45	Ⅰ
	海伦	239.2	0.35	0.55	0.65	0.30	0.40	0.45	Ⅰ
	明水	249.2	0.35	0.45	0.50	0.25	0.40	0.45	Ⅰ
	伊春市	240.9	0.25	0.35	0.40	0.45	0.60	0.65	Ⅰ
	鹤岗市	227.9	0.30	0.40	0.45	0.45	0.65	0.70	Ⅰ
	富锦	64.2	0.30	0.45	0.30	0.35	0.45	0.50	Ⅰ
	泰来	149.5	0.30	0.45	0.50	0.20	0.30	0.35	Ⅰ
	绥化市	179.6	0.35	0.55	0.65	0.35	0.50	0.60	Ⅰ
	安达市	149.3	0.35	0.55	0.65	0.20	0.30	0.35	Ⅰ
	铁力	210.5	0.25	0.35	0.40	0.50	0.75	0.85	Ⅰ
	佳木斯市	81.2	0.40	0.65	0.75	0.45	0.65	0.70	Ⅰ
	依兰	100.1	0.45	0.65	0.75				
	宝清	83.0	0.30	0.40	0.45	0.35	0.50	0.55	Ⅰ
	通河	108.6	0.35	0.50	0.55	0.50	0.75	0.85	Ⅰ
	尚志	189.7	0.35	0.55	0.60	0.40	0.55	0.60	Ⅰ
	鸡西市	233.6	0.40	0.55	0.65	0.45	0.65	0.75	Ⅰ

续表

省市名	城市名	海拔高度（m）	风压（kN/m²）			雪压（kN/m²）			雪荷载准永久值系数分区
			$n=10$	$n=50$	$n=100$	$n=10$	$n=50$	$n=100$	
黑龙江	虎林	100.2	0.35	0.45	0.50	0.50	0.70	0.80	Ⅰ
	牡丹江市	241.4	0.35	0.50	0.55	0.40	0.60	0.65	Ⅰ
	绥芬河市	496.7	0.40	0.60	0.70	0.40	0.55	0.60	Ⅰ
山东	济南市	51.6	0.30	0.45	0.50	0.20	0.30	0.35	Ⅱ
	德州市	21.2	0.30	0.45	0.50	0.20	0.35	0.40	Ⅱ
	惠民	11.3	0.40	0.50	0.55	0.25	0.35	0.40	Ⅱ
	寿光县羊角沟	4.4	0.30	0.45	0.50	0.15	0.25	0.30	Ⅱ
	龙口市	4.8	0.45	0.60	0.65	0.25	0.35	0.40	Ⅱ
	烟台市	46.7	0.40	0.55	0.60	0.30	0.40	0.45	Ⅱ
	威海市	46.6	0.45	0.65	0.75	0.30	0.45	0.50	Ⅱ
	荣成市成山头	47.7	0.60	0.70	0.75	0.25	0.40	0.45	Ⅱ
	莘县朝城	42.7	0.35	0.45	0.50	0.25	0.35	0.40	Ⅱ
	泰安市泰山	1533.7	0.65	0.85	0.95	0.40	0.55	0.60	Ⅱ
	泰安市	128.8	0.30	0.40	0.45	0.20	0.35	0.40	Ⅱ
	淄博市张店	34.0	0.30	0.40	0.45	0.30	0.45	0.50	Ⅱ
	沂源	304.5	0.30	0.35	0.40	0.20	0.30	0.35	Ⅱ
	潍坊市	44.1	0.30	0.40	0.45	0.25	0.35	0.40	Ⅱ
	莱阳市	30.5	0.30	0.40	0.45	0.15	0.25	0.30	Ⅱ
	青岛市	76.0	0.45	0.60	0.70	0.15	0.20	0.25	Ⅱ
	海阳	65.2	0.40	0.55	0.60	0.10	0.15	0.15	Ⅱ
	荣城市石岛	33.7	0.40	0.55	0.65	0.10	0.15	0.15	Ⅱ
	菏泽市	49.7	0.25	0.40	0.45	0.20	0.30	0.35	Ⅱ
	兖州	51.7	0.25	0.40	0.45	0.25	0.35	0.45	Ⅱ
	莒县	107.4	0.25	0.35	0.40	0.20	0.35	0.40	Ⅱ
	临沂	87.9	0.30	0.40	0.45	0.25	0.40	0.45	Ⅱ
	日照市	16.1	0.30	0.40	0.45				
江苏	南京市	8.9	0.25	0.40	0.45	0.40	0.65	0.75	Ⅱ
	徐州市	41.0	0.25	0.35	0.40	0.25	0.35	0.40	Ⅱ
	赣榆	2.1	0.30	0.45	0.50	0.25	0.35	0.40	Ⅱ
	盱眙	34.5	0.25	0.35	0.40	0.20	0.30	0.35	Ⅱ
	淮阴市	17.5	0.25	0.40	0.45	0.25	0.40	0.45	Ⅱ
	射阳	2.0	0.30	0.40	0.45	0.15	0.20	0.25	Ⅱ
	镇江	26.5	0.30	0.40	0.45	0.25	0.35	0.40	Ⅲ
	无锡	6.7	0.30	0.45	0.50	0.30	0.40	0.45	Ⅲ
	泰州	6.6	0.25	0.40	0.45	0.25	0.35	0.40	Ⅲ
	连云港	3.7	0.35	0.55	0.65	0.25	0.40	0.45	Ⅱ

续表

省市名	城市名	海拔高度（m）	风压（kN/m²）			雪压（kN/m²）			雪荷载准永久值系数分区
			$n=10$	$n=50$	$n=100$	$n=10$	$n=50$	$n=100$	
江苏	盐城	3.6	0.25	0.45	0.55	0.20	0.35	0.40	Ⅲ
	高邮	5.4	0.25	0.40	0.45	0.20	0.35	0.40	Ⅲ
	东台市	4.3	0.30	0.40	0.45	0.20	0.30	0.35	Ⅲ
	南通市	5.3	0.30	0.45	0.50	0.15	0.25	0.30	Ⅲ
	启东县吕泗	5.5	0.35	0.50	0.55	0.10	0.20	0.25	Ⅲ
	常州市	4.9	0.25	0.40	0.45	0.20	0.35	0.40	Ⅲ
	溧阳	7.2	0.25	0.40	0.45	0.30	0.50	0.55	Ⅲ
	吴县东山	17.5	0.30	0.45	0.50	0.25	0.40	0.45	Ⅲ
浙江	杭州市	41.7	0.30	0.45	0.50	0.30	0.45	0.50	Ⅲ
	临安县天目山	1505.9	0.55	0.70	0.80	0.100	0.160	0.185	Ⅱ
	平湖县乍浦	5.4	0.35	0.45	0.50	0.25	0.35	0.40	Ⅲ
	慈溪市	7.1	0.30	0.45	0.50	0.25	0.35	0.40	Ⅲ
	嵊泗	79.6	0.85	1.30	1.55				
	嵊泗县嵊山	124.6	0.95	1.50	1.75				
	舟山市	35.7	0.50	0.85	1.00	0.30	0.50	0.60	Ⅲ
	金华市	62.6	0.25	0.35	0.40	0.35	0.55	0.65	Ⅲ
	嵊县	104.3	0.25	0.40	0.50	0.35	0.55	0.65	Ⅲ
	宁波市	4.2	0.30	0.50	0.60	0.20	0.30	0.35	Ⅲ
	象山县石浦	128.4	0.75	1.20	1.40	0.20	0.30	0.35	Ⅲ
	衢州市	66.9	0.25	0.35	0.40	0.30	0.50	0.60	Ⅲ
	丽水市	60.8	0.20	0.30	0.35	0.30	0.45	0.50	Ⅲ
	龙泉	198.4	0.20	0.30	0.35	0.35	0.55	0.65	Ⅲ
	临海市括苍山	1383.1	0.60	0.90	1.05	0.40	0.60	0.70	Ⅲ
	温州市	6.0	0.35	0.60	0.70	0.25	0.35	0.40	Ⅲ
	椒江市洪家	1.3	0.35	0.55	0.65	0.20	0.30	0.35	Ⅲ
	椒江市下大陈	86.2	0.90	1.40	1.65	0.25	0.35	0.40	Ⅲ
	玉环县坎门	95.9	0.70	1.20	1.45	0.20	0.35	0.40	Ⅲ
	瑞安市北麂	42.3	0.95	1.60	1.90				
安徽	合肥市	27.9	0.25	0.35	0.40	0.40	0.60	0.70	Ⅱ
	砀山	43.2	0.25	0.35	0.40	0.25	0.40	0.45	Ⅱ
	亳州市	37.7	0.25	0.45	0.55	0.25	0.40	0.45	Ⅱ
	宿县	25.9	0.25	0.40	0.50	0.25	0.40	0.45	Ⅱ
	寿县	22.7	0.25	0.35	0.40	0.30	0.50	0.55	Ⅱ
	蚌埠市	18.7	0.25	0.35	0.40	0.30	0.45	0.55	Ⅱ
	滁县	25.3	0.25	0.35	0.40	0.25	0.40	0.45	Ⅱ
	六安市	60.5	0.20	0.35	0.40	0.35	0.55	0.60	Ⅱ

续表

省市名	城市名	海拔高度（m）	风压（kN/m²）			雪压（kN/m²）			雪荷载准永久值系数分区
			$n=10$	$n=50$	$n=100$	$n=10$	$n=50$	$n=100$	
安徽	霍山	68.1	0.20	0.35	0.40	0.40	0.60	0.65	Ⅱ
	巢县	22.4	0.25	0.35	0.40	0.30	0.45	0.50	Ⅱ
	安庆市	19.8	0.25	0.40	0.45	0.20	0.35	0.40	Ⅲ
	宁国	89.4	0.25	0.35	0.40	0.30	0.50	0.55	Ⅲ
	黄山	1840.4	0.50	0.70	0.80	0.35	0.45	0.50	Ⅲ
	黄山市	142.7	0.25	0.35	0.40	0.30	0.45	0.50	Ⅲ
	阜阳市	30.6				0.35	0.55	0.60	Ⅱ
江西	南昌市	46.7	0.30	0.45	0.55	0.30	0.45	0.50	Ⅲ
	修水	146.8	0.20	0.30	0.35	0.25	0.40	0.50	Ⅲ
	宜春市	131.3	0.20	0.30	0.35	0.25	0.40	0.45	Ⅲ
	吉安	76.4	0.25	0.30	0.35	0.25	0.35	0.45	Ⅲ
	宁冈	263.1	0.20	0.30	0.35	0.30	0.45	0.50	Ⅲ
	遂川	126.1	0.20	0.30	0.35	0.30	0.45	0.55	Ⅲ
	赣州市	123.8	0.20	0.30	0.35	0.20	0.35	0.40	Ⅲ
	九江	36.1	0.25	0.35	0.40	0.30	0.40	0.45	Ⅲ
	庐山	1164.5	0.40	0.55	0.60	0.55	0.75	0.85	Ⅲ
	波阳	40.1	0.25	0.40	0.45	0.35	0.60	0.70	Ⅲ
	景德镇市	61.5	0.25	0.35	0.40	0.25	0.35	0.40	Ⅲ
	樟树市	30.4	0.20	0.30	0.35	0.25	0.40	0.45	Ⅲ
	贵溪	51.2	0.20	0.30	0.35	0.35	0.50	0.60	Ⅲ
	玉山	116.3	0.20	0.30	0.35	0.35	0.55	0.65	Ⅲ
	南城	80.8	0.25	0.30	0.35	0.20	0.35	0.40	Ⅲ
	广昌	143.8	0.20	0.30	0.35	0.30	0.45	0.50	Ⅲ
	寻乌	303.9	0.25	0.30	0.35				
福建	福州市	83.8	0.40	0.70	0.85				
	邵武市	191.5	0.20	0.30	0.35	0.25	0.35	0.40	Ⅲ
	铅山县七仙山	1401.9	0.55	0.70	0.80	0.40	0.60	0.70	Ⅲ
	浦城	276.9	0.20	0.30	0.35	0.35	0.55	0.65	Ⅲ
	建阳	196.9	0.25	0.35	0.40	0.35	0.50	0.55	Ⅲ
	建瓯	154.9	0.25	0.35	0.40	0.25	0.35	0.40	Ⅲ
	福鼎	36.2	0.35	0.70	0.90				
	泰宁	342.9	0.20	0.30	0.35	0.30	0.50	0.60	Ⅲ
	南平市	125.6	0.20	0.35	0.45				
	福鼎县台山	106.6	0.75	1.00	1.10				
	长汀	310.0	0.20	0.35	0.40	0.15	0.25	0.30	Ⅲ
	上杭	197.9	0.25	0.30	0.35				

续表

省市名	城市名	海拔高度（m）	风压（kN/m²）			雪压（kN/m²）			雪荷载准永久值系数分区
			$n=10$	$n=50$	$n=100$	$n=10$	$n=50$	$n=100$	
福建	永安市	206. 0	0. 25	0. 40	0. 45				
	龙岩市	342. 3	0. 20	0. 35	0. 45				
	德化县九仙山	1653. 5	0. 60	0. 80	0. 90	0. 25	0. 40	0. 50	Ⅲ
	屏南	896. 5	0. 20	0. 30	0. 35	0. 25	0. 45	0. 50	Ⅲ
	平潭	32. 4	0. 75	1. 30	1. 60				
	崇武	21. 8	0. 55	0. 80	0. 90				
	厦门市	139. 4	0. 50	0. 80	0. 95				
	东山	53. 3	0. 80	1. 25	1. 45				
陕西	西安市	397. 5	0. 25	0. 35	0. 40	0. 20	0. 25	0. 30	Ⅱ
	榆林市	1057. 5	0. 25	0. 40	0. 45	0. 20	0. 25	0. 30	Ⅱ
	吴旗	1272. 6	0. 25	0. 40	0. 50	0. 15	0. 20	0. 20	Ⅱ
	横山	1111. 0	0. 30	0. 40	0. 45	0. 15	0. 25	0. 30	Ⅱ
	绥德	929. 7	0. 30	0. 40	0. 45	0. 20	0. 35	0. 40	Ⅱ
	延安市	957. 8	0. 25	0. 35	0. 40	0. 15	0. 25	0. 30	Ⅱ
	长武	1206. 5	0. 20	0. 30	0. 35	0. 20	0. 30	0. 35	Ⅱ
	洛川	1158. 3	0. 25	0. 35	0. 40	0. 25	0. 35	0. 40	Ⅱ
	铜川市	978. 9	0. 20	0. 35	0. 40	0. 15	0. 20	0. 25	Ⅱ
	宝鸡市	612. 4	0. 20	0. 35	0. 40	0. 15	0. 20	0. 25	Ⅱ
	武功	447. 8	0. 20	0. 35	0. 40	0. 20	0. 25	0. 30	Ⅱ
	华阴县华山	2064. 9	0. 40	0. 50	0. 55	0. 50	0. 70	0. 75	Ⅱ
	略阳	794. 2	0. 25	0. 35	0. 40	0. 10	0. 15	0. 15	Ⅲ
	汉中市	508. 4	0. 20	0. 30	0. 35	0. 15	0. 20	0. 25	Ⅲ
	佛坪	1087. 7	0. 25	0. 30	0. 35	0. 15	0. 25	0. 30	Ⅲ
	商州市	742. 2	0. 25	0. 30	0. 35	0. 20	0. 30	0. 35	Ⅱ
	镇安	693. 7	0. 20	0. 30	0. 35	0. 20	0. 30	0. 35	Ⅲ
	石泉	484. 9	0. 20	0. 30	0. 35	0. 20	0. 30	0. 35	Ⅲ
	安康市	290. 8	0. 30	0. 45	0. 50	0. 10	0. 15	0. 20	Ⅲ
甘肃	兰州市	1517. 2	0. 20	0. 30	0. 35	0. 10	0. 15	0. 20	Ⅱ
	吉诃德	966. 5	0. 45	0. 55	0. 60				
	安西	1170. 8	0. 40	0. 55	0. 60	0. 10	0. 20	0. 25	Ⅱ
	酒泉市	1477. 2	0. 40	0. 55	0. 60	0. 20	0. 30	0. 35	Ⅱ
	张掖市	1482. 7	0. 30	0. 50	0. 60	0. 05	0. 10	0. 15	Ⅱ
	武威市	1530. 9	0. 35	0. 55	0. 65	0. 15	0. 20	0. 25	Ⅱ
	民勤	1367. 0	0. 40	0. 50	0. 55	0. 05	0. 10	0. 10	Ⅱ
	乌鞘岭	3045. 1	0. 35	0. 40	0. 45	0. 35	0. 55	0. 60	Ⅱ
	景泰	1630. 5	0. 25	0. 40	0. 45	0. 10	0. 15	0. 20	Ⅱ

续表

省市名	城市名	海拔高度（m）	风压（kN/m²）			雪压（kN/m²）			雪荷载准永久值系数分区
			$n=10$	$n=50$	$n=100$	$n=10$	$n=50$	$n=100$	
甘肃	靖远	1398.2	0.20	0.30	0.35	0.15	0.20	0.25	Ⅱ
	临夏市	1917.0	0.20	0.30	0.35	0.15	0.25	0.30	Ⅱ
	临洮	1886.6	0.20	0.30	0.35	0.30	0.50	0.55	Ⅱ
	华家岭	2450.6	0.30	0.40	0.45	0.25	0.40	0.45	Ⅱ
	环县	1255.6	0.20	0.30	0.35	0.15	0.25	0.30	Ⅱ
	平凉市	1346.6	0.25	0.30	0.35	0.15	0.25	0.30	Ⅱ
	西峰镇	1421.0	0.20	0.30	0.35	0.25	0.40	0.45	Ⅱ
	玛曲	3471.4	0.25	0.30	0.35	0.15	0.20	0.25	Ⅱ
	夏河县合作	2910.0	0.25	0.30	0.35	0.25	0.40	0.45	Ⅱ
	武都	1079.1	0.25	0.35	0.40	0.05	0.10	0.15	Ⅲ
	天水市	1141.7	0.20	0.35	0.40	0.15	0.20	0.25	Ⅱ
	马宗山	1962.7				0.10	0.15	0.20	Ⅱ
	敦煌	1139.0				0.10	0.15	0.20	Ⅱ
	玉门市	1526.0				0.15	0.20	0.25	Ⅱ
	金塔县鼎新	1177.4				0.05	0.10	0.15	Ⅱ
	高台	1332.2				0.05	0.10	0.15	Ⅱ
	山丹	1764.6				0.15	0.20	0.25	Ⅱ
	永昌	1976.1				0.10	0.15	0.20	Ⅱ
	榆中	1874.1				0.15	0.20	0.25	Ⅱ
	会宁	2012.2				0.20	0.30	0.35	Ⅱ
	岷县	2315.0				0.10	0.15	0.20	Ⅱ
宁夏	银川市	1111.4	0.40	0.65	0.75	0.15	0.20	0.25	Ⅱ
	惠农	1091.0	0.45	0.65	0.70	0.05	0.10	0.10	Ⅱ
	陶乐	1101.6				0.05	0.10	0.10	Ⅱ
	中卫	1225.7	0.30	0.45	0.50	0.05	0.10	0.15	Ⅱ
	中宁	1183.3	0.30	0.35	0.40	0.10	0.15	0.20	Ⅱ
	盐池	1347.8	0.30	0.40	0.45	0.20	0.30	0.35	Ⅱ
	海源	1854.2	0.25	0.30	0.35	0.25	0.40	0.45	Ⅱ
	同心	1343.9	0.20	0.30	0.35	0.10	0.10	0.15	Ⅱ
	固原	1753.0	0.25	0.35	0.40	0.30	0.40	0.45	Ⅱ
	西吉	1916.5	0.20	0.30	0.35	0.15	0.20	0.20	Ⅱ
青海	西宁市	2261.2	0.25	0.33	0.40	0.15	0.20	0.25	Ⅱ
	茫崖	3138.5	0.30	0.40	0.45	0.05	0.10	0.10	Ⅱ
	冷湖	2733.0	0.40	0.55	0.60	0.05	0.10	0.10	Ⅱ
	祁连县托勒	3367.0	0.30	0.40	0.45	0.20	0.25	0.30	Ⅱ
	祁连县野牛沟	3180.0	0.30	0.40	0.45	0.15	0.20	0.20	Ⅱ

续表

省市名	城市名	海拔高度（m）	风压（kN/m²）			雪压（kN/m²）			雪荷载准永久值系数分区
			$n=10$	$n=50$	$n=100$	$n=10$	$n=50$	$n=100$	
青海	祁连	2787.4	0.30	0.35	0.40	0.10	0.15	0.15	Ⅱ
	格尔木市小灶火	2767.0	0.30	0.40	0.45	0.05	0.10	0.10	Ⅱ
	大柴旦	3173.2	0.30	0.40	0.45	0.10	0.15	0.15	Ⅱ
	德令哈市	2981.5	0.25	0.35	0.40	0.10	0.15	0.20	Ⅱ
	刚察	3301.5	0.25	0.35	0.40	0.20	0.25	0.30	Ⅱ
	门源	2850.0	0.25	0.35	0.40	0.15	0.25	0.30	Ⅱ
	格尔木市	2807.6	0.30	0.40	0.45	0.10	0.20	0.25	Ⅱ
	都兰县诺木洪	2790.4	0.35	0.50	0.60	0.05	0.10	0.10	Ⅱ
	都兰	3191.1	0.30	0.45	0.55	0.20	0.25	0.30	Ⅱ
	乌兰县茶卡	3087.6	0.25	0.35	0.40	0.15	0.20	0.25	Ⅱ
	共和县恰卜恰	2835.0	0.25	0.35	0.40	0.10	0.15	0.15	Ⅱ
	贵德	2237.1	0.25	0.30	0.35	0.05	0.10	0.10	Ⅱ
	民和	1813.9	0.20	0.30	0.35	0.10	0.10	0.15	Ⅱ
	唐古拉山五道梁	4612.2	0.35	0.45	0.50	0.20	0.25	0.30	Ⅰ
	兴海	3323.2	0.25	0.35	0.40	0.15	0.20	0.20	Ⅱ
	同德	3289.4	0.25	0.30	0.35	0.20	0.30	0.35	Ⅱ
	泽库	3662.8	0.25	0.30	0.35	0.30	0.40	0.45	Ⅱ
	格尔木市托托河	4533.1	0.40	0.50	0.55	0.25	0.35	0.40	Ⅰ
	治多	4179.0	0.25	0.30	0.35	0.15	0.20	0.25	Ⅰ
	杂多	4066.4	0.25	0.35	0.40	0.20	0.25	0.30	Ⅱ
	曲麻莱	4231.2	0.25	0.35	0.40	0.15	0.25	0.30	Ⅰ
	玉树	3681.2	0.20	0.30	0.35	0.15	0.20	0.25	Ⅱ
	玛多	4272.3	0.30	0.40	0.45	0.25	0.35	0.40	Ⅰ
	称多县清水河	4415.4	0.25	0.30	0.35	0.20	0.25	0.30	Ⅰ
	玛沁县仁峡姆	4211.1	0.30	0.35	0.40	0.15	0.25	0.30	Ⅰ
	达日县吉迈	3967.5	0.25	0.35	0.40	0.20	0.25	0.30	Ⅰ
	河南	3500.0	0.25	0.40	0.45	0.20	0.25	0.30	Ⅱ
	久治	3628.5	0.20	0.30	0.35	0.20	0.25	0.30	Ⅱ
	昂欠	3643.7	0.25	0.30	0.35	0.10	0.20	0.25	Ⅱ
	班玛	3750.0	0.20	0.30	0.35	0.15	0.20	0.25	Ⅱ
新疆	乌鲁木齐市	917.9	0.40	0.60	0.70	0.60	0.80	0.90	Ⅰ
	阿勒泰市	735.3	0.40	0.70	0.85	0.85	1.25	1.40	Ⅰ

续表

省市名	城市名	海拔高度（m）	风压（kN/m²）			雪压（kN/m²）			雪荷载准永久值系数分区
			$n=10$	$n=50$	$n=100$	$n=10$	$n=50$	$n=100$	
新疆	博乐市阿拉山口	284.8	0.95	1.35	1.55	0.20	0.25	0.25	Ⅰ
	克拉玛依市	427.3	0.65	0.90	1.00	0.20	0.30	0.35	Ⅰ
	伊宁市	662.5	0.40	0.60	0.70	0.70	1.00	1.15	Ⅰ
	昭苏	1851.0	0.25	0.40	0.45	0.55	0.75	0.85	Ⅰ
	乌鲁木齐县达板城	1103.5	0.55	0.80	0.90	0.15	0.20	0.20	Ⅰ
	和静县巴音布鲁克	2458.0	0.25	0.35	0.40	0.45	0.65	0.75	Ⅰ
	吐鲁番市	34.5	0.50	0.85	1.00	0.15	0.20	0.25	Ⅱ
	阿克苏市	1103.8	0.30	0.45	0.50	0.15	0.25	0.30	Ⅱ
	库车	1099.0	0.35	0.50	0.60	0.15	0.25	0.30	Ⅱ
	库尔勒市	931.5	0.30	0.45	0.50	0.15	0.25	0.30	Ⅱ
	乌恰	2175.7	0.25	0.35	0.40	0.35	0.50	0.60	Ⅱ
	喀什市	1288.7	0.35	0.55	0.65	0.30	0.45	0.50	Ⅱ
	阿合奇	1984.9	0.25	0.35	0.40	0.25	0.35	0.40	Ⅱ
	皮山	1375.4	0.20	0.30	0.35	0.15	0.20	0.25	Ⅱ
	和田	1374.6	0.25	0.40	0.45	0.10	0.20	0.25	Ⅱ
	民丰	1409.3	0.20	0.30	0.35	0.10	0.15	0.15	Ⅱ
	民丰县安的河	1262.8	0.20	0.30	0.35	0.05	0.05	0.05	Ⅱ
	于田	1422.0	0.20	0.30	0.35	0.10	0.15	0.15	Ⅱ
	哈密	737.2	0.40	0.60	0.70	0.15	0.20	0.25	Ⅱ
	哈巴河	532.6				0.55	0.75	0.85	Ⅰ
	吉木乃	984.1				0.70	1.00	1.15	Ⅰ
	福海	500.9				0.30	0.45	0.50	Ⅰ
	富蕴	807.5				0.65	0.95	1.05	Ⅰ
	塔城	534.9				0.95	1.35	1.55	Ⅰ
	和布克赛尔	1291.6				0.25	0.40	0.45	Ⅰ
	青河	1218.2				0.55	0.80	0.90	Ⅰ
	托里	1077.8				0.55	0.75	0.85	Ⅰ
	北塔山	1653.7				0.55	0.65	0.70	Ⅰ
	温泉	1354.6				0.35	0.45	0.50	Ⅰ
	精河	320.1				0.20	0.30	0.35	Ⅰ
	乌苏	478.7				0.40	0.55	0.60	Ⅰ
	石河子	442.9				0.50	0.70	0.80	Ⅰ
	蔡家湖	440.5				0.40	0.50	0.55	Ⅰ

续表

省市名	城市名	海拔高度（m）	风压（kN/m²）			雪压（kN/m²）			雪荷载准永久值系数分区
			$n=10$	$n=50$	$n=100$	$n=10$	$n=50$	$n=100$	
新疆	奇台	793.5				0.55	0.75	0.85	Ⅰ
	巴仑台	1752.5				0.20	0.30	0.35	Ⅱ
	七角井	873.2				0.05	0.10	0.15	Ⅱ
	库米什	922.4				0.05	0.10	0.10	Ⅱ
	焉耆	1055.8				0.15	0.20	0.25	Ⅱ
	拜城	1229.2				0.20	0.30	0.35	Ⅱ
	轮台	976.1				0.15	0.25	0.30	Ⅱ
	吐尔格特	3504.4				0.35	0.50	0.55	Ⅱ
	巴楚	1116.5				0.10	0.15	0.20	Ⅱ
	柯坪	1161.8				0.05	0.10	0.15	Ⅱ
	阿拉尔	1012.2				0.05	0.10	0.10	Ⅱ
	铁干里克	846.0				0.10	0.15	0.15	Ⅱ
	若羌	888.3				0.10	0.15	0.20	Ⅱ
	塔吉克	3090.9				0.15	0.25	0.30	Ⅱ
	莎车	1231.2				0.15	0.20	0.25	Ⅱ
	且末	1247.5				0.10	0.15	0.20	Ⅱ
	红柳河	1700.0				0.10	0.15	0.15	Ⅱ
河南	郑州市	110.4	0.30	0.45	0.50	0.25	0.40	0.45	Ⅱ
	安阳市	75.5	0.25	0.45	0.55	0.25	0.40	0.45	Ⅱ
	新乡市	72.7	0.30	0.40	0.45	0.20	0.30	0.35	Ⅱ
	三门峡市	410.1	0.25	0.40	0.45	0.15	0.20	0.25	Ⅱ
	卢氏	568.8	0.20	0.30	0.35	0.20	0.30	0.35	Ⅱ
	孟津	323.3	0.30	0.45	0.50	0.30	0.40	0.50	Ⅱ
	洛阳市	137.1	0.25	0.40	0.45	0.25	0.35	0.40	Ⅱ
	栾川	750.1	0.20	0.30	0.35	0.25	0.40	0.45	Ⅱ
	许昌市	66.8	0.30	0.40	0.45	0.25	0.40	0.45	Ⅱ
	开封市	72.5	0.30	0.45	0.50	0.20	0.30	0.35	Ⅱ
	西峡	250.3	0.25	0.35	0.40	0.20	0.30	0.35	Ⅱ
	南阳市	129.2	0.25	0.35	0.40	0.30	0.45	0.50	Ⅱ
	宝丰	136.4	0.25	0.35	0.40	0.20	0.30	0.35	Ⅱ
	西华	52.6	0.25	0.45	0.55	0.30	0.45	0.50	Ⅱ
	驻马店市	82.7	0.25	0.40	0.45	0.30	0.45	0.50	Ⅱ
	信阳市	114.5	0.25	0.35	0.40	0.35	0.55	0.65	Ⅱ
	商丘市	50.1	0.20	0.35	0.45	0.30	0.45	0.50	Ⅱ
	固始	57.1	0.20	0.35	0.40	0.35	0.50	0.60	Ⅱ

续表

省市名	城市名	海拔高度（m）	风压（kN/m²）			雪压（kN/m²）			雪荷载准永久值系数分区
			$n=10$	$n=50$	$n=100$	$n=10$	$n=50$	$n=100$	
湖北	武汉市	23.3	0.25	0.35	0.40	0.30	0.50	0.60	Ⅱ
	郧县	201.9	0.20	0.30	0.35	0.25	0.40	0.45	Ⅱ
	房县	434.4	0.20	0.30	0.35	0.20	0.30	0.35	Ⅲ
	老河口市	90.0	0.20	0.30	0.35	0.25	0.35	0.40	Ⅱ
	枣阳市	125.5	0.25	0.40	0.45	0.25	0.40	0.45	Ⅱ
	巴东	294.5	0.15	0.30	0.35	0.15	0.20	0.25	Ⅲ
	钟祥	65.8	0.20	0.30	0.35	0.25	0.35	0.40	Ⅱ
	麻城市	59.3	0.20	0.35	0.45	0.35	0.55	0.65	Ⅱ
	恩施市	457.1	0.20	0.30	0.35	0.15	0.20	0.25	Ⅲ
	巴东县绿葱坡	1819.3	0.30	0.35	0.40	0.55	0.75	0.85	Ⅲ
	五峰县	908.4	0.20	0.30	0.35	0.25	0.35	0.40	Ⅲ
	宜昌市	133.1	0.20	0.30	0.35	0.20	0.30	0.35	Ⅲ
	江陵县荆州	32.6	0.20	0.30	0.35	0.25	0.40	0.45	Ⅱ
	天门市	34.1	0.20	0.30	0.35	0.25	0.35	0.45	Ⅱ
	来凤	459.5	0.20	0.30	0.35	0.15	0.20	0.25	Ⅲ
	嘉鱼	36.0	0.20	0.35	0.45	0.25	0.35	0.40	Ⅲ
	英山	123.8	0.20	0.30	0.35	0.25	0.40	0.45	Ⅲ
	黄石市	19.6	0.25	0.35	0.40	0.25	0.35	0.40	Ⅲ
湖南	长沙市	44.9	0.25	0.35	0.40	0.30	0.45	0.50	Ⅲ
	桑植	322.2	0.20	0.30	0.35	0.25	0.35	0.40	Ⅲ
	石门	116.9	0.25	0.30	0.35	0.25	0.35	0.40	Ⅲ
	南县	36.0	0.25	0.40	0.50	0.30	0.45	0.50	Ⅲ
	岳阳市	53.0	0.25	0.40	0.45	0.35	0.55	0.65	Ⅲ
	吉首市	206.6	0.20	0.30	0.35	0.20	0.30	0.35	Ⅲ
	沅陵	151.6	0.20	0.30	0.35	0.20	0.35	0.40	Ⅲ
	常德市	35.0	0.25	0.40	0.50	0.30	0.50	0.60	Ⅱ
	安化	128.3	0.20	0.30	0.35	0.30	0.45	0.50	Ⅱ
	沅江市	36.0	0.25	0.40	0.45	0.35	0.55	0.65	Ⅲ
	平江	106.3	0.20	0.30	0.35	0.25	0.40	0.45	Ⅲ
	芷江	272.2	0.20	0.30	0.35	0.25	0.35	0.45	Ⅲ
	雪峰山	1404.9				0.50	0.75	0.85	Ⅱ
	邵阳市	248.6	0.20	0.30	0.35	0.20	0.30	0.35	Ⅲ
	双峰	100.0	0.20	0.30	0.35	0.25	0.40	0.45	Ⅲ
	南岳	1265.9	0.60	0.75	0.85	0.45	0.65	0.75	Ⅲ
	通道	397.5	0.25	0.30	0.35	0.15	0.25	0.30	Ⅲ
	武岗	341.0	0.20	0.30	0.35	0.20	0.30	0.35	Ⅲ

续表

省市名	城市名	海拔高度(m)	风压（kN/m²）			雪压（kN/m²）			雪荷载准永久值系数分区
			$n=10$	$n=50$	$n=100$	$n=10$	$n=50$	$n=100$	
湖南	零陵	172.6	0.25	0.40	0.45	0.15	0.25	0.30	Ⅲ
	衡阳市	103.2	0.25	0.40	0.45	0.20	0.35	0.40	Ⅲ
	道县	192.2	0.25	0.35	0.40	0.15	0.20	0.25	Ⅲ
	郴州市	184.9	0.20	0.30	0.35	0.20	0.30	0.35	Ⅲ
广东	广州市	6.6	0.30	0.50	0.60				
	南雄	133.8	0.20	0.30	0.35				
	连县	97.6	0.20	0.30	0.35				
	韶关	69.3	0.20	0.35	0.45				
	佛岗	67.8	0.20	0.30	0.35				
	连平	214.5	0.20	0.30	0.35				
	梅县	87.8	0.20	0.30	0.35				
	广宁	56.8	0.20	0.30	0.35				
	高要	7.1	0.30	0.50	0.60				
	河源	40.6	0.20	0.30	0.35				
	惠阳	22.4	0.35	0.55	0.60				
	五华	120.9	0.20	0.30	0.35				
	汕头市	1.1	0.50	0.80	0.95				
	惠来	12.9	0.45	0.75	0.90				
	南澳	7.2	0.50	0.80	0.95				
	信宜	84.6	0.35	0.60	0.70				
	罗定	53.3	0.20	0.30	0.35				
	台山	32.7	0.35	0.55	0.65				
	深圳市	18.2	0.45	0.75	0.90				
	汕尾	4.6	0.50	0.85	1.00				
	湛江市	25.3	0.50	0.80	0.95				
	阳江	23.3	0.45	0.70	0.80				
	电白	11.8	0.45	0.70	0.80				
	台山县上川岛	21.5	0.75	1.05	1.20				
	徐闻	67.9	0.45	0.75	0.90				
广西	南宁市	73.1	0.25	0.35	0.40				
	桂林市	164.4	0.20	0.30	0.35				
	柳州市	96.8	0.20	0.30	0.35				
	蒙山	145.7	0.20	0.30	0.35				
	贺山	108.8	0.20	0.30	0.35				
	百色市	173.5	0.25	0.45	0.55				
	靖西	739.4	0.20	0.30	0.35				

续表

省市名	城市名	海拔高度（m）	风压（kN/m²）			雪压（kN/m²）			雪荷载准永久值系数分区
			$n=10$	$n=50$	$n=100$	$n=10$	$n=50$	$n=100$	
广西	桂平	42.5	0.20	0.30	0.35				
	梧州市	114.8	0.20	0.30	0.35				
	龙州	128.8	0.20	0.30	0.35				
	灵山	66.0	0.20	0.30	0.35				
	玉林	81.8	0.20	0.30	0.35				
	东兴	18.2	0.45	0.75	0.90				
	北海市	15.3	0.45	0.75	0.90				
	涠州岛	55.2	0.70	1.00	1.15				
海南	海口市	14.1	0.45	0.75	0.90				
	东方	8.4	0.55	0.85	1.00				
	儋县	168.7	0.40	0.70	0.85				
	琼中	250.9	0.30	0.45	0.55				
	琼海	24.0	0.50	0.85	1.05				
	三亚市	5.5	0.50	0.85	1.05				
	陵水	13.9	0.50	0.85	1.05				
	西沙岛	4.7	1.05	1.80	2.20				
	珊瑚岛	4.0	0.70	1.10	1.30				
四川	成都市	506.1	0.20	0.30	0.35	0.10	0.10	0.15	Ⅲ
	石渠	4200.0	0.25	0.30	0.35	0.30	0.45	0.50	Ⅱ
	若尔盖	3439.6	0.25	0.30	0.35	0.30	0.40	0.45	Ⅱ
	甘孜	3393.5	0.35	0.45	0.50	0.25	0.40	0.45	Ⅱ
	都江堰市	706.7	0.20	0.30	0.35	0.15	0.25	0.30	Ⅲ
	绵阳市	470.8	0.20	0.30	0.35				
	雅安市	627.6	0.20	0.30	0.35	0.10	0.20	0.20	Ⅲ
	资阳	357.0	0.20	0.30	0.35				
	康定	2615.7	0.30	0.35	0.40	0.30	0.50	0.55	Ⅱ
	汉源	795.9	0.20	0.30	0.35				
	九龙	2987.3	0.20	0.30	0.35	0.15	0.20	0.20	Ⅲ
	越西	1659.0	0.25	0.30	0.35	0.15	0.25	0.30	Ⅲ
	昭觉	2132.4	0.25	0.30	0.35	0.25	0.35	0.40	Ⅲ
	雷波	1474.9	0.20	0.30	0.35	0.20	0.30	0.35	Ⅲ
	宜宾市	340.8	0.20	0.30	0.35				
	盐源	2545.0	0.20	0.30	0.35	0.20	0.30	0.35	Ⅲ
	西昌市	1590.9	0.20	0.30	0.35	0.20	0.30	0.35	Ⅲ
	会理	1787.1	0.20	0.30	0.35				
	万源	674.0	0.20	0.30	0.35	0.50	0.10	0.15	Ⅲ

续表

省市名	城市名	海拔高度（m）	风压（kN/m²）			雪压（kN/m²）			雪荷载准永久值系数分区
			$n=10$	$n=50$	$n=100$	$n=10$	$n=50$	$n=100$	
四川	阆中	382.6	0.20	0.30	0.35				
	巴中	358.9	0.20	0.30	0.35				
	达县市	310.4	0.20	0.35	0.45				
	奉节	607.3	0.25	0.35	0.40	0.20	0.35	0.40	Ⅲ
	遂宁市	278.2	0.20	0.30	0.35				
	南充市	309.3	0.20	0.30	0.35				
	梁平	454.6	0.20	0.30	0.35				
	万县市	186.7	0.15	0.30	0.35				
	内江市	347.1	0.25	0.40	0.50				
	涪陵市	273.5	0.20	0.30	0.35				
	泸州市	334.8	0.20	0.30	0.25				
	叙永	377.5	0.20	0.30	0.35				
	德格	3201.2				0.15	0.20	0.25	Ⅱ
	色达	3893.9				0.30	0.40	0.45	Ⅱ
	道孚	2957.2				0.15	0.20	0.25	Ⅱ
	阿坝	3275.1				0.25	0.40	0.45	Ⅱ
	马尔康	2664.4				0.15	0.25	0.30	Ⅱ
	红原	3491.6				0.25	0.40	0.45	Ⅱ
	小金	2369.2				0.10	0.15	0.15	Ⅱ
	松潘	2850.7				0.20	0.30	0.35	Ⅱ
	新龙	3000.0				0.10	0.15	0.15	Ⅱ
	理塘	3948.9				0.35	0.50	0.60	Ⅱ
	稻城	3727.7				0.20	0.30	0.35	Ⅲ
	峨眉山	3047.4				0.40	0.50	0.55	Ⅱ
	金佛山	1905.9				0.35	0.50	0.60	Ⅱ
贵州	贵阳市	1074.3	0.20	0.30	0.35	0.10	0.20	0.25	Ⅲ
	威宁	2237.5	0.25	0.35	0.40	0.25	0.35	0.40	Ⅲ
	盘县	1515.2	0.25	0.35	0.40	0.25	0.35	0.45	Ⅲ
	桐梓	972.0	0.20	0.30	0.35	0.10	0.15	0.20	Ⅲ
	习水	1180.2	0.20	0.30	0.35	0.15	0.20	0.25	Ⅲ
	毕节	1510.6	0.20	0.30	0.35	0.15	0.25	0.30	Ⅲ
	遵义市	843.9	0.20	0.30	0.35	0.10	0.15	0.20	Ⅲ
	湄潭	791.8				0.15	0.20	0.25	Ⅲ
	思南	416.3	0.20	0.30	0.35	0.10	0.20	0.25	Ⅲ
	铜仁	279.7	0.20	0.30	0.35	0.20	0.30	0.35	Ⅲ
	黔西	1251.8				0.15	0.20	0.25	Ⅲ

续表

省市名	城市名	海拔高度（m）	风压（kN/m²）			雪压（kN/m²）			雪荷载准永久值系数分区
			$n=10$	$n=50$	$n=100$	$n=10$	$n=50$	$n=100$	
贵州	安顺市	1392.9	0.20	0.30	0.35	0.20	0.30	0.35	Ⅲ
	凯里市	720.3	0.20	0.30	0.35	0.15	0.20	0.25	Ⅲ
	三穗	610.5				0.20	0.30	0.35	Ⅲ
	兴仁	1378.5	0.20	0.30	0.35	0.20	0.35	0.40	Ⅲ
	罗甸	440.3	0.20	0.30	0.35				
	独山	1013.3				0.20	0.30	0.35	Ⅲ
	榕江	285.7				0.10	0.15	0.20	Ⅲ
云南	昆明市	1891.4	0.20	0.30	0.35	0.20	0.30	0.35	Ⅲ
	德钦	3485.0	0.25	0.35	0.40	0.60	0.90	1.05	Ⅱ
	贡山	1591.3	0.20	0.30	0.35	0.50	0.85	1.00	Ⅱ
	中甸	3276.1	0.20	0.30	0.35	0.50	0.80	0.90	Ⅱ
	维西	2325.6	0.20	0.30	0.35	0.40	0.55	0.65	Ⅲ
	昭通市	1949.5	0.25	0.35	0.40	0.15	0.25	0.30	Ⅲ
	丽江	2393.2	0.25	0.30	0.35	0.20	0.30	0.35	Ⅲ
	华坪	1244.8	0.25	0.35	0.40				
	会泽	2109.5	0.25	0.35	0.40	0.25	0.35	0.40	Ⅲ
	腾冲	1654.6	0.20	0.30	0.35				
	泸水	1804.9	0.20	0.30	0.35				
	保山市	1653.5	0.20	0.30	0.35				
	大理市	1990.5	0.45	0.65	0.75				
	元谋	1120.2	0.25	0.35	0.40				
	楚雄市	1772.0	0.20	0.35	0.40				
	曲靖市沾益	1898.7	0.25	0.30	0.35	0.25	0.40	0.45	Ⅲ
	瑞丽	776.6	0.20	0.30	0.35				
	景东	1162.3	0.20	0.30	0.35				
	玉溪	1636.7	0.20	0.30	0.35				
	宜良	1532.1	0.25	0.40	0.50				
	泸西	1704.3	0.25	0.30	0.35				
	孟定	511.4	0.25	0.40	0.45				
	临沧	1502.4	0.20	0.30	0.35				
	澜沧	1054.8	0.20	0.30	0.35				
	景洪	552.7	0.20	0.40	0.50				
	思茅	1302.1	0.25	0.45	0.55				
	元江	400.9	0.25	0.30	0.35				
	勐腊	631.9	0.20	0.30	0.35				
	江城	1119.5	0.20	0.40	0.50				

续表

省市名	城市名	海拔高度（m）	风压（kN/m²）			雪压（kN/m²）			雪荷载准永久值系数分区
			$n=10$	$n=50$	$n=100$	$n=10$	$n=50$	$n=100$	
云南	蒙自	1300.7	0.25	0.30	0.35				
	屏边	1414.1	0.20	0.30	0.35				
	文山	1271.6	0.20	0.30	0.35				
	广南	1249.6	0.25	0.35	0.40				
西藏	拉萨市	3658.0	0.20	0.30	0.35	0.10	0.15	0.20	Ⅲ
	班戈	4700.0	0.35	0.55	0.65	0.20	0.25	0.30	Ⅰ
	安多	4800.0	0.45	0.75	0.90	0.20	0.30	0.35	Ⅰ
	那曲	4507.0	0.30	0.45	0.50	0.30	0.40	0.45	Ⅰ
	日喀则市	3836.0	0.20	0.30	0.35	0.10	0.15	0.15	Ⅲ
	乃东县泽当	3551.7	0.20	0.30	0.35	0.10	0.15	0.15	Ⅲ
	隆子	3860.0	0.30	0.45	0.50	0.10	0.15	0.20	Ⅲ
	索县	4022.8	0.25	0.40	0.45	0.20	0.25	0.30	Ⅰ
	昌都	3306.0	0.20	0.30	0.35	0.15	0.20	0.20	Ⅱ
	林芝	3000.0	0.25	0.35	0.40	0.10	0.15	0.15	Ⅲ
	葛尔	4278.0				0.10	0.15	0.15	Ⅰ
	改则	4414.9				0.20	0.30	0.35	Ⅰ
	普兰	3900.0				0.50	0.70	0.80	Ⅰ
	申扎	4672.0				0.15	0.20	0.20	Ⅰ
	当雄	4200.0				0.25	0.35	0.40	Ⅱ
	尼木	3809.4				0.15	0.20	0.25	Ⅲ
	聂拉木	3810.0				1.85	2.90	3.35	Ⅰ
	定日	4300.0				0.15	0.25	0.30	Ⅱ
	江孜	4040.0				0.10	0.10	0.15	Ⅲ
	错那	4280.0				0.50	0.70	0.80	Ⅲ
	帕里	4300.0				0.60	0.90	1.05	Ⅱ
	丁青	3873.1				0.25	0.35	0.40	Ⅱ
	波密	2736.0				0.25	0.35	0.40	Ⅲ
	察隅	2327.6				0.35	0.55	0.65	Ⅲ
台湾	台北	8.0	0.40	0.70	0.85				
	新竹	8.0	0.50	0.80	0.95				
	宜兰	9.0	1.10	1.85	2.30				
	台中	78.0	0.50	0.80	0.90				
	花莲	14.0	0.40	0.70	0.85				
	嘉义	20.0	0.50	0.80	0.95				
	马公	22.0	0.85	1.30	1.55				
	台东	10.0	0.65	0.90	1.05				

续表

省市名	城市名	海拔高度（m）	风压（kN/m²）			雪压（kN/m²）			雪荷载准永久值系数分区
			$n=10$	$n=50$	$n=100$	$n=10$	$n=50$	$n=100$	
台湾	冈山	10.0	0.55	0.80	0.95				
	恒春	24.0	0.70	1.05	1.20				
	阿里山	2406.0	0.25	0.35	0.40				
	台南	14.0	0.60	0.85	1.00				
香港	香港	50.0	0.80	0.90	0.95				
	横澜岛	55.0	0.95	1.25	1.40				
澳门		57.0	0.75	0.85	0.90				

参 考 文 献

[1] 戚豹. 钢结构工程施工［M］. 北京：中国建筑工业出版社，2011.

[2] 曹平周，朱召泉. 钢结构［M］. 北京：中国技术文献出版社，2003.

[3] 北京土木建筑学会. 模板与脚手架工程施工技术措施［M］. 北京：经济科学出版社，2006.

[4] 王玉龙. 扣件式钢管脚手架计算手册［M］. 北京：中国建筑工业出版社，2008.

[5] 余宗明. 脚手架结构计算及安全技术［M］. 北京：中国建筑工业出版社，2007.

[6] 规范编写组. 建筑施工扣件式钢管脚手架安全技术规范［M］. 北京：中国建筑工业出版社，2011.

[7] 熊中实，倪文杰. 建筑及工程结构钢材手册［M］. 北京：中国建材工业出版社，1997.

[8] 周绥平. 钢结构［M］. 武汉：武汉理工大学出版社，2003.

[9] 《建筑施工手册》编写组. 建筑施工手册 2（第四版）［M］. 北京：中国建筑工业出版社，2003.

[10] 王景文. 钢结构工程施工与质量验收实用手册［M］. 北京：中国建材工业出版社，2003.

[11] 中国钢结构协会. 建筑钢结构施工手册［M］. 北京：中国计划出版社，2002.

[12] 中华人民共和国国家标准. 钢结构工程施工质量验收规范［S］. 北京：中国计划出版社，2002.

[13] 中华人民共和国国家标准. 钢结构设计规范［S］. 北京：中国计划出版社，2003.

[14] 戚豹. 建筑结构选型［M］. 北京：中国建筑工业出版社，2008.

[15] 张其林. 轻型门式刚架［M］. 山东：山东科学技术出版社，2006.

[16] 同济大学 3D3S 研发组. 3D3S V10 基本操作手册.